迎难而上

乔治·穆勒与NASA载人航天计划的管理

Doing the Impossible: George E. Mueller and the Management of
NASA's Human Spaceflight Program

[美]阿瑟·斯洛特金 (Arthur L. Slotkin) 著

高铭 译

人民邮电出版社

北京

图书在版编目（CIP）数据

迎难而上：乔治·穆勒与NASA载人航天计划的管理 / (美) 阿瑟·L.斯洛特金著；高铭译. -- 北京：人民邮电出版社，2023.6
ISBN 978-7-115-58819-7

Ⅰ．①迎… Ⅱ．①阿… ②高… Ⅲ．①载人航天—美国—普及读物 Ⅳ．①V4-49

中国版本图书馆CIP数据核字(2022)第153909号

版 权 声 明

- ♦ 著　　　[美]阿瑟·斯洛特金（Arthur L. Slotkin）
-   译　　　高　铭
-   责任编辑　张天怡
-   责任印制　陈　犇
- ♦ 人民邮电出版社出版发行　　北京市丰台区成寿寺路 11 号
    邮编　100164　　电子邮件　315@ptpress.com.cn
    网址　https://www.ptpress.com.cn
    大厂回族自治县聚鑫印刷有限责任公司印刷
- ♦ 开本：700×1000　　1/16
    印张：19　　　　　　　　　2023 年 6 月第 1 版
    字数：314 千字　　　　　　2023 年 6 月河北第 1 次印刷
    著作权合同登记号　图字：01-2022-0688 号

定价：69.80 元

读者服务热线：(010)81055410　印装质量热线：(010)81055316
反盗版热线：(010)81055315
广告经营许可证：京东市监广登字 20170147 号

内容提要

　　乔治·穆勒（George E. Mueller）是美国早期载人航天历史上的重要人物之一。他在 20 世纪 60 年代作为美国载人航天计划的主管，通过设立计划管理办公室、推广全机试验（All-up Test）等方式把系统工程理论和项目管理方法引入美国国家航天局（NASA），确保了阿波罗计划的成功，从而取得了一项伟大的成就：用短短 6 年的时间成功将美国宇航员送上月球且将他们安全带回地球。本书作者基于对历史档案、访谈材料的深入研究，以传记的笔法详细记述了乔治·穆勒在领导多个载人航天计划的过程中如何将管理方法论引入 NASA 内部，从而对载人航天管理做出了卓越贡献。

　　月球是距离地球最近的天体，是人类走出地球向太阳系的星辰大海挺进的第一站，探测月球的过程也是我们认识太阳系、探究生命起源与演化的重要环节。在 20世纪 60 年代，美国通过双子星计划和阿波罗计划成为首个登上月球的国家，践行了航天先驱齐奥尔科夫斯基的名言："地球是人类的摇篮，但是人类不可能永远生活在摇篮里，首先他们将小心翼翼地穿出大气层，然后去征服太阳系。"而当我们回顾美国这一成就时会发现，那时的载人航天与载人登月计划处于水深火热的大环境之中，美国外部有美苏冷战和越南战争，内部又存在社会动荡、学生暴乱等不安定因素。此外，美国国家航天局（NASA）作为国家探月计划的组织和管理部门，也正面临着进度滞后、预算不明、内部争斗、缺乏信心等种种问题，探月工程与载人登月计划的开展可谓困难重重。

　　本书主要描写了时任 NASA 载人航天计划负责人的乔治·穆勒是如何引入系统工程和系统管理理论来制订并管理 NASA 的双子星计划、阿波罗计划、后阿波罗计划等多个载人航天计划，确保美国载人登月目标顺利实现的。正是穆勒的到来为NASA 带来了转机。关于穆勒是如何重组载人航天办公室、如何采用矩阵式管理模式管理部门和项目、如何推行全机试验，又是如何在一个个困境（如给 NASA 带来重创的阿波罗 1 号火灾事故）中团结并带领所有人前行，最终实现人类首次登月的，读者可在阅读本书后得到全面解答。

　　中国探月工程最早由我国航天专家于 1991 年提出，历经 10 年的科学论证进程，包括中国开展月球探测的必要性与可行性研究、中国月球探测的发展战略与长远规划研究、中国首次月球探测的科学目标与载荷配置等，并于 2004 年经国务院总理温家宝批准正式立项，主要分为无人月球探测、载人登月和建立月球基地 3 个阶段。目前我国已顺利完成无人月球探测，正全力向载人登月目标迈进，下一步我国要建设月球科研站。之后，我们还将进行火星取样、小行星探测，还要飞到木星，开展行星际穿越探测。虽然本书描绘的事件已经过去 50 多年，但美国阿波罗计划的实施仍有很多值得我们学习和借鉴之处。本书采用了传记形式，包含许多 NASA 在月球探测过程中的管理细节，相关信息大多来自官方档案和亲历者的讲述，汇集了公众无法接触到的珍贵材料，对我国探月工程的开展具有较强的参考价值。

此外，本书还提供了关于美国阿波罗计划最真实、最全面的记载，并通过穆勒的视角，将背景延伸至 20 世纪美国国情和国际大环境，从社会发展的角度讨论美国制订载人航天计划与月球探测计划的初衷。作者不但赞扬了参与其中的领导者、科学家、工程师的才华与创造力，也揭露了各方的尖锐矛盾和计划不足之处。相信本书能够引起读者对载人航天与月球探测的兴趣，拓宽大家的知识面，提升大家的科学素养，以史为鉴，放眼世界，展望未来。

中国月球探测工程首任首席科学家

中国科学院院士

欧阳自远

载人航天是航天领域规模最庞大、条件最苛刻、系统间制约最强、综合任务难度最大的重大战略工程，是建设航天强国和科技强国重要的引领性工程。载人航天活动涉及多学科交叉融合、多任务滚动实施、多设施平台集聚、多条件约束制约、多层次协调管理、长期开放动态运行，呈现出典型的复杂大系统的特征，其高效开展与良好的管理体系密不可分。

得益于载人航天工程和技术的发展，人类进入太空、直接登上地外天体进行科学探索的梦想成为现实，未来开发和利用太空资源的愿景有望实现；得益于载人航天发展的各类空间实验室和空间站，人类直接参与的大规模空间实验和探测活动成为空间科学研究的重要途径。空间科学是以空间飞行器为主要平台，研究发生在地球、日地空间、太阳系乃至整个宇宙的物理、化学、生命等自然现象及其规律的科学，已经成为当代科学的前沿领域，带来了革命性科学发现的爆发式增长，载人航天对空间科学的支撑作用也功不可没。

本书以 NASA 载人航天计划负责人乔治·穆勒为主角，深入研究和分析了 NASA 对双子星、阿波罗和后阿波罗计划的管理过程。作者不惮于琐碎的叙事，细致记录了穆勒的内心想法、他的工作方式和他面临的困境（包括与国会和白宫的博弈，处理科学界的反对声浪，其中既有来自 NASA 航天科学与应用办公室的意见，又有来自科学院、大学、相关协会等科研团体的呼声等，使读者有身临其境之感）。

通过阅读本书，读者可以一窥美国载人航天史上科学家与工程师旷日持久的争论，他们不仅屡屡在方案设计上意见相左，而且常常为争夺经费和人才发生冲突。穆勒尽力解决科学家与工程师之间的矛盾，在向载人航天工程目标迈进的同时，确保实施充足的空间科学实验项目，并通过成立科技咨询委员会等方式，兼顾各方意见。面对工程中蕴含的学科复杂性、系统复杂性和管理复杂性，他试图探索融通性的规律，不断发现新问题、探究新方法、创立新体系，为后续的美国载人航天活动打下了良好基础。

由此可见，穆勒在 NASA 的管理实践对我国载人航天工程的发展具有一定的借鉴意义，有助于我国通过管理创新驱动技术创新，建立以工程为驱动、以需求为导向的创新发展体系，加快科技强国建设，最终实现高水平科技自立自强。

中国载人航天工程空间科学首席专家

中国科学院院士

顾逸东

2022 年，中国载人航天工程实施 30 年之际，中国空间站的建造即将完成。回首往事，光阴似箭，岁月如梭。我本人于 1994 年 9 月，即工程立项两年后来到中国科学院空间科学与应用总体部任助理研究员，并一直从事载人航天工作至今。中国科学院是中国载人航天工程的三大发起单位之一，我是工程发展的亲历者和见证者之一。因此，当我读到阿瑟·斯洛特金（Arthur Slotkin）著的《迎难而上》（*Doing the Impossible*）时，被深深地触动。这本书原汁原味地讲述了 1963 至 1969 年任美国国家航天局（NASA）助理局长和载人航天计划负责人的乔治·穆勒的工作。虽然作者只是尽可能地还原一件件事例，却让我脑海中浮现出一幅幅栩栩如生的画卷，引发了持续的思考。

NASA 在成立之初面临了诸多挑战和困难。双子星、阿波罗等各个航天计划不但技术突破和工程实现难度大，而且出现了严重的费用超支和进度延后问题。在当时美苏争霸的时代背景下，载人登月已成为两个超级大国科技水平和工程能力的竞赛。穆勒在 1963 年接任载人航天计划负责人后，一方面在国会积极争取支持；另一方面以系统工程的视角大胆改革技术研发流程，推行了全机试验（All-up Test）等方法，不但减少了试验次数、缩短了工程测试和技术验证的时间，而且有效地降低了成本。他凭借出色的演讲帮助 NASA 收获了民众的认可，也缓和了科学界与NASA 的矛盾；他卓有成效地组织和分配计划资源，将政府、工业部门、科研机构和大学结合成一体，使成千上万不同文化、不同背景、不同体系、不同部门的工程人员协同工作。穆勒在 NASA 的工作实践不仅丰富了系统工程的理论，也是系统工程在项目管理中当之无愧的成功应用典范。如果没有他，很难想象 NASA 能够如期实现载人登月任务。

作者在书中把穆勒鲜明的个人形象和领导风格展现得淋漓尽致，带着读者近距离感受了这位领导者的独特个人魅力。此外，本书行文流畅、通俗易懂，即便是非工程管理专业人士在阅读本书时也不会觉得晦涩难懂。相信本书不但能给专业人士以启发，也能让普通读者对载人航天产生更进一步的认识。

穆勒于 2015 年 10 月 12 日因心脏衰竭离世，享年 97 岁。他完成了自己的使命，留待后世航天人继续其未竟的事业。虽然前人的成就终将被后世的辉煌所超越，但他们的科学精神是全人类永恒的财富。

在本书翻译过程中，赵威东及我的研究生楚媛媛、张京京参与了部分章节的翻译，孔颖超、倪梦柯、余卓阳、李丽仙、朱琳媛和赵可彦参与了后期的校对工作。

本书脚注均为译者增加，书中不再标注。

由于本书中涉及较多的 NASA 内部组织和人员，为了优化读者的阅读体验，译者参考《阿波罗登月计划研究》（李成智、李建华编著，北京航空航天大学出版社 2010 年版）一书，制作了 1963 年 11 月（穆勒正式报到两个月后）NASA 的组织架构图（见图 I-1），供读者参考。NASA 在这之后还进行了一些内部调整，但总体而言变化不大。

本书得以出版，离不开人民邮电出版社的大力支持。感谢中国工信出版传媒集团顾翀总经理的关心和帮助，感谢人民邮电出版社科普分社俞彬社长、徐嘉莹和赵轩等编辑老师在翻译和出版过程中为本书付出的心血，以及提出的大量建设性的宝贵意见。

虽译、校者反复斟酌考据，但由于时间和水平有限，书中难免有不当和疏漏之处，恳请行家和广大读者批评指正。

高铭

2022 年 10 月

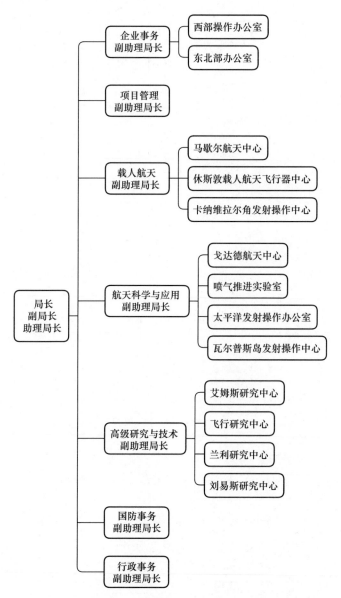

图 I-1　1963 年 11 月 NASA 组织架构图［1963 年 9 月，穆勒来到 NASA，担任载人航天办公室主任，并于当年 11 月被任命为助理局长（负责载人航天）。在载人航天办公室，他有诸多副手，即载人航天副助理局长们，同时他主管阿波罗计划的三大执行部门——马歇尔航天中心、休斯敦载人航天飞行器中心和卡纳维拉尔角发射操作中心。NASA 的许多部门，如本书中提到的航天科学与应用办公室等，也是采取此类由助理局长兼任某部门负责人，部门内配备多名副助理局长，并下辖多个中心、实验室等的管理模式。］

我有幸亲眼见到了人类在探索我们赖以生存的世界的过程中取得的令人惊叹的成果：从跨洋飞行到登陆月球；从开发城市内部的信息传输技术，到地球上的千家万户都能收看电视节目；技术的发展养活了更多的人——从1918年只有15亿人口到今天的70亿，数量增加了将近4倍；我们甚至通过探索人体细胞结构和细胞间的交互作用，给人类生命科学带来了无限可能。

然而，更令我震惊的是，即使人类已经在很大程度上拓展了知识疆域，却仍然对自身所在的太阳系知之甚少。我们现在已经清楚地认识到，为了人类后代的发展，为了进一步了解我们身处的宇宙，为了在不确定的未来保证人类的生存，必须在宇宙中开拓新的疆域。

要开拓和征服这些疆域，需要的是人类共同的梦想和先进的运输工具。在目前探索太空的征程中，需要的是一个能够被大众接受的梦想，以及一种能够被全人类使用的运输工具。

我们的国家需要这样一个梦想！一个指引未来方向的梦想！一个值得为之奋斗的梦想！一个激励人民重拾开拓精神的梦想！

1989年，乔治·布什总统迈出了第一步。在纪念阿波罗登月20周年时，他说："此刻，我们在这里纪念过去，展望新世纪。月球仍在召唤我们回去。接下来，我们将打开通往未来、通向其他星球的征途——登陆火星。"

然而，这一天目前还没有到来！

乔治·穆勒

2012年

致 谢

　　犹记得 1970 年初，我第一次见到乔治·穆勒博士。尽管那次见面有些突然，但作为航空航天工程专业毕业生的我，对他的鼎鼎大名早有耳闻。那时候他刚到纽约出任通用动力公司副总裁，同时还主持国际宇航联合会会员资格审查委员会。委员会提出举办第一次学生会议时，由于我是新任美国航空航天学会学生项目负责人，执行秘书詹姆斯·哈福德便让我帮忙组织活动。同年秋天，会议作为国际宇航大会的一部分于布鲁塞尔举行，穆勒担任会议名誉主席。在接下来的一年里，我不时能在美国航空航天学会的会议上见到他。1971 年 5 月，穆勒来到圣塔莫尼卡的系统开发公司[1]就职。他邀请我在去加利福尼亚的时候与他会面，我对这次邀约很是兴奋，便主动安排了一次洛杉矶之旅，也因此收获了一个工作机会。1972 年 2 月，我成为穆勒的特别助理，一做就是好几年。之后我晋升到管理岗位，并在工作之余继续协助穆勒。1983 年穆勒退休后，我仍和他并肩作战，直到 20 世纪 90 年代中期，随后我们便不再从事同一领域的工作，但依旧保持联系。2002 年退休后，出于对技术史的热爱，我前往佐治亚理工学院进行调研。我想把穆勒在 NASA 的工作经历作为论文主题，为此征询了穆勒的意见。我于 2004 年夏天在华盛顿哥伦比亚特区 NASA 总部历史档案馆从事穆勒研究。2006 年，在佐治亚理工学院的课业完成后，我获得了 NASA 的资助（这要感谢时任 NASA 局长迈克尔·格里芬），使这项研究得以继续。由于穆勒把他的大部分个人文件送到了国会图书馆，此后我又花了 3 年时间在国会图书馆研究穆勒和菲利普斯的职业生涯，此外还有部分研究是在 NASA 总部开展的。2009 至 2011 年，在穆勒位于华盛顿州柯克兰的家中，我

1　系统开发公司：最初是从美国国防部半自动地面防空系统（SAGE）项目中分离出来的一家非营利机构，后在穆勒的领导下转变为一家营利公司，1981 年被宝来公司（Burroughs Corporation）收购，成为其旗下子公司。1986 年，宝来与其他公司兼并为优利系统公司（Unisys Corporation）。

对他进行了一系列采访。很感谢穆勒能拨冗回答我全部的问题，还要感谢他的妻子达拉，他们使我的采访之旅既轻松愉快又富有成效。

需要感谢的人还有许多。在佐治亚理工学院的约翰·克里格教授的帮助下，我开启了这段"冒险"经历。同样向我伸出援手的还有 NASA 历史办公室的工作人员。NASA 总部档案馆的简·奥多姆、科林·弗里斯等人也解答了我的许多问题，助我良多。对我帮助最大的是麦迪逊大厦国会图书馆手稿阅览室的档案管理员珍妮弗·布拉索夫德、约瑟夫·杰克逊、利亚·克尔温、帕特里克·克尔温、布鲁斯·柯比、刘易斯·怀曼和他们的领导杰弗里·弗兰纳里，他们提供了我需要的所有信息。还有历史学家伦纳德·布鲁诺，当穆勒博士请求查看其论文保存状况时，他布置了一个令人印象深刻的稀有历史文献展，展品不仅包括穆勒的论文，还有一些美国著名政治领袖和科学家的物品，例如乔治·华盛顿的第一本记载民意调查情况的笔记本、亚历山大·格雷厄姆·贝尔的电话草图和奥维尔·莱特第一次飞行时的签名照片。花几小时参观这些稀有资料成了那次展览的重头戏之一。

在撰写本书时，我邀请了许多人阅读草稿。现任史密森尼国家航空航天博物馆（Smithsonian National Air and Space Museum）航天史馆馆长的罗杰·劳尼厄斯提供了非常有用的建议。NASA 历史办公室的史蒂夫·加伯建议我精简内容以突出重点。吉姆·斯卡格斯曾在 NASA、通用动力公司和系统开发公司与穆勒共事，他阅读了全文并补充了许多重要细节。我在系统开发公司的同事鲍勃·弗里曼阅读了前几章，同样提出了很多好的建议。我还要感谢我的兄弟史蒂夫·斯洛特金，他是唯一反复阅读所有章节的人；感谢我的妻子玛塞拉，她坚持要我在书中加入一些图片；感谢我的女儿钱德拉·斯洛特金·汤森，作为一名视觉传播专业的研究生，她就本书的版式给出了建议。（当然，在构思和撰写本书的过程中，玛塞拉的耐心格外值得赞扬。）

本书的出版同样离不开佐治亚州亚特兰大巴克黑德转录服务公司的琳达·安德斯的帮助，是她转录并打印了我对穆勒的全部采访内容。此外还要感谢纽约斯普林格出版社的莫里·所罗门、英国实践社的克莱夫·霍伍德，以及我在苏格兰的编辑戴维·哈兰。哈兰本人也是一位出版了多本太空领域著作的作家。

最后，我想感谢我的至亲——我的妻子玛塞拉、2 个女儿和 5 个孙子（女），是

迎难而上：乔治·穆勒与 NASA 载人航天计划的管理

他们让我在写作中倍感愉快。在我频繁前往华盛顿的旅程中，钱德拉的女儿德温－安会问我这本书有几页，有多少字，或者我今天完成了多少页。我是为了钱德拉、德温、钱德拉的儿子亚历克斯，还有我的另一个女儿珍妮弗·斯洛特金－林和她的3个儿子迪伦、卢克和杰克写下的这本书。我希望有一天孩子们长到可以阅读这本书的时候，当他们仰望星空时，会意识到他们也可以探索星星。也许，他们这一代人可以做到……

最后，我想把这本书献给我的领导、导师和朋友乔治·穆勒博士，在他的领导下，20 世纪 60 年代，美国用短短 6 年就取得了 20 世纪最伟大的技术成就：成功将美国宇航员送上月球，并使他们安全返回地球（见图Ⅱ-1）。

图Ⅱ-1 2008 年 7 月 16 日，乔治·穆勒和阿瑟·斯洛特金
在华盛顿州西雅图飞行博物馆

> "彬彬有礼的外表下，是钢铁般坚硬的内心。"
>
> ——约翰·迪舍对穆勒的评价，1971 年 4 月 15 日

1969 年 7 月 16 日，在佛罗里达州肯尼迪航天中心[1]（John F. Kennedy Space Center）的发射控制中心内，4 名男子正笑着相互祝贺（见图Ⅲ-1）。他们刚刚见证了阿波罗 11 号成功发射。图Ⅲ-1 中前排右二是 51 岁的乔治·穆勒（George E. Mueller），时任负责载人航天的 NASA 助理局长。其余几人是他在 NASA 的亲密同僚：马歇尔航天中心[2]（Marshall Space Flight Center）主任韦恩赫尔·冯·布劳恩（Wernher von Braun），阿波罗计划管理办公室[3]（Apollo Program Office）主管塞缪尔·菲利普斯（Samuel C. Phillips）和穆勒的副手查尔斯·马修斯（Charles W. Mathews）。

穆勒是谁？NASA 为什么选择穆勒来负责阿波罗计划？他做出了哪些贡献？他

---

1 肯尼迪航天中心：位于美国佛罗里达州东南部的卡纳维拉尔角，最初为美国的远程导弹试验场，后来发展为航空航天发射场。NASA 成立后，发射场转交 NASA 负责，被称为发射操作中心，主要用于民用航天发射，并进行了扩建。在肯尼迪总统遇刺后，下一任总统约翰逊将其命名为肯尼迪航天中心。

2 马歇尔航天中心：位于美国亚拉巴马州的亨茨维尔，最初的团队是以冯·布劳恩为核心的德国火箭小组，第二次世界大战中德国战败后，他们来到美国，先是被扩充组建为陆军弹道导弹局，1959 年陆军弹道导弹局被划归 NASA，后形成马歇尔航天中心，冯·布劳恩为中心主任。

3 阿波罗计划管理办公室：隶属于穆勒领导的载人航天办公室，主管阿波罗计划。

又是否有所作为？其实，就算没有穆勒，美国也终将实现载人登月，但正是穆勒使阿波罗计划得以在 20 世纪 60 年代完成，实现了约翰·肯尼迪总统在 1961 年 5 月定下的目标[1]。

图Ⅲ-1 1969 年 7 月 16 日，阿波罗 11 号升空之时，前排从左至右：查尔斯·马修斯、韦恩赫尔·冯·布劳恩、乔治·穆勒和塞缪尔·菲利普斯（NASA 照片）

1963 年 9 月，穆勒来到 NASA，开始领导载人航天计划。他的前任是布雷纳德·霍姆斯（D. Brainerd Hohnes）。由于霍姆斯曾直接向总统呼吁追加资金，他和 NASA 局长詹姆斯·韦布（James E. Webb）难以继续在同一屋檐下共事。作为技术管理者，霍姆斯能力出众，但他总是忽略职场中的政治因素，不时碰触韦布的自尊心。另外，韦布不希望下属在媒体镜头前过于高调，但霍姆斯却上了《时代》杂志封面，还在杂志中被称作"阿波罗计划中的沙皇"。最终霍姆斯被迫离开 NASA，NASA 的形象也随着该离职事件的发酵一跌再跌。人们开始怀疑 NASA 是否有能力完成载人航天计划。美国空军和他们的支持者提出了这一顾虑，

1　1961 年，肯尼迪发表了一篇国情咨文，提出：美国应当在 20 世纪 60 年代将人类送上月球，并安全返回地球。

迎难而上：乔治·穆勒与 NASA 载人航天计划的管理

认为军方可能更适合领导民用太空计划。毕竟 NASA 在管理大型、复杂项目上经验有限，而相比之下，自 20 世纪 50 年代初，美国空军已经成功地研发、试验和部署了一系列弹道导弹和卫星，还制造出了水星计划[1]（Mercury Program）和双子星计划[2]（Gemini Program）所使用的运载火箭（后文中运载火箭均简称"火箭"）。关于是否将阿波罗计划留在 NASA 引发了人们的广泛讨论。这时韦布意识到必须选择一位新的载人航天计划领导者，而且此人必须获得空军方面的认可。

1963 年，美国人民对于能否实现肯尼迪总统的登月目标还心存疑虑。在总统看来，往返月球是美国与苏联在另一个战场的竞赛，是国家当前的首要目标之一，其重要性仅次于国防。但此时距 1970 年仅剩 6 年多，美国能否在这么短的时间内完成航天设备的制造，并在进度上反超苏联？毕竟此时的苏联已经在太空领域取得了多项成就，很多人认为苏联的空间技术水平已远超美国。这不仅是拿不拿得出勇气的问题，而且是美国的科学家和工程师能否成功研发相关技术，制造相应设备，先于苏联登上月球，以与这一对手抗衡的问题。

这时穆勒出现在了众人的视线之中。这位卫星通信领域的专家在空军弹道导弹计划（Ballistic Missile Program）的研发管理工作中积累了大量经验，并且具有良好的声誉和出色的履历。虽然他缺乏载人航天工作或专业背景，但当时在美国，除了少数水星计划的参与者，本身这方面经验丰富的人就不多。况且穆勒拥有空军的支持，考虑到当前的政治形势，这正是韦布需要的。事实上，穆勒进入 NASA 后，韦布得到的远比自己预想的要多。穆勒作为技术管理者不但才华横溢、受人尊敬，他还掌握分析和理解复杂系统的能力。他知道如何组织制造复杂的航天器，特别是他可以构思

---

1 水星计划：是美国第一个载人航天计划，1958 年 NASA 刚成立后即宣布执行，1963 年结束。它的基本目标是实现载人地球轨道飞行，考察人类在太空中的生理活动和工作能力，并使宇航员和航天器安全返回。艾伦·谢泼德正是乘坐自由 7 号水星飞船，成为美国历史上第一位进入太空的宇航员。

2 双子星计划：由于水星计划的成果还远远达不到登月要求，因此在阿波罗计划正式制订后，确立了一个中间过渡性计划，即双子星计划，主要任务是测试第二代飞船和泰坦火箭。该计划开始于 1961 年，结束于 1966 年，为阿波罗计划提供了极其宝贵的经验和科学技术成果。

出一个完整的系统，能涵盖硬件、软件、人员、流程，以及完成当前任务所必需的一切。作为一名系统工程师，他知道如何将"系统管理"应用于管理实践中。此外，在来到位于华盛顿的 NASA 总部后，他也认识到了与国会和白宫建立并维持良好关系的重要性。从此，维持外部关系成了他新工作岗位的一项重要内容，也是他管理范畴内的重要部分。

在载人航天领域，已经有许多从不同角度出发的优秀著作问世。其中查尔斯·默里（Charles Murray）和凯瑟琳·布莱·考克斯（Catherine Bly Cox）从阿波罗计划参与者的角度进行了回顾，并提到了一些不为公众熟知的人。沃尔特·麦克杜格尔（Walter A. McDougall）描绘了阿波罗计划的政治史，并由此获得了普利策奖。此外，在技术史方面，还有罗格·比尔施泰因（Roger E. Bilstein）关于土星号火箭研发的精彩著作，戴维·康普顿（W. David Compton）等人撰写的关于月球科学的书，查尔斯·本森（Charles D. Benson）和威廉·巴纳比·弗莱厄蒂（William Barnaby Flaherty）则记录了阿波罗计划期间某一中心的历史（当然，其他中心也有着不凡的历史）。还有很多是宇航员的自传和传记，最精彩的包括詹姆斯·汉森（James R. Hansen）在深入接触尼尔·阿姆斯特朗（Neil A. Armstrong）后完成的传记。玛格丽特·韦特坎普（Margaret A. Weitekamp）讲述了第一批立志成为宇航员的女性的故事（尽管她们没能进入太空）。小克里斯托弗·克拉夫特（Christopher C. Kraft, Jr.）撰写了一本回忆录，从自身经历出发讲述了载人航天往事，这也是来自飞行控制人员的几本回忆录之一。此外，NASA 的一些领导者，如 NASA 前局长基思·格伦南（T. Keith Glennan）和韦布的副手罗伯特·西曼斯（Robert C. Seamans, Jr.）也出版了自传，西曼斯还有一本阿波罗计划的专著。韦布没有自传，但亨利·兰布赖特（W. Henry Lambright）经过深入研究为他撰写了一本传记。NASA 前历史学家罗杰·劳尼厄斯（Roger D. Launius）和霍华德·麦柯迪（Howard E. McCurdy）也曾各自或联合出版了一系列有趣的书和文章，内容涉及太空计划的各个方面。西蒙·拉莫（Simon Ramo）撰写了关于系统工程和矩阵管理的图书。斯蒂芬·约翰逊（Stephen B. Johnson）在他的两本书中直接谈到了系统管理，其中一本是关于空军如何为弹道导弹计划开发系统管理能力的，另一本则涉及它在阿波罗计划中的使用。在开展阿波罗计划的同时，穆勒也在管理双子星计划并开发后阿波罗计划[1]。对此，巴顿·哈克（Barton C. Hacker）和詹姆斯·格里姆伍德（James M. Grimwood）在一本描述双子星计划历史的书中提出了有趣的见解，还有其他人从不同方面讲述了阿波罗应用计划。在天空实验室方面，可以参考戴维·希特（David Hitt）、欧文·加里奥特（Owen Garriott）、约瑟夫·克尔温（Joseph P. Kerwin），以及戴维·康普顿和查尔斯·本森的作品。

尽管以 20 世纪 60 年代美国太空计划为主题的作品已经卷帙浩繁，我们仍在文献中发现了空白：人们究竟是如何改进在空军弹道导弹计划中所开发的管理方法并应用到阿波罗计划上的？穆勒是如何在菲利普斯等人的帮助下管理各个太空计划的？面对 NASA 多个各自为政的研究中心，穆勒他们又是如何引入空军开发的系统项目管理方法的？而这些由多个联邦机构发展而来、文化背景各异的中心又要如何适应华盛顿总部的管理体系？

本书的主要目标有两个。首先，本书描述了穆勒在载人航天管理领域所做出的具体贡献。有许多书大加称赞穆勒做过的重要决策，却常常忽略了他在把空军的系统项目管理方法引入 NASA 的过程中所起到的关键作用。因此，我着手研究 20 世纪 60 年代的穆勒是如何影响美国载人航天事业的。本书聚焦于 1963 至 1969 年，这 6 年里穆勒在 NASA 领导载人航天计划。他曾是电气工程师、物理学家、机载雷达研究员（第二次世界大战期间）。战后他进入电子与系统工程领域，曾任大学教授，从事教学和研究工作。在 20 世纪 50 年代和 60 年代早期，也就是空军弹道导弹计划全盛期，他曾担任研发经理，这段经历也为他在 NASA 的工作打下了基础。因此在加入 NASA 前，他已在一系列工作中实践了系统管理理论，使他得以将其发挥和应用于载人航天计划的组织与管理中。

其次，本书记录了穆勒在双子星、阿波罗和后阿波罗计划中所做的工作。如果我们任选一天去拜访他，都可能发现他在同时管理这 3 个计划，还要分出精力与国会、白宫和五角大楼沟通。穆勒把领导双子星计划的功劳给了查尔斯·马修斯，但事实上

---

1 后阿波罗计划几易其名，先是被称为阿波罗扩展系统（Apollo Extension Systems），后来 NASA 又将其更名为阿波罗应用计划（Apollo Applications Program），再后来随着任务聚焦，又更名为天空实验室计划（Skylab Program）。（见结语）

他也在其中扮演了重要角色。此外，从到 NASA 的那天起，他就开始规划后阿波罗计划。他采纳了空间站和航天飞机的设想，并且如大多数创新活动一样，他从早期的工作中得到启发，提倡建立新的太空运输系统，即太空铁路[1]（Railroad in Space），并将其视为通往星际探索的途径。正如他强调的：我们的目标绝不止于制造航天飞机和建造空间站。

本书的写作始于 2004 年。一开始我在 NASA 总部历史办公室的档案馆翻阅材料，随后又用差不多 3 年的时间阅读了穆勒和菲利普斯的文章（主要在国会图书馆的手稿阅览室里）。我还参考了一些 20 世纪 60 年代以来的其他访谈，这能帮助我了解那些重要参与者的真实想法。访谈有许多是同一时期进行的，其中 20 世纪 80 年代在史密森尼国家航空航天博物馆进行的采访最有价值，格伦南、韦布和西曼斯亲口讲述了计划细节；另一组有趣的采访是《时代·生活》杂志记者罗伯特·谢罗德（Robert L. Sherrod）为出书而开展并记录的，遗憾的是此书最终未能付梓。我同时也借鉴了 NASA 档案馆里的其他采访记录。2009 至 2011 年，我对穆勒还进行了一系列采访，以填补资料中的空白。穆勒给我看了一些他从未交给国会图书馆或 NASA 档案馆的私人文章和演讲稿。我看过穆勒所有的公开演讲稿，有 91 次演讲发生于他在 NASA 工作的 6 年里，其他时间的还有约 100 次。有了这些稿件和国会图书馆保存的资料，我们可以尝试追溯穆勒的思想。他在不同时期会强调不同主题，在 NASA，他频繁谈论后阿波罗时代，尤其是在快要离开 NASA 时，他几乎已经不想谈别的了。读者阅读本书的关键线索是穆勒对系统管理理论的应用，虽然本书是传记性质的，但不是传统意义上的传记。除非有必要，穆勒的个人生活很少被提及，且不会加以讨论，这要留给作者未来去进一步探索。

当初还在美国电话电报公司（The American Telephone & Telegraph Company，简称 AT&T）直属机构贝尔电话实验室（Bell Telephone Laboratories）[2] 工作的穆勒（在那里他帮助设计了最早的机载雷达系统之一）开始意识到，为了实现好的设计效果，需要将整个系统直观地显示出来。他说："自然而然地，你需要看到系统涉

1　关于"太空铁路"的详细介绍见第十章。

2　贝尔电话实验室：也被称为贝尔实验室，在多次被收购和出售后，现归诺基亚所有。

及的方方面面。"但在当时，系统工程还只是一种试图全面理解系统的方法，尚未发展成一门学科。穆勒 1946 年来到俄亥俄州立大学（Ohio State University），毕业后留校教授系统工程。这门课难教也难学，有学生看起来能听懂，但正如穆勒后来所说，"没有多少人能自然地看清一个问题的所有方面"。在教学过程中，他会提出问题，然后解释如何用这种新理论解决问题。这些问题都不简单，学生们往往无法找到现成的途径，必须自己主动创造解决方法。

后来，穆勒来到 1956 年创立的拉莫 – 伍尔德里奇公司[1]，并在 Able 宇宙飞船项目（这是先锋计划[2]早期的一项任务）和空军弹道导弹计划中引入了他对系统工程理论的理解，在实践中提升了管理能力。他认为把系统工程理论应用到管理中并不值得大惊小怪，因为工程师们早已在研发弹道导弹时尝试过了。在他看来从系统工程师到系统管理者的转变很容易，因为"工程师在工作中其实一直都是管理者，所以这只是一个称呼问题，并不触及本质"，这些称谓其实是可以互换的。

穆勒对系统管理理论的应用是阿波罗计划成功的关键因素。但是，究竟什么是系统管理？西蒙·拉莫，拉莫 – 伍尔德里奇公司的联合创始人之一，将系统工程师一词定义为"善于沟通并且对系统的各个方面都有足够了解的通才"。换句话说，系统工程师应该是一个懂得权衡利弊的"综合谈判者"，他能够想象出增加或减少某些内容会"使事物兼容和和谐"。而穆勒称系统工程是"一门面向所有工程活动的学科，能够……被应用于某个特定的系统中"。因此，系统管理则是"直观地显示所有相关因素并集成一个整体，就像系统工程是将所有物理结构可视化一样"。

1968 年 7 月 8 日，穆勒在加拿大蒙特利尔参加了美国航空航天学会（American Institute of Aeronautics and Astronautics，AIAA）和加拿大航空与空间学会（Canadian Aeronautics and Space Institute，CASI）联合举办的会议并发表演讲，

1　拉莫 – 伍尔德里奇公司后与其他企业合并为汤普森 – 拉莫 – 伍尔德里奇（Thompson Ramo Wooldridge，TRW）公司，也就是我们熟知的 TRW 公司，在中国也被称为天合公司。

2　先锋计划（Pioneer Program）：美国海军于 20 世纪 50 年代中期提出的人造卫星计划，目的是研制和发射美国第一颗人造卫星（但实际上美国的第一颗人造卫星探险者 1 号是由美国陆军弹道导弹局发射的）。

这是他仅有的一次以系统管理理论在阿波罗计划中的应用为主题的演讲。他提到，大规模研发项目的基本管理要求应当是在合理的时间范围内、以先进的技术完成任务，而不是一味追求性能。NASA 需要建立一个组织管理系统来界定任务并监测其进度。系统管理实际上就是将系统工程应用到管理中，使得管理者"在问题出现前就认识到系统的本质和个中因素的相互作用"。每个组织要素的相关活动都必须经过明确定义，工程设计必须以高可靠性为目标，制造过程中需要进行全面检查和质量监控。他提醒听众，必须把可靠性视为目标之一。"糟糕的工程设计是不会带来好产品的"，所以必须一开始就有优良的设计，再加上后续认真谨慎地制造和测试才能成功。由于变更时有发生，因此必须在设计阶段提前考虑。但另一方面他又提醒说："必须避免变更导致过度设计。"

阿波罗计划要想成功，需要管理者进行全面的项目策划，以计划为导向构建组织并划分管理职责。穆勒实施了分阶段的项目策划，并要求在每个阶段结束时进行充分的审查和分析。第一阶段是初步分析、详细研究和概要设计，以从候选方案中做出选择；第二阶段是详细定义、系统设计、进度安排和成本估算；最后阶段是具体设计、开发和制造，还有测试试验和在轨飞行。在阿波罗 1 号火灾（起火的飞船后被追认为阿波罗 1 号）事故导致 3 名宇航员丧生后，NASA 不得不加大了审查和分析力度，在硬件和流程上做出了更多的改变。

穆勒在 NASA 现有的组织架构[1]上嵌套了一个新的机构——阿波罗计划管理办公室，该办公室一直存在到阿波罗计划结束。通过在 NASA 已有的各个中心之上嵌套计划管理体系，他构建了一个同时关注项目目标和机构目标的管理矩阵。这也沿用到 NASA 其他计划的管理中。当某个计划完成后，原有的组织架构不变，而为该计划设立的管理办公室将解散。不过，NASA 会把经验丰富的管理者安排到新计划中，以实现管理文化上的一脉相承。NASA 也正是通过引入弹道导弹计划的管理人员，吸收了美国军方的项目管理经验。此外，双子星计划还借鉴了水星计划中的专业化运营管理手段，随后其经验又被运用到了阿波罗计划中。位于华盛顿的阿波罗计划管理

---

1 读者可参考译者序中的图 I-1。

办公室给各中心[1]的项目管理办公室发送指示，由后者组织承包商工作。为了顺利完成计划目标，NASA 还将任务划分为一系列便于管理的工作包，每个工作包都包含了相应的成本和进度要求。

穆勒还引入了全机试验（All-up Test）来替代传统的逐级[2]（step by step）飞行试验，这是美国空军已在民兵计划[3]（Minuteman Program）中成功应用的一种方法，即在火箭的第一次飞行试验中就使各级都处于工作状态，并装上一艘完整的飞船。他规定，只有全机试验成功两次后，才能认为由火箭和飞船组合而成的航天器做好了载人航天飞行准备。由于地面试验的成本较低，因此全机试验能通过开展大量的地面试验、减少飞行试验的次数显著降低成本，这引起了特别关注。穆勒说："全机试验的理念是使系统较早做好准备，并最大限度地取得成功。"[4]

穆勒还在阿波罗计划中特别考虑了"开放式"（open-ended）任务理念。该理念是以研究性试验的角度看待每一次飞行任务，任务步骤设有备选项，目的是使每次飞行试验的收益达到最大。在下一个里程碑事件前，每到计划节点 NASA 会评估关键系统和消耗情况，查看整体状况，在不影响安全的前提下实现最大的费效比。此外，其还特别考虑了通过冗余来增强可靠性，以及重复使用已经被验证的技术来提高安全性、可靠性和质量。

---

1 书中提到的中心一般指阿波罗计划的三大执行部门——马歇尔航天中心、休斯敦载人航天飞行器中心和卡纳维拉尔角发射操作中心（后改名为肯尼迪航天中心），这 3 个中心由穆勒任主任的载人航天办公室管理，承担 NASA 在载人航天领域的多项工作。在阿波罗计划管理体系中，中心承担的阿波罗计划相关工作受隶属于载人航天办公室的阿波罗计划管理办公室管理。

2 即首先进行第一级试验，其余各级用模拟件替代，当第一级试验成功后，再将第二级换成真的火箭级，进行第二级试验，以此类推，直到最后试验中火箭各级都是可用状态。逐级试验风险较小，但进度缓慢且成本较高。

3 即民兵洲际导弹计划。

4 有趣的是，全机试验和传统的系统工程理念并非一直被奉为圭臬；由于技术的进步、供应链的优化和商业航天市场的变化，如今的 Space X 等航天新锐更崇尚通过不断试错来进行迭代升级。

计划安排、解决方案、进度控制是管理大型项目的三要素。作为一个坚持"今日事今日毕"的人，穆勒会把计划细分到每一天，他认为保证计划顺利执行的唯一方式是在承包商层面设立日工作计划，因为"除非他们知道每天必须做什么，否则很可能跟不上进度，进度表必须足够细致，这样我们才不会在计划失控前还一无所知"。

　　项目管理者需要具备哪些背景？在穆勒看来，有些工程师本身就是优秀的管理者，有些则不然。很少有科学家在管理工作上出类拔萃，因为他们有"不同的思维方式"——在大多数情况下，比起运用知识，科学家往往对探索新知识更感兴趣。穆勒其实最开始是一名科学家，他获得了物理学博士学位，在早期职业生涯中花了大量时间"从事真正意义上的科学研究"。但是，他始终对科学的应用，即生产制造，保持着浓厚的兴趣。他不想当一名纯粹的科学家，于是在某种意义上他转变为一名系统工程师，在 NASA 发挥了自己无可替代的作用。他说："我能够理解科学家，在某种程度上他们也能够理解我。工程师们也是如此……真正的挑战在于如何把他们组成一个有效的团队。"

　　在穆勒和同伴们的努力下，NASA 迅速研发出新技术，制造出可靠的航天器，在既定时间内使宇航员以预期成本登上月球并安全返回。穆勒是工程师、管理者和科学家，并可以在必要情况下（比如赶进度的时候）像军官一样发号施令。他像科学家一样对新事物和新知识充满浓厚的兴趣，但也能为了实现目标而放弃好奇心；他和工程师一样对提高可靠性兴致勃勃，但也会在必要时选择冒险（他称之为"理性的"冒险）；作为管理者，他对成本和进度很敏感，但也常常为了确保进度而牺牲成本。穆勒声称自己有"各行各业的背景"，但"不是通常意义上的行业背景"。除了管理者，他还做过研究员和教师。在空间技术实验室（Space Technology Laboratories，STL）公司[1]（简称空间技术实验室）工作的 6 年里，他管理过空军弹道导弹计划的研发工作。但他说，空间技术实验室需要的管理方式"非常与众不同，因为你面对的是一群干劲十足、能力超群的人。你需要做的只是指出需求，用不着驱使他们去做。比起指挥，上级更像是与下级合作"。穆勒的管理哲学来自管理身边人的经验，他会确保大家都能完成自身职责，同时确保上下游紧密协同。等到他管理阿波罗计划这样

1　空间技术实验室公司是拉莫 - 伍尔德里奇公司的子公司，同样由西蒙·拉莫创建。

　　　　　　　　　　　　迎难而上：乔治·穆勒与 NASA 载人航天计划的管理

的大型项目之时，上下游之间的有效沟通俨然成为成功的关键。

穆勒的领导才能早在 20 世纪 60 年代就得到了载人航天业界认可，但时至今日他仍不为大众熟知。默里和考克斯写道，穆勒是"阿波罗计划中最难以捉摸的人物之一。阿波罗计划在很大程度上是由一群非凡的人领导的，他们性格各异，偶尔看起来有些古怪"，但他们"也会受伤。不过穆勒是如此寡言少语，鲜少表露外在情感，也就很难确定他的感受了"。NASA 的约翰·迪舍（John H. Disher）则说穆勒有"一种超乎常人的理性，不会被任何缺乏严密逻辑和数据基础的论点所影响"，此外，穆勒"在彬彬有礼的外表下，是钢铁般坚硬的内心"。他称穆勒为"我所认识的为数不多的真正的天才之一，是个出色的、清醒的管理者"。菲利普斯"一直不明白为什么人们在回顾阿波罗计划时很少关注穆勒，为什么他没有在阿波罗计划的成功中得到应有的荣誉"。查尔斯·马修斯称穆勒"饱受争议，但无疑是一个非常聪明的人"。他以新手身份进入载人航天领域，尽管缺乏实践经验，但仍能迅速显露头角。马修斯还说穆勒既是一个"超级自大狂"，同时也是"一个坚守信念和谦逊的人"。这些描述是不是看起来互相矛盾？也许吧。虽然穆勒从不为自己大书特书，但他不会放弃争取自身利益，这被某些人解读为自大；他虽骄傲但不傲慢，文雅的举止和温和的外表又为他塑造了谦逊的形象；很多人说相比于休斯敦载人航天飞行器中心[1]（Manned Spacecraft Center），穆勒更喜欢位于亨茨维尔的马歇尔航天中心，有人指责他制造了两个中心的对立，他也因此背上了分裂者的恶名。在这方面批判他的人就包括乔治·洛（George M. Low）。而另一个才华横溢且颇具争议的人——约瑟夫·谢伊（Joseph F. Shea），称穆勒"是我见过的意志最坚定的人之一……他真的是太顽固了，顽固得不像个正常人"。

穆勒一直是个低调的人，他从不费心经营公众形象，也没有凭借在 NASA 的经历去政府或学术界谋求高级职位，而是选择在离开 NASA 后重回私营企业。他一直

---

1 载人航天飞行器中心，位于得克萨斯州休斯敦，常被简称为"休斯敦"。该中心于 1962 年建成，主要成员来自原兰利实验室。载人航天飞行器中心最广为人知的可能是它的飞行控制中心了，它是载人航天飞行期间的主要指挥部和决策机构（现场发射及发射前的准备工作则由肯尼迪航天中心负责）。1973 年为纪念当年去世的前总统林登·约翰逊，该中心改名为约翰逊航天中心（Johnson Space Center）。

呼吁建造可重复使用的太空运输系统，但在阿波罗计划成功后，美国对太空探索的兴趣已不复往昔。因此他来到系统开发公司（System Development Corporation，SDC），领导这家公司大概 14 年，直至 1983 年退休。时年 65 岁的他并没有结束自己的职业生涯，而是在半退休状态下度过了"无聊的"数年：在政府机构任职，提供咨询服务，成为美国航空航天学会主席，后来又担任国际宇航学会（International Academy of Astronautics，IAA）主席，这给他提供了为航天事业发声的平台。1995 年，穆勒 77 岁，他来到 K-1 可重复使用火箭的研发公司基斯特勒航空航天公司（Kistler Aerospace Corporation），重新全职工作。在这里他最后一次追逐梦想——开发可重复使用的太空运输系统。但由于随后几年健康状况不佳，他于 2004 年 86 岁高龄时辞职。基斯特勒航空航天公司在多年时断时续的努力之后，因财务问题陷入瘫痪，最终 K-1 可重复使用火箭项目以失败告终。

退休后，穆勒与妻子达拉（Darla）一同生活在华盛顿州的柯克兰，并多次因对载人航天事业的巨大贡献受到表彰，最近的一次是在 2011 年 4 月获得了史密森尼国家航空航天博物馆颁发的终身成就奖（见结语）。在 NASA 期间他取得了不菲的成就，并在接下来的漫长商业生涯中再次获得了成功。他对载人航天这一巨大挑战的热情从未消退。在 92 岁之时，他的身体状况有所好转，这时他说如果有 10 亿美元，他就可以重拾在基斯特勒航空航天公司中断的目标，开发出完全可重复使用的火箭。他的梦想仍在继续，他需要的只是 10 亿美元[1]。

阿瑟·斯洛特金

于佐治亚州亚特兰大

---

1 2015 年 10 月 12 日，穆勒因心脏衰竭离世，享年 97 岁。

　　　　　　　迎难而上：乔治·穆勒与 NASA 载人航天计划的管理

目 录

第一章　重组

　　NASA 载人航天计划原负责人布雷纳德·霍姆斯离职后，局长詹姆斯·韦布联系了一些主张将 NASA 的载人航天计划交由空军的人。他表示：鉴于载人航天计划对国家的重要性，他打算选择一个双方都信任和尊重的人，并希望这有助于加强空军对 NASA 登月的支持。在征求了不少朋友的意见后，韦布向 TRW 公司 CEO 戴维·赖特（J. David Wright）寻求帮助，希望他推荐一个能被空军认可的人来负责阿波罗计划。赖特随后征求了原拉莫 – 伍尔德里奇公司和空间技术实验室联合创始人，现 TRW 公司执行副总裁西蒙·拉莫的建议。拉莫先是举荐了空间技术实验室负责人鲁本·梅特勒（Ruben Mettler），但梅特勒本人对此毫无兴趣，于是拉莫又推荐了两名公司高管：弹道导弹计划负责人爱德华·多尔（Edward C. Doll）和研发部门负责人乔治·穆勒。穆勒猜想空军系统司令部（Air Force Systems Command, AFSC）司令伯纳德·施里弗（Bernard A. Schriever）也参与了人员的甄选。虽然施里弗将军相信拉莫的目光，但在这两位候选人中他对穆勒还是更陌生一点。穆勒在将近 50 年之后回忆道："他们让我找韦布谈谈，看我们是否对彼此感兴趣。"接着他又补充道："我是自愿的。"

同意参加面试后，穆勒着手研究 NASA 的情况。由于工作原因，他自 1958 年起就与 NASA 中的很多人都有联系，包括之前在空间技术实验室共事过的约瑟夫·谢伊。谢伊曾是霍姆斯的助手之一，穆勒通过他对霍姆斯领导的载人航天办公室（Office of Manned Space Flight，OMSF）的架构、规划和问题有了深入的了解。谢伊告诉穆勒，霍姆斯与韦布、NASA 助理局长罗伯特·西曼斯相处并不融洽。霍姆斯不允许韦布与西曼斯了解和参与载人航天办公室的管理。由于在 NASA 高层没有盟友，霍姆斯一直不确定自己的职权边界，他想与 NASA 下属各中心结盟，为此做出了部分妥协，以避免与中心主任们发生冲突，然而中心主任们从未真正服从过他的领导。各个中心的情况是，在位于亚拉巴马州亨茨维尔的马歇尔航天中心，主任冯·布劳恩使用了一种民主管理体系，由数十人向他和技术副手埃伯哈德·里斯（Eberhard F. M. Rees）汇报；而在位于得克萨斯州的休斯敦载人航天飞行器中心，主任罗伯特·吉尔鲁思（Robert R. Gilruth）的两位副手沃尔特·威廉斯（Walter C. Williams）和詹姆斯·埃尔姆斯（James C. Elms）正为了争夺控制权剑拔弩张。关于阿波罗计划本身，谢伊说计划处于"开环"状态，相关规范还不完整，虽然已经定下了里程碑事件，但大家都持怀疑态度。由于缺乏全面的进度安排，成本也一直超支，因此管理层没有清晰的时间和金钱概念，NASA 只是靠着一腔努力在埋头工作。雪上加霜的是，NASA 和承包商的关系也比较棘手。比如和通用电气（General Electric，GE）公司签订的阿波罗集成合同就遇到了严重问题。各个中心要么尚未明确自身定位，要么在表达"抵制和不满"。他提出了重组的设想，并告诉穆勒，NASA 需要完善对计划的控制，否则就无法实现肯尼迪总统的目标。同时他认为，NASA 最严重的问题是"各个部门缺乏交流，那种真正的交流"。

穆勒还询问了一位朋友，被他称为"一个被忽视的管理者"的戈达德航天中心（Goddard Space Flight Center）主任哈里·戈特（Harry J. Goett）。穆勒是通过 Able 宇宙飞船项目和戈特熟悉起来的。戈特创立了戈达德航天中心，并在吉尔鲁思掌权前一直领导 NASA 的太空任务小组[1]（Space Task Group，STG）。戈特评价

1　太空任务小组：最初是为了水星计划成立的载人航天研究小组，主要成员来自 NASA 的兰利研究中心；后来在阿波罗计划正式批准实施后，NASA 以太空任务小组为核心组建了休斯敦载人航天飞行器中心，由小组负责人吉尔鲁思任中心主任。

吉尔鲁思在团队合作方面有所欠缺，他欣赏的是霍姆斯的另一位助手乔治·洛。戈特还说，NASA 必须统一协同作战，否则无法控制全局。而鉴于议程杂乱、方向不一，以及 NASA 内部矛盾不断，他对阿波罗计划持悲观态度。NASA 已经"超负荷运行且停不下来"。此外，戈特还把中心主任们称为军阀，说他们总是独善其身，"彼此之间几乎从不交流"。

穆勒还与空军上将奥斯蒙德·里特兰（Osmond J. Ritland）进行了坦率交谈。里特兰是施里弗在载人航天方面的副指挥官，那时候他还有一年多退休。他很了解 NASA，并提出了非常令人信服的建议。他认为 NASA 总部一直在混淆问题，拿不出有效的解决方案。由于休斯敦载人航天飞行器中心在双子星计划上一直与空军保持着良好的关系，所以对于双子星计划可以分散管理，并将主管部门部署在休斯敦。此外，由于阿波罗计划的项目规模过于庞大，所以其控制权应该留在 NASA 总部，这样做可以强化总部的地位，而且据他说各中心也认识到了这种需要。里特兰曾向施里弗建议，相比起 NASA，空军应该把支持的重心放在载人航天办公室上。此外，他建议穆勒聘请一位副手，并告诫穆勒不要信赖空军或国防部，因为他们都会把自身的利益放在第一位。里特兰有一种强烈的预感，阿波罗计划正深陷泥潭，如果得不到显著改善，美国政府可能不再让 NASA 负责载人航天计划，而由国防部取而代之。此外，虽然已经获得了空间技术实验室的一些技术，但 NASA 还离不开空军的帮助。理想情况下，NASA 最好把部分分子项目分包给空军，但这肯定会遭遇政治手段阻挠，因此穆勒必须想办法把空军人才引入 NASA。他的最后建议是，在"政治环境……与实际计划运作"之间寻找缓冲地带。

在韦布局长不得不淘汰一位候选人时，多尔退出了。穆勒随即飞往华盛顿与韦布会面，在那里韦布向穆勒表达了对 NASA 当前问题的个人看法和预期目标。他请穆勒来家中共进晚餐，讨论下一步行动，并询问穆勒如果有条件重组 NASA 是否愿意来工作。穆勒早已决定，如果韦布同意做出必要的改变，自己将给出肯定的答复。然而在二人的第一次私人谈话中，韦布并没有给出穆勒想要的保证。在穆勒的回忆中"韦布是个很有魅力的人，也很健谈，他通常会谈天说地，只是偶尔才触及你想谈的事情"。因此，他们的对话并没有覆盖所有关键问题。"我认为他确实在衡量我能否达到他的要求……我猜他已经做出决定了。"穆勒关注的主要是阿波罗计划的控制手段，而韦布却大谈薪水、津贴和福利——这份工作待遇不算高，所以穆勒得考虑能否承受经济压力。这次谈话让穆勒百感交集，因为"我还是不清楚韦布是否决定将阿波罗计划交给我……但他已经处于重压之下，所以只要能找到合适的管理者，他几乎愿意接受任何条件"。穆勒要求获得高于中心主任[1]的权力，韦布最终答应了。随后穆勒接受了这份工作，他觉得这是一个极具挑战性的机会，而且"对美国在未来国际关系中的地位非常重要，当时很明显，如果我们不能成为领导者，那就是把它拱手让给了苏联"。

1963 年 7 月 18 日，穆勒收到来自韦布的信，信中任命他为载人航天计划负责人。穆勒将直接向西曼斯汇报工作，并拥有对各中心主任和总部计划管理小组的指挥权。穆勒在 45 岁生日过后"战战兢兢"地接受了这份工作。他将其称为一个挑战，后来又说这是"必须要做的事情，然而最大的挑战是薪水只有原来的一半"。他回复韦布道："我怀着极大的愉悦和希望，期待在 NASA 载人航天计划中为你效力……我将于 9 月 1 日正式报到。"

在 NASA 对外公布消息后，穆勒位于洛杉矶的办公室收到了数百封贺信，有两封分别来自空军参谋长柯蒂斯·勒梅（Curtis E. LeMay）将军和空军部长尤金·朱克特（Eugene M. Zuckert）。美联社在发表的一篇文章中称穆勒是一位"敬业的战士……当心直口快的霍姆斯辞去美国登月计划负责人一职后，很多人都预测他的继任者会是一个沉默寡言、埋头苦干，而且永远不会和局长詹姆斯·韦布争论的人"。文章又写道："穆勒很安静，但与人们所预测的也就这一点相似了。""他是一位杰出的科学家……据朋友们说，他为了证明自己是正确的，可不只会与人争论，在倒下之前他是不会放弃的。"这篇文章讨论了穆勒的职业素养，它的评价很快被证明是中肯的。

搬到华盛顿前，穆勒给中心主任们各写了一封内容相似但语气各异的信。在给之前就在工作中结识的冯·布劳恩的信中，他说："我只是想告诉你，我是多么期待与你在载人航天计划上的合作……我们面对的是我们国家有史以来最具挑战性的任务，完成这项任务需要所有团队成员的最大努力和持续合作。"他请求冯·布劳恩的帮助，

1　在穆勒来 NASA 前，载人航天办公室实际上与各中心平级，没有对中心的指挥权。

说如果没有他的"支持、帮助、指导和建议",自己无法获得成功,并希望冯·布劳恩能完成"职责内的全部工作甚至更多"。穆勒并不十分了解吉尔鲁思,但出于对其长期在政府任职并领导太空任务小组的敬意,他写道,"我确信阿波罗计划会成为美国迄今为止最成功的大型项目",并且其成功取决于"团队一直以来的优良传统"。库尔特·德布斯(Kurt H. Debus)是冯·布劳恩的前下属,也是新成立的佛罗里达州卡纳维拉尔角发射操作中心(Launch Operations Center)主任,他也收到了一封内容类似但少了些恭维的信。穆勒的女儿卡伦·安·穆勒(Karen Ann Mueller)是斯坦福大学的本科生,那个夏天正在欧洲学习。穆勒在给女儿的信中写道:"我将在9月开始新的工作。这份工作需要花费大量时间和精力,责任重大,并且充满挑战。"他坦率地承认:"除了知道挑战与收获并存外,我对这份工作的了解真的不多。"

尤金·斯潘格勒(Eugene R. Spangler)是穆勒在 1963 年出版的《通信卫星》(Communications Satellites)一书的合著者。1963 年 8 月初,穆勒和他分享了一些想法,请他帮忙收集关于管理模式和组织架构的材料,并请他严加保密。在给斯潘格勒的信中,他大致阐述了阿波罗计划管理办公室的基本概念:它"类似于空军和空间技术实验室的民兵计划管理办公室的结合",将对阿波罗计划拥有"绝对的责任和权力"。他想在总部为每个关键系统和子系统设立总体部门,并在各中心设置相应的分支机构。因此总部将负责整体的计划控制、系统管理、试验规划,以及可靠性和质量保障;各中心拥有同类职能,再加上工程研制任务。他描述了一个类似于空军弹道导弹计划中使用过的矩阵型组织,建议各个项目管理办公室不再受所属中心的直接控制,而是直接向阿波罗计划负责人汇报项目进展,向中心主任汇报行政管理工作。接着,他提出了一个大概的设想,由他自己和中心主任们组成一个指导委员会(steering committee),承担高级政策组(senior policy group)的角色。

穆勒认为,要想推动阿波罗计划前进,他需要来自工作人员的直接汇报。他注意到了霍姆斯管理下的组织缺陷,建议通过重组解决这些问题。阿波罗计划管理办公室与民兵计划管理办公室类似,而相比于后者将合同和计划控制分派给了空军,NASA则由空间技术实验室提供系统工程和技术指导,同时在承包商的支持下包揽了这两个角色。空间技术实验室拥有广泛的专业知识和资源,对解决阿波罗计划中的问题很有帮助。这是穆勒对管理阿波罗计划的设想,他想要强有力的计划管理办公室,同时又保持各中心的技术竞争力。他打算利用弹道导弹计划组织机构"好的一面","视情况调整"后将其从常设机构转变成为计划管理机构，因为"以前都混在一起了"。而如果中心主任们需同时关注中心目标和项目目标，那么设置与原有的指挥链并行的强大的计划管理指挥链是有必要的，且这两条指挥链都应该做到沟通顺畅。这样，穆勒在离开洛杉矶前就明确了载人航天办公室重组的重要性。他知道，之前 NASA 的各中心并没有凝聚成一个整体，为了实现阿波罗计划的最终目标必须进行改革。他需要改善"从基层人员一直到管理人员"之间的沟通，因为有效的沟通是使"所有人都能理解整个计划进程"的先决条件。

1963 年 8 月，穆勒邀请中心主任们来洛杉矶。他与每个人单独会面，听取他们的意见。他回忆道："总部确实在妨碍计划推进，他们需要提供更多的资金，并减少指导。"他发现中心主任们并不信任位于华盛顿的总部，"对地位的争夺"成了中心和总部之间的严峻问题。虽然各中心主任都认可其他中心主任的能力，但他们之间互不信任。部分原因是大家对整体计划都一知半解，因此 NASA 需要改进协调方式。各中心也知道自身存在问题，只是不知道如何解决，这带来了沮丧的情绪。据穆勒回忆，吉尔鲁思可以说是"硬着头皮"建立了休斯敦载人航天飞行器中心，冯·布劳恩则在"试图搞清自己还能有多大的控制权"。三人中最直截了当的是库尔特·德布斯，他对穆勒说："你看，我们有一个切实的问题，其他中心主任既不互相交流也不与我交流，可我是要把他们的设备发射到太空的。你至少得做点什么，让我们至少造出一个能飞的东西。"

吉尔鲁思和冯·布劳恩都认为他们比华盛顿的人更懂管理，毕竟 NASA 总部并不以管理见长。过去他们听从霍姆斯的指示，但向西曼斯报告，又到别的地方申请资金，管理的混乱妨碍了计划的开展。两人都建议将总部搬到自己的中心，并向穆勒抱怨与其他中心主任合作的困难。穆勒希望每个人顾全大局，把注意力集中在同一目标上，而不只是以自我为核心。他意识到，中心主任会因为不了解他的想法而对他持怀疑态度，因此他多次找中心主任交流。他把最初的一系列会面称为"试探性会议"。而在熟悉中心主任的过程中，他意识到把他们划入麾下只是第一步，还需要从某些方面引起他们的关注。因此，穆勒一边继续研究现状，一边与中心主任们讨论计划管理办公室的设立，以把一部分职责从中心的行政管理中分离出来。

穆勒对NASA的认知逐渐深入，他开始与人讨论重组的想法，得到的反馈是"你做不到的……这行不通，中心主任们是不会同意的，他们会想方设法阻止"。然而，穆勒知道这是唯一奏效的方法，所以他坚持通过强大的计划管理办公室实现集中控制。他清楚改革的困难，也担心可能造成过大的负面影响，正如他后来所写："任何一个崇尚自主管理的人都不喜欢自己的权力被夺走，而这次我们要面对的是3个意志坚定、精明强干且在国际上享有盛誉的人。显然我无法预测韦恩赫尔·冯·布劳恩、库尔特·德布斯和罗伯特·吉尔鲁思对我的重组计划会做何反应，但如果期待反对不会太强烈就太天真了。"但他又写道："最初的那些会议……颇有成效。在和他们及其员工进行的第三或第四次会议结束时，我们不再讨论是否应该重组，而是讨论该如何重组。"

初到华盛顿的几天，穆勒躲在新家和中心主任们继续讨论，随后于 1963 年 8 月 28 日、29 日和 30 日向 NASA 总部做了简要汇报。9 月 1 日，穆勒正式入职，成为一名政府官员。9 月 3 日，他在 NASA 副局长休·德赖登（Hugh L. Dryden）的见证下宣誓就职（见图 1-1）。随后穆勒便与西曼斯一起前往 3 个中心，他告诉中心主任们想要开诚布公地讨论他们正面临的问题。

　　在 NASA 的头几个月里，穆勒每天都会在日记中简要记下具体事宜，他知道记录是防止忘记的唯一办法。随着时间的推移，他不再每天写日记，但在 NASA 工作的 6 年里他一直保持着做笔记和制订工作清单的习惯。他认为"保持工作的连续性很重要……（这样）才能证明我是真的对工作感兴趣"。在早期的一篇日记中，他概述了所谓"载人航天组织必须满足的标准"：应该能够自由调动政府资源，尽快查明进度延误和费用超支情况。他认为当前应该重点关注的是各中心的职能、外部投入、政治和公共关系，同时，他写道，新的组织架构"应该为计划全周期的实施和拓展打下必要的基础"。

　　穆勒盘算着他的目标，思考应如何开展工作，并开始梳理必要的管理界面。他一头扎进工作中，不断记录自己的想法。虽然去华盛顿前他就有了许多想法，但并没有立即付诸行动。他倾听他人的意见，他们会向他抱怨哪些东西妨碍了自己做好工作。最终，穆勒发现现实情况称得上"一团糟"，但这是改变的契机。如果没有这场危机，对中心的集中控制将更难以实现。现在中心主任们"非常担心无法继续参与到计划中，以至于他们愿意让渡部分自主权……还有就是出于对国家的情怀"。穆勒总结了当时的情况，"所有能想到的困难都出现了……我们每个人都有问题，包括预算局（the Bureau of the Budget）、总统科学顾问委员会（President's Science Advisory Committee, PSAC），以及其他随便你能想到的"。随后，他对中心主任们引用了本杰明·富兰克林（Benjamin Franklin）在签署《独立宣言》前说的话："团结合作，或者分崩离析"（If we didn't work [hang] together, we were sure going to be hung apart）。

图 1-1　1963 年 9 月 3 日，乔治·穆勒宣誓就职

　　穆勒一边研究重组方案，一边与华盛顿的其他内部人士接触。9 月 4 日，他记录了与得克萨斯州议员奥林·蒂格（Olin E. "Tiger" Teague）建立良好关系的重要性。穆勒写道，蒂格是众议院太空委员会（House Space Committee）的载人航天小组委员会（Subcommittee on Manned Space Flight）的主席，也是霍姆斯的"重要支持者"。穆勒知道霍姆斯在国会支持者众多，而且蒂格一向是个"不留情面"的人，

因此担心他们的首次会面可能会陷入窘境。但蒂格开门见山地对穆勒说："我不喜欢发生在布雷纳德·霍姆斯身上的事，但我会继续在工作上予以支持，和这个位置上是谁没有关系。我对你也不会夹杂任何个人情绪，只要你是负责人，我就会支持你的部门。"此外他还说："如果你欺骗我一次，那是你的错；如果你欺骗我两次，那就是我的错，但我永远不会让它发生。"穆勒说："这几句话确实消除了误会，并且从那一刻起，蒂格对我和我的计划的支持就从未动摇过。"他称蒂格是"我遇到过的最有趣的人……他是典型的得州（得克萨斯州的简称）人，也是典型的得州农工大学（Texas A&M University，TAMU）学生……他没有特别突出的地方，也不是一个很有魅力的领导者，但他确实对如何与议员们打交道了如指掌……所以如果你能让他相信一件事，他就能让其他议员也相信……他在众议院的影响力可能和林登·约翰逊（Lyndon Johnson）在参议院的影响力差不多。很幸运，他站在我们这边"。

穆勒召集新手下讨论计划管理办公室的方案，他们质疑说霍姆斯也曾推行过双重报告机制，但由于缺乏中心主任的支持而以失败告终。穆勒向他们解释，除了管理委员会外，必须有强有力的计划管理办公室，因为前者往往会滑向"辩论社"的角色而无法实现有效的管理。从穆勒的日记中可以看出，他还希望计划管理办公室拿出部分精力去协调 NASA 与外界的关系，并作为载人航天计划中科学政策的重点，因此他考虑为载人航天办公室任命一位首席科学家，以及创建一个科学咨询委员会。他也需要几位强势的计划主管，并决定废除 NASA 总部的职能型部门，转而根据 NASA 的项目进行重组，由多个计划管理办公室负责管理各个计划中的飞船、火箭制造和在轨飞行。他总结了 NASA 在政治、公共关系和管理方面的制约，并写道，他做出的改变"绝不会侵犯或彻底改变德布斯、吉尔鲁思和冯·布劳恩在计划中扮演的角色，决不能让哪一个中心主任有正当理由向国会或媒体抱怨"。此外，组织架构上的变化"必须给人留下我们利用了北极星[1]和弹道导弹计划经验的印象……并且必须缓解国防部和 NASA 之间的紧张气氛"。这些改变必须与登月目标一致，同时能增加与国会的沟通，争取更多来自科学界的支持，并能更好地应对媒体。他必须使新的组织架构简单、直接、易于理解。此外，新的组织也需要尽可能分权。

---

1 指北极星导弹计划（Polaris Missile Project），是美国海军于 20 世纪 50 年代后期实施的研制导弹核潜艇的计划。

穆勒对有意义的权力下放没有意见。不过他认为，为了使计划有效执行，需要有一个权威机构确保各项工作协调有序开展。1963 年 9 月 8 日，他在日记中再次提到了重组，并在开头写道："如果管理上得不到大幅度改善……我们将无法在 1972 至 1975 年间以 350 亿美元或哪怕更多的成本登月。"所以他决不能坐以待毙。他还写道："报告链和指挥链的分离，以及地理上的分散带来了严重问题。"要减少外界对 NASA 的批评，必须提高管理水平。总部其他人员评价道，雄心勃勃的穆勒必须争取到西曼斯和韦布的全力支持，以及中心主任们的通力合作，并且他们对穆勒能否成功看法不一。

休斯敦载人航天飞行器中心由国家航空咨询委员会（National Advisory Committee for Aeronautics，NACA）的研究中心发展而来，在很大程度上延续了该委员会的管理方式。在国家航空咨询委员会内部，各部门实行半自治管理且不受总部指挥。休斯敦载人航天飞行器中心主任吉尔鲁思倾向于这一传统模式，他把 NASA 总部称作"华盛顿办公室"，认为其主要职责是与国会打交道并为休斯敦载人航天飞行器中心争取预算。国家航空咨询委员会总部是不负责具体运营的，下面的研究中心自行承担一些小的研发项目并受所在地管理。因为不存在跨部门合作，也不需要集中协调管理，所以项目管理和机构管理从未发生过冲突。如果穆勒将计划管理办公室变得"至高无上"，就与吉尔鲁思的想法相悖了。

冯·布劳恩和吉尔鲁思的团队背景大相径庭。国家航空咨询委员会以不直接隶属于军方而自豪，虽然他们的大部分工作都是为军方服务，但始终坚持独立于陆军部和后来的国防部。与之相反，冯·布劳恩及其团队最早隶属于德国军队，早期在德国佩讷明德工作，第二次世界大战后又加入美军[1]，随后于 1960 年被划入 NASA。这些差异阻碍了这两个团队的密切合作，尽管他们拥有类似的开发和试验方式。

穆勒觉得自己和吉尔鲁思相处得不错，但他也说过："吉尔鲁思和冯·布劳恩很

1　在德国东北部波罗的海沿岸乌瑟多姆岛上的小城佩讷明德（Peenemünde）是纳粹德国的火箭研制基地，因此佩讷明德也被称为现代火箭科学的发源地。在 1945 年纳粹德国战败前夕，以冯·布劳恩为首的 100 多位德国专家带着大批资料和硬件向美军投降，他们后来被美国陆军引渡到美国，并在之后为美国的航空航天事业做出了巨大贡献。

不一样，他总是很保守，他的手下也大多是这样。"二者能力都很强，但国家航空咨询委员会的人似乎"不太能接受外界的思想"。相比之下，"马歇尔航天中心的人至少能力相当，而且更灵活，更容易接受新观点"。在穆勒看来吉尔鲁思最突出的一个特点同时也是他的弱点——他在休斯敦载人航天飞行器中心扮演着类似父亲的角色，员工们"对他很崇拜，这促使他以自我为中心，脱离集体，损害了整体计划"。至于冯·布劳恩，穆勒形容他是"杰出的工程师，充满魅力的领导者""最有能力的"中心主任。吉尔鲁思在穆勒眼里也是优秀的工程师，但不是优秀的管理者，而且比冯·布劳恩更难相处。多年后他这样描述："相比吉尔鲁思，我和冯·布劳恩的想法总是更接近，因为我们的思维方式类似。"他又指出，"吉尔鲁思不太能很快把握住方向，他通常要做大量研究才会行动起来"，并且"可能的话会尽量绕过我"。但穆勒发现不可能把吉尔鲁思调走，因为吉尔鲁思的手下，特别是太空任务小组的初始成员对其非常钦佩。于是穆勒选择派约瑟夫·谢伊和乔治·洛等优秀的管理人员前往休斯敦载人航天飞行器中心辅助吉尔鲁思。

　　与蒂格会面后不久，穆勒就不得不参加众议院太空委员会听证会，为水星计划争取支持。起因是休斯敦载人航天飞行器中心的沃尔特·威廉斯撰写了一份报告，"详细描述了水星计划的危险之处并将其发布"，还将一份副本递交国会。威廉斯想"让其他人和自己一样认识到承包商根本不称职"，并认为这份报告记录了从水星计划中获得的经验和教训，这将有助于双子星计划和阿波罗计划的开展。然而他对政治毫无感觉，也想不到这样一份报告会在华盛顿产生怎样的影响。因此，穆勒到NASA后不久就不得不帮水星计划和双子星计划的飞船制造商麦克唐奈飞行器公司[1]（McDonnell Aircraft Corporation，又称为麦克唐纳飞行器公司）辩护，以证明其具备足够的能力和安全意识，并且注重工艺水平。穆勒（旁边坐着威廉斯）作证说："这只是一份内部文件，目的是保证今后不犯同样的错误，所以我们只总结了问题，而没有提及好的结果和正确的判断。"委员会成员没有展现出宽容，"但在讨论了NASA的管理缺陷后……他们也没必要考虑别的什么"。穆勒说，从中得到的教训是，"如果

1　麦克唐奈飞行器公司：1939 年由詹姆斯·史密斯·麦克唐奈创建，1967 年与道格拉斯飞行器公司合并，成为麦克唐奈 – 道格拉斯公司（简称麦道公司）。1997 年麦道公司被波音公司收购，现在为波音公司的子公司。

已经变成铅字，那就算了吧"，因为反正文件都出现了，而且可能已经在发布中了。

穆勒想在载人航天办公室增加一位首席科学家，并在与西曼斯共进午餐时讨论了这个想法。西曼斯看好即将被任命为助理局长、负责空间科学方面工作的霍默·纽厄尔（Homer E. Newell）。穆勒不想要纽厄尔，但无法说服西曼斯。西曼斯还告诉穆勒，韦布"极其希望"从空军引入人才参与阿波罗计划。鉴于空军在弹道导弹计划中的出色表现，穆勒建议把其中的一些人放到计划控制岗位上。另外，西曼斯审查了载人航天办公室的重组方案并予以批准。

1963 年 9 月 21 日，穆勒再次与中心主任们讨论载人航天办公室的重组方案。与之前相比他进行了简化，但依旧保留了他带到华盛顿的基本思想。他在日记中写道："针对计划管理办公室结构的整体概念已经达成共识。"9 月 28 日，他与众人讨论了改革措施，这次会议"进展顺利"并且"没出现重大争议"。但他又写道："现在回想起来，我还不清楚中心主任们是否真正理解改革的含义。"他总结道："要向别人介绍某个概念，拿出一份详尽的文件是很重要的……要确保信息足够具体且被普遍接受，这样人们才能理解内在逻辑。"

阿波罗计划的成本和进度都引起了穆勒的关注。参考弹道导弹计划的经验，他推断土星号火箭 S-IVB 级的部署至少要延迟到 1965 年 3 月，S-II 级则要到 1966 年 6 月（见表 1-1），等这两级完全投入使用还要 4 年左右，这样无法实现 1969 年登月的目标。加快开发进度刻不容缓。NASA 需要在裁减工作量，抑或是寻找其他公司帮助北美航空（North American Aviation，NAA）公司[1]完成任务之间做出选择。NASA 是在 1961 年与北美航空公司太空部门签订的阿波罗飞船合同，当时该部门还负责制造 S-II 级（土星号火箭的大部分发动机则由洛克达因公司[2]研发）。到 1963 年，乔治·洛等人提出 NASA 不应该把阿波罗计划中的两个重要订单都交给北美航空公司，因为后者如今正超负荷工作。韦布却觉得问题在于管理不善，该承包商本应有能力完成这两项任务，但如果公司没有任用合适的人到合适的岗位上，效率自然会低下。穆勒认同北美航空公司太空部门管理不善，因此他需投入较多时间来考察"管理者们是否在管理"。正如他所解释的那样，该公司的"高层……不是很注重细节，而是习惯在制造飞机时"秉持所谓"工匠精神"，但制造复杂的宇宙飞船需要更缜密的方案。另外，他也知道太空部门因这些繁重的工作在超负荷运行，但"这至少在某种程度上使分工更简单"。

1　北美航空公司：1967 年与罗克韦尔标准公司合并后成立北美罗克韦尔公司，1973 年改名为罗克韦尔国际公司。1996 年，罗克韦尔国际公司名下的航天部门（包括原北美航空公司部分）被波音公司收购。

2　洛克达因公司：最早由北美航空公司组建，后同样并入北美罗克韦尔公司，之后被波音公司从罗克韦尔国际公司收购。2005 年，波音公司将其出售给普惠公司（普拉特 – 惠特尼公司，Pratt-Whitney Group），现为联合技术公司（参考下页注释 2）旗下的普惠洛克达因公司。

表1-1 阿波罗任务飞行器和承包商

阿波罗任务飞行器和承包商	说明
SA[1]	NASA 是根据火箭的型号和飞行次数来对每一次任务命名的，土星 1 号火箭（后文简称"土星 1 号"）的飞行任务编号为 SA-n（n 指飞行次数），土星 1B 号火箭（后文简称"土星 1B 号"）的飞行任务编号为 SA-2nn（飞行次数以两位数字表示），土星 5 号火箭（后文简称"土星 5 号"）的飞行任务编号为 SA-5nn。 例如，SA-501 代表土星 5 号第一次飞行，SA-201 表示土星 1B 号第一次飞行
S-I 级（克莱斯勒公司 *）	土星 1 号第一级
S-IC 级（波音公司 *）	土星 5 号第一级
S-II 级（北美航空公司 *）	土星 5 号第二级
S-IV 级（道格拉斯飞行器公司 *）	土星 1 号第二级
S-IVB 级（道格拉斯飞行器公司 *）	土星 5 号第三级和土星 1B 号第二级
土星 1 号 （洛克达因公司和惠普公司）	两级火箭，第一级含 8 个 H-1 发动机，第二级含 6 个 RL10 发动机。其中 H-1 发动机由洛克达因公司制造，RL10 发动机由联合飞行器公司[2] 旗下的普惠公司制造
土星 1B 号（洛克达因公司）	两级火箭，第一级含 8 个 H-1 发动机，第二级含 1 个 J-2 发动机。发动机都由洛克达因公司制造
土星 5 号（洛克达因公司）	三级火箭，第一级含 5 个 F-1 发动机，第二级含 5 个 J-2 发动机，第三级含 1 个 J-2 发动机。发动机都由洛克达因公司制造
指令舱（北美航空公司 *）	含乘员舱和飞行控制设备（包括制导与导航系统、稳定和控制系统）。还配有返航时使用的烧蚀防热层。 阿波罗 - 土星号飞行任务的编号为 AS[3]-2nn 或 AS-5nn

---

1　SA，即 Saturn-Apollo，代指土星号火箭。

2　联合飞行器公司（United Aircraft Corporation）、波音公司、联合航空公司均为 1934 年联合飞行器和运输公司拆分后形成的公司。1975 年，联合飞行器公司更名为联合技术公司。

3　AS，即 Apollo-Saturn，代指由土星号火箭（土星 1B 号或土星 5 号）搭载阿波罗飞船执行的飞行任务。

阿波罗任务飞行器和承包商	说明
服务舱（北美航空公司＊）	含一个可中止和重启的发动机，以及飞船的主要供电设备
登月旅行舱[1]/登月舱 （格鲁曼公司＊[2]）	可与位于轨道上的指令服务舱[3]分离并降落到月球表面的飞行装置；配有完整的制导、推进、计算、控制、通信和环境控制系统；含有两级，其中下降级包括下降级发动机和着陆架

注：＊均指该公司是主承包商。

与穆勒亲力亲为的管理风格不同，北美航空公司的 CEO 利兰·"李"·阿特伍德（J. Leland "Lee" Atwood）是一习惯放手式管理的领导者。加入 NASA 不久的穆勒在与拉莫共进晚餐时得知，阿特伍德认为"政府没能力管理大型项目……必须由工业界完成"。拉莫说，阿特伍德曾告诉他，让穆勒这样的人进入政府部门"不会对计划产生长远影响。承包商要遵循的理念是时时对客户的意见表示同意，然后根据自己的需要去工作，用不着担心是不是有很优秀的人在做事，因为从长远来看这没什么影响……也不用操心是不是会花太多钱"。阿特伍德会告诉客户自己需要的时间表，然后埋头工作直到产品交付。

1963 年 9 月下旬，穆勒在白宫见到了总统科学顾问杰尔姆·威斯纳（Jerome B. Wiesner）。他们要评估载人航天办公室的重组方案。威斯纳对重组兴趣不大，也反对为载人航天办公室设立科学咨询委员会，在他看来这是个糟糕的提议，因为首席科学家理应直接向局长汇报工作。他告诉穆勒，科学界已经对 NASA 产生了负面看

---

1 登月旅行舱（Lunar Excursion Module，LEM）后来被改名为登月舱（Lunar Module，LM），因为穆勒认为"旅行"这个词过于随意（见第五章）。登月舱包含两部分：下降级和上升级。当宇航员准备好离开月球后，下降级会和上升级分离，成为一个发射平台。

2 格鲁曼公司（Grumman Corporation）：1994 年被诺斯罗普公司收购，现为诺斯罗普·格鲁曼公司（Northrop Grumman Corporation），也常被称为诺格公司。

3 指令服务舱（Command & Service Modules，CSM）：包含指令舱和服务舱，在飞船进入月球轨道后，登月舱与指令服务舱分离，携带宇航员前往月球表面执行登月考察任务。之后，宇航员乘坐登月舱上升级返回，登月舱上升级与指令服务舱对接后，宇航员进入指令舱，登月舱上升级则被抛弃。

法。他还坚决反对以月球轨道交会的方式登月，称其为"错误的决定"。此外，在白宫走廊预先安排好的地点，穆勒还见到了肯尼迪总统。近 50 年后穆勒回忆，这位年轻的总统颇具魅力，他对穆勒的到来表示欢迎，并说："我们期待你做一些了不起的事情。"随后威斯纳带穆勒在白宫餐厅用午餐并"聆听"了他的想法。但穆勒在日记中写道，这顿午餐"没什么实际价值"。

当时国会多数人支持载人航天工程，但还有许多科学家非常反对阿波罗计划，以至于 1964 财年 NASA 的财政拨款遭到了削减。穆勒在贝尔实验室的前同事、麻省理工学院院长查尔斯·汤斯（Charles H. Townes）曾承诺尽力帮助穆勒。他支持阿波罗计划，建议穆勒"采取公开行动改善与科学界的关系"。这位诺贝尔物理学奖得主建议成立一个空间科学咨询委员会，但同时提醒穆勒要"把握正确的方向"。

在 3 个中心的介绍会议结束后，穆勒与西曼斯及随行人员分开，独自一人去了亨茨维尔。"在那里，韦恩赫尔对我热情演讲，解释为何不能改变马歇尔航天中心的组织架构。"礼貌性听完后，穆勒告诉他："马歇尔航天中心必须做出改变以支持阿波罗计划管理办公室，否则我们将无法继续开展工作。"据穆勒回忆，一开始他们还用上了一贯对总部人员施展的花言巧语。之后，他们在马歇尔航天中心就飞行中氢气分层的问题展开了争论，讨论了测试策略和用来检查的运输工具。穆勒说："最有趣的是，他们会向你灌输大量信息，告诉你应如何去做，而你可以在他们演讲的任何时候打断说'给我解释一下这个'，他们会更深入地讨论这个问题，接着会发现自己其实也不太懂，然后他们会冲出去找更多的专家……最后发现一开始的推销是毫无根据的……大概 3 次后，他们就把所有的东西都检查了一遍。"他们也因此避免了土星 1 号和土星 5 号之间不必要的区别。穆勒在休斯敦载人航天飞行器中心也举行过类似的会议，随着约瑟夫·谢伊加入休斯敦载人航天飞行器中心，穆勒判断他们应该有能力以合理的方式进行重组。为了使计划管理办公室发挥作用，他在每个中心都设立了新的部门，推动各中心之间建立正确的工作关系，并确保它们持续"足够长的时间，以保证充分交流"。

1963 年 10 月，约瑟夫·谢伊动身前往休斯敦载人航天飞行器中心，担任中心阿波罗飞船项目管理办公室经理。乔治·洛成了穆勒的第一副手。据记者罗伯特·

谢罗德所言，乔治·洛自称和穆勒不大合得来，但"那时候我不会以任何私人理由或其他借口离开，除非穆勒不需要或不想有副手"。他补充说，尽管穆勒需要下属辅助工作，但不需要下属有自己的想法，也不希望他们脱离他独立工作。有些人看重副手，但穆勒不是，正如洛发现的——"他不需要我"。穆勒对洛的不满一无所知，反而觉得设置副手能帮自己结识很多人，在 NASA 工作期间他共有 11位不同类型的副手（见表1-2）。穆勒说他不希望副手成为自己的替身，而是希望他们帮他"管理系统"。但他也能意识到，副手们经常被他安排去处理日常琐事，有时这会让他们感到沮丧。

表1-2 1963—1969 年载人航天办公室的副手和各部门主管

部门	副手和部门主管	任职时间
	乔治·洛（DAA[1]）	1963.11—1964.05
	詹姆斯·埃尔姆斯（DAA）	1965.09—1966.09
	埃德加·科特赖特（DAA）	1967.10—1968.04
	查尔斯·马修斯（DAA）	1968.05—
管理部门	威廉·里克（DAA）	1964.11—1965.06
	弗兰克·博加特（DAA）	1965.09—
计划部门（1967 年 5 月被取消）	戴维·琼斯（DAA）	1964.11—
技术部门	约瑟夫·谢伊（DAA）	1967.04—1967.07
	哈罗德·卢斯金（DAA）	1968.03—1968.04
	查尔斯·唐兰（DAA）	1968.05—
飞行部门（1964 年 4 月被取消）	沃尔特·威廉斯（DAA）	1963.11—1964.04
中心发展部门	罗伯特·弗赖塔格	
计划控制部门	威廉·莉莉	
	弗兰克·博加特	*—1967.03
	梅纳德·怀特	1967.06—
	杰拉尔德·库巴特	1968.01—
	弗兰克·博加特	*—1969.06
	查尔斯·凯尼格	1969.11—

---

1 DAA（Deputy Associate Administrator）：副助理局长，即穆勒在载人航天办公室的副手。

迎难而上：乔治·穆勒与 NASA 载人航天计划的管理

续表

部门	副手和部门主管	任职时间
运营管理部门	克莱德·博特默 弗兰克·博加特 保罗·科顿 梅纳德·怀特 弗兰克·博加特	 1965.02— 1965.09— 1968.01— *—1969 年秋
太空医学部门	乔治·克瑙夫 伦道夫·洛夫莱斯二世 杰克·博勒鲁德 小詹姆斯·汉弗莱斯	 1964.04— *—1966.02 1967.06—
双子星计划管理办公室（在 1967 年被降级，1968 年被取消）	乔治·洛 乔治·穆勒	 *1965—1968
阿波罗计划管理办公室	乔治·穆勒 塞缪尔·菲利普斯 罗科·佩特龙	 1964.10— 1969.08—
高级载人任务办公室	爱德华·格雷 乔治·特林布尔 道格拉斯·洛德 埃德加·科特赖特 查尔斯·唐兰	 1967.04— *—1967.10 *—1968 年初 *—1968.05
任务操作部门（1965 年 1 月新加）	埃弗里特·克里斯琴森 约翰·史蒂文森	1965.01— 1967.02—
阿波罗／土星应用办公室（1965 年 4 月新加，1969 年改为阿波罗／天空实验室）	哈罗德·罗素 戴维·琼斯 查尔斯·马修斯 哈罗德·卢斯金 威廉·施奈德	1965.04— *—1965 年中 1966.12— 1968.05—
载人航天飞行安全部门（1967 年 7 月新加）	杰尔姆·莱德勒	

注：* 代表开始日期（表中开始任职日期为空代表该副手或主管在穆勒来之前已经在该岗位任职，离开日期为空代表该副手或主管在穆勒离开时仍在该岗位任职或已离世）。

1963 年 10 月初，穆勒上任一个月后，他设想的管理体系已经成形。他向中心主任们发送了相关信息，包括各中心新的组织图和包含详细规划的文件。他还为计划管理办公室和支持部门提供了功能描述或总体结构图。10 月 4 日，华盛顿载人航天办公室的员工们收到了一份信息公告，穆勒宣布了他的初步方案，称"通过对 NASA 的整体研究，我们可能会进行权力下放"，以及他的"想法和观念自上任以来已有所变化"，但他承诺在调整前会继续听取他人意见。

阿波罗计划的状况和 NASA 的期望在穆勒面前清晰地展开，他看到了重组的必要性，否则"我们根本没有机会如期完成目标，尤其是在当前的成本范围内"。他请乔治·洛推荐两名经验丰富的管理人员"坦率评估计划的真实情况"。洛推荐了载人航天办公室的"老手"：飞船开发部门副主任约翰·迪舍和推进部门副主任阿德尔伯特·蒂施勒（Adelbert O. Tischler），希望他们能够根据当前计划"找出按时登陆月球的方法"。大约两周后，他们告诉他，按照预计的时间和成本是不可能完成计划的。他们预测总成本会超过 400 亿美元，是最初估计的两倍。迪舍称，穆勒"想要一个实事求是且偏保守一些的估计"。而由于计划中存在大量问题，保守估计 20 世纪 60 年代登陆月球的可能性不大。听完汇报后，穆勒带他们去见了西曼斯。迪舍回忆："西曼斯看了那份报告（我个人也觉得太保守了一些），在之后的会议上他看起来很安静。"西曼斯要求与穆勒私下交谈，当穆勒回来后，他告诉迪舍和蒂施勒"西曼斯博士希望你们销毁那些材料"，于是这两人照做了。阅读完报告的西曼斯大受震动，他告诉穆勒，不要受这份报告的束缚，重要的是"想办法登月"，在时间和预算允许的范围内完成计划。可以看到，穆勒认为让西曼斯了解真正的情况，而不总是去看一些乐观评价是非常重要的。毕竟当时还有很多进度问题，如果连西曼斯都不知道真实的情况，那么其他人又怎么会清楚呢？"让每个人都认识到当下的问题是有必要的。"

据穆勒说，这份报告连同副本都被销毁了。但 1976 年人们在 NASA 历史学家尤金·埃姆（Eugene M. Emme，1959—1979 年在任）的档案中又发现了一份副本。这份副本显示，约翰·迪舍和阿德尔伯特·蒂施勒展示了 20 多张图表，并列出了一系列观点。阿波罗计划中的土星 1B 号载人飞行原本预计在 1966 年 11 月准备就绪，然而"经判断修改后"变成了预计延迟一年。原计划用时 40 个月的阿波罗飞船项目被延长到至少 49 个月，而且成功率只有 5%；如果延长到 63 个月，可以将成功率提高到 50%；要达到 90% 的成功率则需要超过 70 个月。对迪舍而言，这份报告"再一次显露了穆勒有多精明。穆勒记录了计划的真实情况，并使其与他接手这份工作时几位'老手'的认知一致，以此作为工作的起点"。

当晚与韦布共进晚餐时，穆勒提到了在第 10 枚火箭发射后终止土星 1 号项目的想法，建议将资源转移到土星 1B 号和土星 5 号上。后来他说："土星 1 号并不服务于某些人的某些项目，所以做这个决定很容易。"这样做唯一的原因是"这是马歇尔航天中心的行事方式：有了土星 1 号和土星 1B 号，他们就可以自己制造土星 2 号火箭……以及土星 3 号、4 号和 5 号"。

1963 年 10 月 17 日，冯·布劳恩向穆勒简要汇报了终止土星 1 号项目的影响。初步分析显示，从 1964 财年开始算起，前 2 年 NASA 可节省 1.5 亿美元预算，前 5 年可节省 2.89 亿美元。虽然终止土星 1 号项目对追赶进度作用不大，但或许有利于增强大家的信心。就在两人会面当天，穆勒还参加了参议院太空委员会听证会，作证 NASA 的预算被削减后，土星计划[1]、阿波罗计划和双子星计划的开展都会受到影响。他还指出 NASA 正在寻找节省资金的方法，方法之一就是尽早舍弃土星 1 号。

终止土星 1 号项目的决定是在听取了迪舍与蒂施勒的联合报告和冯·布劳恩的简要汇报后在穆勒脑海里逐渐成形的。虽然有点担心可能演变成政治问题，但在获得西曼斯的支持后，他还是于 1963 年 10 月 26 日向韦布提交了一份削减主要合同的方案，并在两天后获得批准。NASA 负责与国会沟通的工作人员通知了受影响地区的成员。为了减少冲击，穆勒亲自给众议院和参议院太空委员会的成员打电话沟通。随后经与国防部确认，NASA 正式宣布取消土星 1 号的后续发射，以省出一些资金作为缓冲。"这项计划调整将在 1964 财年省下 5000 万美元"，有助于把支出维持在国会授权的资金范围内。

穆勒公布了载人航天办公室的重组计划，它将于 1963 年 11 月 1 日和 NASA 的全面重组计划同时生效。穆勒明确区分了机构角色（institutional role）和项目角色（programmatic role），并为阿波罗计划、双子星计划和高级任务设立了 3 个计划管理办公室。位于总部的计划管理办公室和位于各中心的项目管理办公室均包含 5 个功能小组：计划控制、系统工程、测试、在轨飞行、可靠性和质量保障。可靠性和质量保障简称为 R&QA（Reliability and Quality Assurance）。在解释双重报告时，他说："就像华盛顿总部的载人航天飞行助理局长将阿波罗计划全部的职责下放给阿

1　土星计划：以冯·布劳恩为首的专家团队开展的"土星"系列大型火箭研究计划。

波罗计划管理办公室主管[1]一样，中心主任也可以进行全面的职责下放，例如，将土星5号交给土星5号项目管理办公室经理[2]。"他成立了一个计划管理委员会（Program Management Council），由他本人和3名中心主任作为成员，并安排3个计划管理办公室的主管向该委员会汇报。尽管他给委员会定了新的名字和章程，但大家仍习惯称其为"管理委员会"。

同时，迪舍与蒂施勒的联合报告也促使穆勒下决心施行全机试验。在1963年10月29日的管理委员会会议上，他宣布应尽量减少对非工作状态设备的测试，尽可能安排全机试验。他规定，以后的进度表必须明确设备的交付和发射日期，并让承包商们在火箭制造完成后将其送到位于卡纳维拉尔角的肯尼迪航天中心。在水星计划期间，火箭运抵肯尼迪航天中心后，"德国佬"[3]会将其全部分解，测试各部件后再组装。现在穆勒要求承包商在工厂里完成组装，NASA接收后将不再重新组装，以加快发射进度。他称近期的"进度和预算审查导致我们取消了土星1号载人飞行计划，并重新调整了土星1B号和土星5号计划的进度表与飞行任务"。他接着说："我希望尽早开展飞船和火箭的全机试验。"因此，土星1B号和土星5号的首次试飞将使用真实的发射平台并携带完整的飞船。他还宣布了NASA的新要求：在执行载人任务前必须有两次全机试验取得成功。为此他不得不花费数月说服中心主任们接受全机试验。不过如果不是时间紧急，可能永远也无法说服他们。正如冯·布劳恩后来所写的，按照传统的逐级试验方法，"在最终搭载宇航员执行任务前，我们至少需要使这个巨大的新型火箭（土星5号）进行10次无人飞行……第一次阿波罗飞船载人飞行也将被限制在近地轨道（Low Earth Orbit，LEO）上。随后我们会逐渐靠近月球，也许到第17次飞行能实现登月"。

穆勒还引入了并行开发子系统的概念，主要用于关键设计。在1963年底前建成两个不同的主系统已经不可能了，所以NASA对部分子系统进行了重复开发，比如设计了两套登月旅行舱导航系统，任一套都足以执行关键的月球轨道交会任务。NASA还开发了两个登月旅行舱上升发动机。在距飞往月球还有9个月的时间时，

1　在本书中有时简称"计划主管"。

2　在本书中有时简称"项目经理"。

3　代指冯·布劳恩和他的团队。

主要发动机制造商贝尔航空系统公司（Bell Aerosystems Company）发现发动机存在不稳定的隐患，这时洛克达因公司的替代燃料喷射器解决了这个问题。穆勒在整个阿波罗计划中一直对发动机进行并行开发，并提出了一个他称之为"关于逻辑决策点的战略计划"，后来每当阿波罗计划遇到阻碍时，他就会使用这一计划。

自打来到华盛顿，穆勒就发现 NASA 存在人和岗不匹配的问题。他回忆说，尽管各中心对总部的大人物表达了重视，但只派"一些天赋不过尔尔的人"担任较低级别的职位，他试图把这些人送回中心。这带来了痛苦和争议，并促使 NASA 在总部成立了工程师工会。穆勒倒发现了其中的"建设性意义"，因为他得以有机会引进高素质新人。NASA 直接从工业界招了一批人。招聘过程并不顺利，因为相比为 NASA 工作的荣誉感，跳槽后的大幅降薪劝退了一些人。穆勒写道："你必须让所有人都专注于自己被分配的任务，才能实现你的最终目标。而除非有一个压倒一切的目标，否则是不可能集合所有人才进行有效的集体工作的。"此外，相比仅仅一个目标，他们更需要的是"目标终将实现"的承诺。

穆勒尝试维持中心内部的工程实验室和项目管理办公室之间的平衡。按照他的计划管理方式，各中心的项目经理需同时向中心主任和计划主管汇报，这让中心主任们"困惑了一段时间"。他们要求穆勒解释，如果华盛顿把计划控制权交给了计划主管，那么他们将被置于何地？让他们接受这一安排很是花费了一番功夫，因为他们不喜欢"任何人直接分配他们的资源"，穆勒说。

　　穆勒在 NASA 发掘了一批系统工程师，并把那些具有"正确的思考方式"的工程师更多地安排在总部和各中心。他认为有人天生是系统工程师，系统工程师又很难通过后天的训练和培养打造。穆勒说这是"可以感觉到的"。随后他又补充道："这需要你真正理解施加给某个特定系统的所有影响，你必须考虑到'所有因素'，否则系统将无法按照它设定的方式运行。"系统工程师必须将整个系统显像化，幸运的是每个中心都有具备此能力的人员，乔治·洛和冯·布劳恩能够找出他们并将其编入自己的系统工程小组中。

　　最初穆勒亲自担任阿波罗计划主管。他希望计划管理办公室和项目管理办公室的每一个功能小组都有专人领导，否则他将永远不知道计划实施过程中发生了什么。因此他设立了 5 条独立的沟通线，每条线的每一级都有人负责，这就是所谓的"5 个盒子"或"GEM 盒"（GEM 为穆勒名字的缩写）组织。这与空军的系统工程办公室（System Program Offices，SPO）有些类似，但在穆勒治下还是有不同之处：二者都包括系统工程、配置管理（configuration management）、计划控制、测试、可靠性和质量保障，但系统工程办公室不负责在轨飞行；此外，GEM 盒组织中的采购和生产是在中心而非计划管理办公室层面进行的；另外，在穆勒的 GEM 盒中，系统工程概念包含配置管理，而在系统工程办公室，系统工程、系统集成和"卓越的工程技术"都属于"工程"板块（见表 3-1）。

　　穆勒说之所以实施计划控制，是因为"没有任何其他方法可以确定成本、进度或配置"。为此他需要向各中心传授应用方法。给计划中的关键岗位安排合适人选，让他们理解整体框架和工作需求也花费了不少时间。穆勒把计划控制称为"主动要素"（active element），工作人员需要研究计划和支出的发展趋势，洞察工程的真实现状，分析计划变动之处，从而预测可能出现的问题。系统工程刚好和计划控制反过来，系统工程师会影响工程现状，他们需要保证设计是无可挑剔的，要评估可能出现的意外情况并进行权衡和决策。计划控制和系统工程是计划管理的两个关键要素，将二者结合有助于深入了解计划本身及其对各方面的影响。

据穆勒回忆，他刚到华盛顿时，贝尔通信公司（Bellcomm, Incorporated）对NASA总部的态度"有点模棱两可，一部分原因是 NASA 的人并不如这家公司那么了解系统工程的重要性，另一部分原因是贝尔通信公司觉得自己是外来者"。贝尔通信公司不清楚自己的定位，也没有人向其明确表示过。但穆勒知道贝尔通信公司是不可或缺的，而他也需要一批技术高超的人帮助自己明确现状、计划未来。因此他给予了贝尔通信公司在总部推行系统工程的指挥权。这实行起来并不容易，各中心不能理解为什么让一个承包商从事总体设计工作。事实证明，贝尔通信公司并没有靠自身去实操系统工程，而是培养了各中心运用系统工程的能力，确保自己能够在计划中做出适当的取舍。在某种意义上，贝尔通信公司扮演了培训教师的角色，他们的人员帮助NASA 的每一个人了解自己需要做什么。贝尔通信公司也不会直接指导下级承包商，而是审查计划状况，然后精心制作一个复杂的模型来判断和选择。他们能够引导人们在不同层面上理解问题。与工程实验室的人不同，贝尔通信公司的工程师并不是解决特定技术问题的专家（这是 NASA 各中心的强项），他们擅长从总体层面分析系统，专注于研究如何让其作为一个整体来运作。他们把各个部分整合在一起，并检查软件和管理界面，以确保系统正常运行。穆勒说："他们这样做只是为了给别人提供帮助，而且毫不张扬。"贝尔通信公司很快成了黏合剂，虽然"他们不会告诉你具体该怎么做"，相比于直接下达指令，他们会说服你去做你应该做的事情，这是各中心无法做到的。所以穆勒认为贝尔通信公司的作用实际上被低估了，他们值得拥有更高的荣誉。

可靠性和质量保障的目的在于确保工程师面面俱到，以保证设备的可靠性。他们建立了"从部件验收到设计最终审批，再到验证、评价"的一套标准。穆勒告诉工程师们必须关注设备的可测试性，他说："人们通常要等到产品制造出来才会想怎么测试它，但是在制造的同时就弄清楚测试方法是很重要的。"穆勒成立了一个独立的测试小组，作用是确保工程师的产品一旦制造完成后就可以测试其中的部件。因此测试小组变成了系统工程师狡猾的对手。测试小组会与可靠性和质量保障小组共同验证设计理念，确保其合理性。

穆勒将在轨飞行列为 5 个 GEM 盒的功能之一，他说："人们总是忘记他们的成果终将驶入太空……设计和开发人员必须知道操作者需要什么和如何开展工作。"之前这些总是最后才考虑的，但穆勒认为在设计一开始就应予以关注，因为"操作者能在关键的地方影响设计"。由于阿波罗计划管理办公室之前从未执行过完整的在轨飞行（穆勒将其归因于培养相关人员所需的时间太长），他决定让宇航员参与到设计决策中，但不让他们做最终决策。他认为尽管大多数宇航员是优秀的工程师，但不是系统工程师。宇航员们无法深入了解某项变动的内在意义，也不清楚它会对整个系统产生怎样的影响，他们的许多建议都是为了方便，或者从本质上讲是装点门面的东西，无法从根本上起到改进作用。

阿波罗计划的计划主管和 5 名 GEM 盒主管定期向管理委员会报告。为了减少会议占用的工作时间，穆勒经常调整会议地点，有时则采用电话会议的形式。他自己则用差不多一半的时间往来于中心和承包商之间，"只是为了看一下进展"。他专注于"找到薄弱环节……确保其得到了足够的重视"。中心主任、计划主管和他们的手下也经常走出去查看问题所在，这也能引起承包商的注意，促使问题得到及时有效的解决。计划管理办公室和项目管理办公室成了"传感器"，穆勒补充说，这能让他"及时了解已经出现或可能出现的问题"。

穆勒认为，基于总部、中心和承包商 3 个层次设置的 5 条沟通线非常重要。"搞砸计划的原因通常是忘记了某个部件是昨天没有通过测试，还是上个月……据我所知，这 5 条沟通线上的日常沟通可能是对计划贡献最大的。"他创建了 GEM 盒结构用以"在项目早期就明确之后的测试环节并进行合理的设计，以及为了确保可靠性而进行可靠性设计"。穆勒面临的挑战之一是让项目管理办公室和承包商"认识到所有准则都是必需的，且应尽早实施"。他会在任何地方设立 GEM 盒，只要他觉得独立的沟通渠道有价值。"重要的是打通沟通渠道，但不要将沟通层次误会为权力等级，这样你就可以跟踪事态的发展。"这样的管理方式对小型计划作用不大，但是对阿波罗这样的大型计划，充足的沟通渠道可以消除交流障碍。在穆勒看来，GEM 盒结构涉及"组织文化的改变。如果你的系统已经非常理想，那你并不需要它。但现在显然不是这样。现在需要来点强迫性的方法，以使所有元素恰当地结合在一起"。同样重要的是让最优秀的人管理这 5 条沟通线，"你必须安排足够专业的人，他们能够分辨出需要做什么和如何去做"。穆勒得到了 NASA 管理层的支持。西曼斯了解矩阵式管理，穆勒很容易向其解释自己的组织调整方案。对于韦布，穆勒回忆道："韦布先生更关注外界看法，他不会花很多时间在 NASA 的内部管理上，除非有可能引发舆情的内容见诸报端。"

在穆勒来到 NASA 前，NASA 也有一套项目管理体系，休斯敦载人航天飞行器中心和马歇尔航天中心都拥有自己的管理体系。在各个中心内部，员工们长期合作，彼此相熟，背景也相似，他们不需要穆勒的计划管理办公室来多事。但马歇尔航天中心的管理体系不适用于休斯敦载人航天飞行器中心，反之亦然。穆勒认为，当一个计划"变得非常庞大时，必须有一个比当前各中心实行的学院式管理更正式的管理体系"。马歇尔航天中心制造火箭已有一段时间了，冯·布劳恩建立了良好的项目管理体系，但该中心不擅长管理承包商，且没有管理多个主要承包商的经验（三级或四级火箭制造任务的承包商有多个）。过去由马歇尔航天中心负责的多级木星火箭都是在当地制造的。而现在，以土星 5 号为例，土星 5 号的 5 个主承包商都不在亨茨维尔，所以他们必须学会管理坐落在不同地方、共同承建火箭的承包商们。休斯敦载人航天飞行器中心又是另一番情景：在 1963 年，该中心的一些工作仍留在戈达德航天中心和兰利研究中心，而团队成员大部分分散在休斯敦及其周边。穆勒说当时的休斯敦载人航天飞行器中心就是"一个无定形的组织，不成体系，只有一群非常敬业的人在埋头干活"。休斯敦载人航天飞行器中心的大多数管理人员对阿波罗计划这类由大量分散元素组成的大型项目缺乏经验。大型项目不仅在结构和组织上与小型项目有所不同，还要求人们必须从"深度和细节"上了解整个系统。"同样重要且必要的是，要在组织的各个层面真正理解你正在研发的项目，并做出正确的决策。你不能仅靠改善组织架构来做到这一点，必须有合适的人。"穆勒解释道。

在约瑟夫·谢伊去了休斯敦载人航天飞行器中心后，乔治·洛成为穆勒的第一副手和双子星计划管理办公室代理主管。最初阿波罗计划主管由穆勒亲自担任，在两个月后他任命了许多管理人员，这些人在接下来的 6 年里管理着 NASA 载人航天计划（见表 1-2）。虽偶有人员变动，但基本的组织架构始终保持稳定。管理委员会在穆勒的沟通层级中位于最高一级。该委员会在霍姆斯时代一度扩展到 14 名成员，但穆勒说霍姆斯"没有发挥管理委员会的作用……他所做的只是每月开一次会，这有很大的区别，主要是在态度上"。后来穆勒将自己和 3 名中心主任从管理委员会抽离出来，以使管理委员独立地参与决策。但中心主任们也有发言权，"如果他们不满意，可以站出来表达反对意见"。穆勒起初并不十分坚定，但他随后发现建立一个强大的管理委员会很有必要，有了它就可以让中心主任们来审查计划进展，让"每个人都能知道大家在做什么"。

管理委员会赋予了中心主任关键角色——不仅需要为计划提供资源，还要对工作量和工作质量负责。中心主任们在每次管理委员会会议前需对工作进展进行预审，当发现问题时会进行沟通交流。预审是强制的，以保证每个人清楚问题所在。因此管理委员会成为有效的管理工具，代替了原来的中心自治。管理委员会接受计划主管的汇报，穆勒说，这迫使中心主任们"做出部分妥协并认同计划管理办公室的工作"。这有些类似董事会的运行机制——计划主管出席会议，管理委员会成员负责解决问题、做出决议，并划分各中心的职责。

韦布委托雪城大学（Syracuse University）的尤金·德鲁克（Eugene E. Drucker）对阿波罗计划的管理现状进行了研究。研究表明："在管理委员会机制下，阿波罗计划中的所有组织层级被分解为两部分——管理委员会和计划管理办公室……3 个中心被合并在一起，因此各中心内部的问题和跨中心的问题得以被讨论与解决。"穆勒同时管理着 NASA 的行政资源和各个计划管理办公室，而根据这项研究，"他可以通过管理委员会评估阿波罗计划和 NASA 其他活动之间的契合度"，确保及时发现不协调的状况。尤金·德鲁克将阿波罗计划的成功归功于管理委员会，认为它"被授予了必要的权力，从而使矩阵式管理发挥作用"。研究称，通过控制矩阵的两个维度，穆勒可以"强制要求矩阵中各层级的人员展开合作"，但他很少这么做。而"计划管理人员拥有对进度、成本和性能的最终控制权……这个系统真的非常有效，因为……计划主管最终与每个中心主任都建立了非常密切的工作关系"。

穆勒堪称"一流的工程师"，西曼斯写道，他"每周工作 7 天，并以此要求其他人"。他似乎并不在意"他的决定或做决定的方式是否会激怒下属"。他经常乘坐红眼航班往返于华盛顿和洛杉矶与承包商会面，并利用坐飞机的时间休息。"他会在会议上展示很多图表，"西曼斯说，"一幅幅从你眼前飞过。"员工们抱怨穆勒过于严格。中心主任们现在要向他汇报工作，有人觉得自己在组织中的地位太低。西曼斯称穆勒"像旋风一样……一周中的每天对他来说都是一样的，周六、周日他也都在开会。穆勒一直到处奔波，不知疲倦"。然而，穆勒坚持向韦布汇报情况，并且在谈及自身时非常谨慎，从不自吹自擂。他回忆说，"我不想引起公众的注意"，这样"可以让我更有效率"，而且"我认为只有全部事情都说到做到才算把工作真正完成了"。

NASA 于 1963 年 11 月 1 日宣布机构重组时任命了 3 位助理局长，包括负责载人航天的穆勒。中心主任们将相关工作向某一位助理局长报告，后者再向西曼斯报告。10 月 31 日，西曼斯的办公室主任小沃尔特·林格尔（Walter L. Lingle, Jr.）说，NASA 的重组将在责任下放和保持控制权之间寻求平衡，以确保在政策允许的前提下完成计划目标。他还称新上任的 3 位助理局长是 NASA 的 3 位运营官，而西曼斯在保留其核心岗位职权的同时，将"尽可能地把管理职责委派给这 3 位助理局长"。每个中心都将向一个"拥有建立与控制所有沟通渠道和程序的最高权限"的人报告。

穆勒还宣布了全机试验的决定，并在 1963 年 11 月 1 日发布了阿波罗计划新的进度表。他说，"全机"的意思是"全部同时进行"，要组合"运载火箭和飞船，从第一次飞行试验开始，让所有部件都处于工作状态，尽可能接近将来登月的配置"。火箭发射过程中每一级都可能出现问题，因此全机试验包括"从失败中学习……教训，在成功后总结经验"。他放弃了增量测试，以压缩测试时间，他指出："你可以为灾难做准备，也可以为成功做准备。你不妨去规划成功，因为灾难总是逃不掉的。"在进入 NASA 的头几个月里，穆勒做出了许多关键决策，制订了新的进度表，拓宽了与外界的联系。他认为全机试验是一项重要的决定，如果没有它，NASA 将无法实现新的进度安排。而规划进度表、完善沟通方式、设立新的计划管理架构发挥了重要作用。尽管全机试验很关键，但不一定是最重要的部分。

第二章 计划管理

> "月亮就是我们的巴黎。"
> ——1964 年 6 月 9 日，穆勒将阿波罗计划与林德伯格跨大西洋飞行做比较

　　1963 年 11 月 6 日，在美国航空航天学会于华盛顿举行的论坛上，穆勒发表了上任以来的首次公开演讲，此时他已经来到 NASA 9 周多了。回到熟悉的场合，面对数百名听众，他觉得这是一个详细汇报载人航天计划现状的好时机。他在演讲中提到，已有约 20 万人参与到了美国的载人航天事业中，并且在接下来的 18 个月里还将有 10 万人加入。在 NASA 的总预算中，员工薪水和福利占 70%，剩下的资金则用于购买耗材、培训人员和开发新技术，其中大约 10% 用于技术研发，12% 用来建造永久性基础设施，耗材的花费占比不到 8%（这也是唯一使用完后被丢弃的部分）。总的来说，载人航天计划 92% 的资金都用在了以探索和开发太空资源为目标的人员、基础设施和技术上。此外，他说，最近 NASA 进行了重组，成立了多个计划管理办公室，它们分布在不同地方，位于总部或各中心，且都被赋予了具体的工作职责，"我们将通过最大限度的权责下放，以及减少重复性工作来完成全部任务"。同时他补充说，引入 GEM 盒管理模式能加强华盛顿的计划管理办公室与中心的项目管理办公室之间"信息的沟通"，促进工作协调并确保任务的迅速落实。计划管理办公室将全权对绩效、预算、进度、成本、设计、试验、可靠性和质量保障负责。

阿波罗计划的合同也已经准备就绪。穆勒重新审查了成本，他声称"以200亿美元在规定的时间内完成阿波罗计划是有可能的"，但国会必须在本财年足额拨付已承诺给NASA的资金，并在未来几年继续给予"合理水平"的支持。考虑到政府已经施行的财政紧缩政策，NASA也进行了调整，穆勒提到了最近公布的一些变化，包括终止土星1号载人飞行任务，改为科学试验，之后由土星1B号搭载阿波罗飞船进行首次载人飞行。虽然土星1号载人飞行任务被砍，但阿波罗飞船的宇航员依然可以通过双子星计划获取飞行经验，而且这样还能为其他的飞行试验腾出资金。此外，土星1B号和土星5号的全机试验还能进一步节约成本。

从追赶进度的角度，穆勒提出："鉴于某些主系统或子系统的开发可能无法如期完成，NASA应该准备好替代方案。"他认为想要经济有效地实现计划的目标，关键子系统的并行或共同开发是最佳方法，因为竞争可以缩短时间、减少成本。他提醒听众："时间就是金钱。"此外，允许有竞争关系的承包商针对同一问题各自拿出解决办法，更有利于选出最佳方案，最夸张的例子是空军曾并行制造了5枚弹道导弹和相应的5枚火箭。但他又说，阿波罗计划没有那么财大气粗，不过如果是关键子系统的话，在一个每天花费都能超过1000万美元的项目中，其并行开发的成本相对而言占比并不大，也不需要额外投入很多时间。另外，他坚决不承认阿波罗计划是一个速成计划，并以1958年开始的土星计划和分别于1959、1960年进行的F-1、J-2发动机研发工作为例来证明这一点。在NASA工作的6年中，他一直反对将阿波罗计划称为速成计划，他指出NASA研发阿波罗飞船的时间"比水星号飞船长4年，比B-58轰炸机长2年，比X-15超音速飞机也要长1年"。阿波罗计划从确定目标到预计登月时间跨度长达8年，比美国历史上的任何重大研发项目，包括曼哈顿计划都要长。

这次论坛结束后不久，穆勒来到加利福尼亚州，在那里他首次面向社会公众演讲。他说："接下来的几年，如果我们继续努力，延续过去的成功，那么美国将在太空领域拔得头筹。"为了证明阿波罗计划的必要性，他提到了美苏竞争。此时美国尚未在太空占据主导地位，赶超苏联困难重重，而实现匹敌苏联的火箭发射能力要求美国付出更加艰苦的努力。实际上，"不管苏联在做什么，我们都必须设立并实现自己的目标。在20世纪60年代实现载人登月是有希望的，我们已经建立了团队，宇航员在训练，设备在研制，飞船在测试，火箭在发射，所有的支出都在可承受范围之内"。

在 NASA 工作期间，穆勒共发表了 91 次公开演讲。在最早的两次演讲中，他竭尽所能为太空计划辩护，并提出了经济效益、知识成果、美苏竞争等各方面的理由。之后他还试图从国家安全、连带的经济效益、人类命运、新科学知识的发现等方面证明阿波罗计划和后阿波罗计划的合理性。他认为演讲是工作的重要部分，他曾说："如果你从不演讲，你就得不到拨款，因为人们只记得住演讲的内容。"加入 NASA 之前他就在技术会议上发表过演讲，加入 NASA 后他的听众扩大到了国会、学术界、商界、工业界和社会公众。在 NASA 工作期间，他大约有 40% 的演讲面向技术人员，面向学术界、商界和工业界的各占 20%。与商业团队频繁接触是为了寻求资金支持；与科学家和技术专家交流是为了宣传阿波罗计划，到后面是为了推广后阿波罗计划。

1964 年 1 月 9 日，在与韦布、德赖登和西曼斯一起参加的土星号火箭内部评审会上，穆勒提醒他们，不安排土星 1 号载人任务能够减少"没有意义的"试验，而使用土星 1B 号搭载阿波罗飞船进行首次载人飞行，"其配置与实际登月相同，因此我们将进度加快了"。土星 1B 号首飞将搭载可用的阿波罗飞船，并且对飞船进行"月球着陆基本配置测试"，虽然那时还做不到登月，但尽早完成这些测试可以节省资金。之后，NASA 应该对土星 5 号开展全机试验，这样会比逐级试验更快。一旦采用全机试验，NASA 可以取消一部分飞行试验，因此飞行器的组合和检测时间更加充裕，也为可能出现的延误争取了缓冲时间。之后将加快发射频率，并在更短的时间内完成宇航员训练和设备检验，使 NASA 能够"在成功后利用其经验"，并且"出现问题时确保有足够的设备和人员来处理"。

根据穆勒的计划管理方案，各中心将在总部的监督下管理承包商。他解释说，没有承包商想故意"妨碍计划的成功"，但他们自认为出色的想法不一定对整个项目是最好的，所以必须进行合理管控。为了使承包商了解最新进展，穆勒会定期与承包商公司的高管会面，告诉他们其他参与方的表现，双方还会交换对当前整体状况的认知。他效仿民兵计划，联合阿波罗计划参与方的高层建立了一个类似于咨询委员会的 NASA- 业界联合阿波罗执行小组（NASA-industry

Apollo Executives Group），并要求主要承包商派 CEO 加入，以促使他们了解整体计划。对于 CEO 级别以下的管理人员，在 CEO 们开会前，NASA 的计划主管和项目经理会联系对应级别的人，和他们交流情况，并允许他们向各自的上司汇报。穆勒的目的是让每个人"都能意识到他们的工作会被各级主管看到"。穆勒知道不可能仅通过建立一个计划管理办公室就取得成功，他还需要承包商的通力合作，因此他要争取承包商高层的支持。通过成立 NASA-业界联合阿波罗执行小组和双子星计划中的类似团队，他让 CEO 们全身心投入计划中，深入了解自己公司承担的责任，从而引起了他们的兴趣，穆勒也因此获得了更多的支持。

NASA 总部的高级职员罗伯特·弗赖塔格（Robert F. Freitag）记得，穆勒来到载人航天办公室后做的第一件事就是成立 NASA-业界联合阿波罗执行小组。在该小组中，原有的承包商管理模式不变，只是多了一个类似董事会的高管团队，团队成员会召开季度会议，由每个承包商派其"头儿"参加。同样参会的还有中心主任们，偶有西曼斯和蒂格。弗赖塔格说，这些会议称得上"引人入胜"，参会者们表现得像真正的政治家一样，他们会公开讨论，这促进了"高层整合"。CEO 们意识到自己不仅是合同的当事方，自己还已经成为国家计划的一部分。"他们会四处走动，看看其他承包商在做什么。这是大家各自展示的时候，他们全情投入，效果也很明显……他们正一起谱写同一篇乐章……他们在共同歌唱。"

约翰·迪舍回忆说，会议过后，穆勒会毫不犹豫地打电话给波音公司 CEO 威廉·艾伦（William M. Allen），询问"发动机那个气门有什么问题"。第一次艾伦根本无法回答，因为他连合同细节都不太清楚，更不用说穆勒所问的事情了，"但他很快就去了解了相关情况"。穆勒"真的希望引起 CEO 们的兴趣，以便更好地解决问题"，他做到了，NASA-业界联合阿波罗执行小组成功地让他们参与进来。除了举办正式会议和一对一会面，他还请他们到家吃晚餐以增进友谊。承包商们也给予了回报，渐渐地，穆勒会在承包商举行的活动中讲话，也在他们所在的社区演讲，他的许多公开演讲都是应他们（还有一些是国会议员）之邀。穆勒认为这种高管团队是有效的沟通工具，尽管 CEO 们"还做不到学以致用，但是去看看其他人在做什么也是有好处的，这有助于他们把注意力集中在当前的实际需求上"，"没人想看到因为自己没做好工作而使计划停滞"。因此，高管团队在推进计划上功不可没。团队第一次开会时穆勒加入 NASA 才不到两个月，他们一开始每个季度开一次会，渐渐改为每年几次。穆勒选择的会议场所既有承包商的工厂，也有 NASA 的中心，他让承包商们了解彼此，这快速有效地吸引了高层管理人员的注意。他随后表示："如果你能邀请CEO 来了解一下整体计划的进展，以及他的团队存在的问题，那么这些问题就能得到重视和飞速解决。"

基于霍姆斯直接向国会和白宫报告的前车之鉴，最初韦布是想让穆勒专注管理载人航天计划，由他自己负责国会事宜。韦布对建立外部关系很敏感，但穆勒在第一次预算授权听证会上的表现赢得了韦布的信任。穆勒提出让弗赖塔格处理载人航天办公室与国会的关系，弗赖塔格回忆道，穆勒"希望我成为他与国会的联络人。这与常规不符，因为通常局长会希望所有与国会联络的工作都通过自己的办公室，但韦布同意了"，前提是穆勒要"把握好尺度"。

由于蒂格抱怨自己获得的信息有限，因此穆勒提议，每月向蒂格领导的众议院载人航天小组委员会做一次简要汇报，这立即获得了蒂格的首肯。汇报内容包括载人航天办公室的情况，有哪些问题，以及对前景的预测。穆勒觉得这种形式"具有较强的创新性"。此外，在年度预算授权听证会前，蒂格会带领小组委员会访问 NASA 各中心和承包商的工厂，这在穆勒看来也具有建设意义，因为这有利于他们"理解计划的复杂性"。起初双方还有些针锋相对，但经过数月的磨合，良好的合作开始了。在穆勒花费大量时间和精力建立了 NASA 内部有效的沟通渠道后，这些汇报为他赢得了外部信任。有时穆勒会向委员会介绍超出其工作范畴的信息，因为他希望他们能了解最新动态，这有利于他们做出正确的决策。"必须让他们参与进来，把握重点，知道问题所在和我们是如何做决定的，这样他们才会相信我们在做正确的事情。"

　　蒂格在众议院发挥了关键作用，除了主持 NASA 授权小组委员会（NASA Authorization Subcommittee）外，他还领导了 NASA 监督委员会（NASA Oversight Committee），这扩大了他的影响力。穆勒写道，蒂格对阿波罗计划的支持"并不是盲目的，他的委员会会调查、提问，并审查我们行动的合理性"。而每月一次的简要汇报为他们了解阿波罗计划打开了一扇窗，计划的成功与失败之处都摆在眼前。虽然"批评者们对阿波罗计划的抨击几乎从未停止，要么认为登月是天方夜谭，要么觉得国家还有更需要这笔钱的地方"，但是蒂格一向信念坚定，并坚持不懈地为阿波罗计划辩护。

　　蒂格的委员会需要再向众议院宇航与科学委员会（House Committee on Astronautics and Science，也就是众议院太空委员会）报告，其主席是加利福尼亚州的乔治·米勒（George P. Miller）。他曾出现在每月的简要汇报会上，也曾和几位太空委员会成员一起参加蒂格的预算授权听证会。不过他们的主要任务是撰写《国会记录》，因此参与度不高。（由于 George Miller 和 George Mueller 不但名相同，姓氏发音也相同，因此华盛顿的人都管这位太空委员会主席叫"米勒"，而使用

Mueller 原本的德语发音"穆勒"来称呼 NASA 的乔治·穆勒。）

穆勒在众议院的主要帮手是蒂格，而参议院最初与韦布比较亲密。此外，韦布与拨款委员会（Appropriations Committees）关系密切，穆勒则主要负责处理授权委员会（Authorization Committees）相关事宜。在穆勒任职期间，建立和维护 NASA 在国会的信誉一直被他视为头等大事。除了参加听证会、评审会等各种会议之外，他还定期拜访国会议员，与他们保持联络，在他们连任时送去祝贺，并在蒂格的建议下为民主党帮忙（尽管穆勒是共和党人）。他对待国会和对待其他支持者一样，把维持双方关系视为计划的一部分。"到 1964 年底，我们在国会的信誉已经恢复。"

因为来自白宫的意见也非常重要，所以穆勒"投入了大量时间"，但效果不佳。其中预算局是一个很难打交道的部门，而韦布"对此的熟悉程度无人能及"，因为他曾在杜鲁门政府担任预算主管。在国会成立 NASA 时，白宫也组建了美国国家航空航天委员会（National Aeronautics and Space Council，NASC）来制定相关政策。后来，穆勒与美国国家航空航天委员会执行主任爱德华·韦尔什（Edward C. Welsh）建立了良好关系。他让韦尔什理解了登月任务的复杂性，后者则在白宫对 NASA 的预算讨论会中为 NASA 赢得了支持。正如穆勒回忆的那样，"为了说服预算局，你必须通过某些外部手段对白宫的人施加影响"。事实证明韦尔什是给力的盟友，穆勒常和他联络并请他在家中吃饭，也经常向他汇报，尤其是关于后阿波罗计划。

穆勒认可韦布的政治敏感度，但不是很喜欢和韦布相处。他说："我会尽量避开他，因为他是那种喜欢找人谈话的人……有时他和某些人交谈过后，就提出要更换方向。"韦布是位货真价实的政治家，"用政治家的眼光看问题……所以他不会坚定不移地选择一个方向"，他只会不惜一切代价解决眼前的问题。当然，穆勒承认韦布在 NASA 做了很多重要的事情，不过对技术细节的不关注使得这位完美的政治家并不善于掌控阿波罗计划，这在穆勒看来是"一件好事"，因为这给了他在管理上大展拳脚的自由。

1963 年 11 月 15 日，距上次白宫走廊上的见面约 6 周后，穆勒第二次见到了肯尼迪总统，并在他访问卡纳维拉尔角发射操作中心时做了简要汇报。总统在卡纳维拉尔角停留了超过两小时，并在观摩和见证北极星号发射的间隙听取了 NASA 的两次简要汇报，分别来自穆勒和冯·布劳恩。穆勒讲了 20 分钟，向肯尼迪展示了按相同比例搭建的飞行器模型，并简要描述了对土星1号和土星1B号发射的进度安排（见图2-1和图2-2）。西曼斯说"总统似乎对乔治·穆勒的汇报很感兴趣"，但在穆勒的回忆中肯尼迪只是一直"笑着说谢谢"。冯·布劳恩是在土星1号发射台上做的汇报。站在土星1号前，他描述了预计于1964年1月进行的第五次土星1号的飞行任务（SA-5）。由于其所载的有效载荷是全世界有史以来最大的，因此总统很感兴趣，并告诉西曼斯向白宫记者团再介绍一遍。

图 2-1　1963 年 11 月 15 日，乔治·穆勒向约翰·肯尼迪讲述阿波罗计划（NASA 照片）

　　不幸的是，肯尼迪总统在一周后遭枪手暗杀，没能目睹 SA-5 发射。1963 年 11 月 22 日，林登·约翰逊，穆勒口中"美国历史上最精明的政治家之一"成为新任美国总统。而由于肯尼迪总统猝然离世，"任何想要阻碍总统发起的阿波罗计划的呼声也烟消云散，"太空历史学家约翰·洛格斯登（John M. Logsdon）撰文说，"该计划在某种意义上成了对这位已故总统的纪念行动。"不得不说，这次暗杀反而促成了让整个国家都为之骄傲的成功——在 20 世纪 60 年代实现了人类登月。

图 2-2　1963 年 11 月 15 日，约翰·肯尼迪和 NASA 官员认真聆听乔治·穆勒的简要汇报（NASA 照片）

　　穆勒说约翰逊是个"太空迷"，此人和肯尼迪一样，将太空计划作为冷战时期美国的一种"武器"，并对阿波罗计划持积极态度。但在他上任 6 周后发表的首次国情咨文演讲中，长达 13 页的报告只有一句是针对 NASA 的：在 10 种建立"一个没有战争的世界"的方法中，第四条是"我们必须确保在和平探索外太空领域的突出地位，在 20 世纪 60 年代专注月球探险，有可能的话与其他国家展开合作，或者单打独斗"。穆勒说，约翰逊和韦布碰巧"是同一类型的政治家，拥有极为相似的背景"。他们虽然互不信任，但互相尊重。"这是一种巧合。"他补充道。

　　韦布并没有干预全机试验，他、德赖登和西曼斯开始"饶有兴致地"旁观人们围绕全机试验展开的辩论。相比之前对穆勒的顾虑，很多人现在更多的是好奇。穆勒回忆说，这些人"敏锐地意识到必须做点什么"。于是穆勒用趋势图展示了改用全机试验带来的巨大收益，吸引了人们的目光。大家也知道，为了实现登月目标必须承担一些风险，并且越快越好。穆勒得到了大家的支持，韦布也想给这个新人一次机会，他希望全机试验能获得一致通过。终于，穆勒赢得了高层的信任，其提案被采纳，但德赖登依旧持保留意见，并警告穆勒不要仓促行事。西曼斯后来说："经穆勒修改后的计划引发了极大的轰动，人们在背后议论纷纷，诸如'不可能''鲁莽''可疑''轻率''胡说八道'等词语沸沸扬扬。在宣布决定后……穆勒立即发布了详细的进度表。他不是在宣传、说服别人，而是直接下命令贯彻自己的主张。而如果没有他的指引，阿波罗计划是不会成功的。"

穆勒回忆，最初人们对全机试验的反应是"几乎都不敢相信"，尤其是冯·布劳恩的团队对此大为惊骇。但韦布、德赖登和西曼斯的肯定断绝了中心主任们驳斥的可能。穆勒认为西曼斯的支持尤为重要，后来他说西曼斯"比起监督者更像是支持者"。宣布这一决定后，穆勒回忆起他早些时候在马歇尔航天中心访问时的场景，他描述了土星5号的项目经理阿瑟·鲁道夫（Arthur Rudolph）试图说服西曼斯，让其认为全机试验是没有意义的："阿瑟·鲁道夫用土星5号的模型难住了他……土星5号有这么多级，每一级又十分巨大，怎么能在第一次发射时全部试验？西曼斯则回复'去找穆勒'。于是鲁道夫拿同样的问题与我争论，而我只是说'为什么不行呢'？并以全面而合乎逻辑的实施细节驳斥其质疑。有了西曼斯的支持，3个中心都接受了全机试验的概念，最好的一点是，它起作用了！"穆勒说火箭的尺寸并不会影响全机试验，"问题不在于它有多么复杂，而是它要么可用，要么不可用。因此你不妨尝试一下，如此可以帮你省掉为了逐级试验去设计3种、4种或5种不同飞行器的工作。在你做出正确决定的那一刻，你就已经遥遥领先了"。他第一次提出全机试验时，"到处都是惊讶的目光"，没人"能一下子接受"。他后来指出，工程师们"喜欢试验、试验、再试验。而我只想对子系统这样做，因为最终我们是想让这个系统正常工作，唯一的方法就是对完整系统进行试验"。

1963年11月6日，冯·布劳恩给穆勒写信，表达了对全机试验的初步看法。他不再反对，而是提出了许多技术细节方面的问题，并要求更多的资金。他也表达了自己的主张，认为从长远角度看这对进度其实没什么影响，反而会延迟某些短期节点，并提醒穆勒土星5号仍然处于关键时期。之后，经过进一步思考，11月12日，他又进行了更详细的反驳，并在开头写道，"我们相信在第一次飞行试验中让全级、全模块和全系统处于工作状态是一个有价值的目标",并且"我们未找到无法在第一次飞行时进行全机试验的根本原因"。随后他用长达12页的篇幅展开分析,涉及"关键技术、进度和资金"等方面的考虑,并要求在1964、1965财年分别追加1.38亿和3.14亿美元。他试图通过不断发问来推进自己的主张。自从设置计划管理办公室后,穆勒有一条直接通往各中心的沟通渠道,因此"冯·布劳恩不可能在我察觉不到的地方搞小动作"。除了马歇尔航天中心,休斯敦载人航天飞行器中心也提出过质疑,但被穆勒压下去了。尽管有许多人认为全机试验无法奏效,但穆勒拒绝改变,他坚称这对计划的实现至关重要。

按照马歇尔航天中心最初的计划进度表,NASA是无法实现在20世纪60年代登月的,这几乎是中心所有人的共识,但他们仍然反对通过全机试验提速。吉尔鲁思和冯·布劳恩都站在穆勒的对立面,冯·布劳恩更是直言不讳地表示反对。然而现实摆在那儿,如果按照传统方式试验,由于火箭第一级经历的试验时间最长,因此往往最后第二级出问题的地方更多,所以在组合试验前先试验第一级再试验第二级没什么意义。穆勒说:"任何一级出问题都会在试验中毁掉这枚火箭,所以可能还不如一次试验更多的东西,更有利于我们发现问题。"他回忆起第一次谈到全机试验时,中心主任们对此颇为"鄙夷",他们说:"你怎么可能有这么愚蠢的想法?"为了说服冯·布劳恩,穆勒在马歇尔航天中心举行了一次会议,并以"这是唯一能在20世纪60年代登月的方法"作为结语。最后冯·布劳恩说:"好吧,很冒险,但我支持这么做。"冯·布劳恩最终被说服,但马歇尔航天中心内的支持者仍然不多,冯·布劳恩的大多数下属,包括他的副手里斯还是持怀疑态度。"但我已做出了决定。"穆勒说。

土星5号项目副经理康拉德·丹嫩贝格(Konrad Dannenberg)记得:"最初冯·布劳恩非常不情愿……但他最后还是同意了,毕竟这样我们才有可能按时完成计划。"丹嫩贝格补充说:"这基本上有点违背他的原则……要冒很大的风险。幸运的是乔治·穆勒成功了。如果他运气不好失败了,就会弄得很难堪。"然而穆勒坚称与运气无关,而是"合情合理且合乎逻辑"的,因为一旦接受了全机试验,冯·布劳恩就会尽他所能使火箭上面级正常工作。全机试验概念背后的逻辑"足够出色",所以"最终你会认可这是合理的选择"。最坏的情况是"可能失去上面级中的一二级",但他坚持认为这不会影响风险评估。"风险在任何情况下都是存在的,逐级试验只能分散风险，无法降低风险。而全机试验肯定会比逐级试验快得多"，况且逐级试验能证明的东西有限，正如穆勒所说，"所以全机试验赢了"。

在研发宇宙飞船上，休斯敦载人航天飞行器中心的领导们沿用了过去制造飞机的一贯思路。吉尔鲁思抱怨穆勒"想法很丰富，但他在电子领域更为擅长，而对航空和空气动力学并不精通"。尽管吉尔鲁思很谨慎地避免公开批评穆勒，但他坚信穆勒不理解载人航天系统的核心。对此穆勒反驳道，吉尔鲁思是在用"艺术家的方式"来制造飞船，这种方式"一直持续到阿波罗计划早期"，但太空飞行意味着"一个全新的世界……不断变化的需求是计划失败的真正原因"，所以宇宙飞船不能被当作进阶的飞机进行开发。它们是不同的，前者涉及更多的学科，特别是系统工程、计划控制和配置管理。穆勒说："吉尔鲁思没有做好心理准备来面对一个非常复杂的项目，他适合回到可以亲自设计飞机并驾驶它的时代。他让学生们簇拥在自己身边，按他的指示工作。"是约瑟夫·谢伊和乔治·洛帮助穆勒说服了吉尔鲁思接受全机试验。据穆勒描述，吉尔鲁思"过了很长时间才接受这一想法，然后他做到了全身心投入。但我必须说休斯敦的其他人并不都是这么热情"。

在穆勒来 NASA 前，韦布曾委托一个由贝尔实验室前主任默文 · 凯利（Mervin J. Kelly）领导的顾问小组评估载人航天计划的管理状况 [凯利和穆勒一样毕业于密苏里州矿业与冶金学院（Missouri School of Mines and Metallurgy），第二次世界大战期间他和穆勒曾是贝尔实验室的同事，那时他还只是研发主管]。凯利小组认为，NASA 面临的关键问题是政府工资毫无竞争力。由于公务员的工资难以调整，因此他们建议 NASA 向外（如空间技术实验室）寻求技术支持。他们还特别批评了休斯敦载人航天飞行器中心的内部管理和吉尔鲁思本人，认为休斯敦载人航天飞行器中心"厌恶所有外部因素"，还抵制承包商，甚至将之比作载人航天计划的阿喀琉斯之踵[1]。据穆勒说，凯利坚信吉尔鲁思不具备管理休斯敦载人航天飞行器中心的能力，并建议韦布提高中心的管理水平。

　　凯利还建议 NASA 从整体层面增强对大型项目的管理能力。他觉得 NASA 的员工普遍缺乏相关技能和经验。虽然军方和航空航天业界都有经验丰富的人才，但 NASA 对非政府人才的吸引力有限。后来，穆勒与凯利会面，并交给韦布一份备忘录。在备忘录中，穆勒在对 NASA 的历史进行了"相当简短的回顾"后指出，如果能够引进在国防计划中培养的、具有丰富的项目管理经验和相关技能的人才将"最符合国家利益"；此外，拥有此类经验的大型承包商也能提供助益，他们在航天计划中的深度参与已被证明发挥了重要作用。韦布遂征得国防部长的同意，请罗伯特 · 麦克纳马拉（Robert S. McNamara）调一批军方的项目经理到 NASA 来。他还建议穆勒任命一名空军军官为副手。在此之前，穆勒得先修补和空军的关系，于是他通过蒂格（二人都毕业于得州农工大学）寻求施里弗将军的帮助。蒂格对施里弗说："请对我们的民用太空计划施以援手，而不是加以阻碍。"施里弗最初是希望空军来领导载人航天计划的，不过自 1958 年 NASA 开始负责后他也在支持 NASA。对于穆勒从

1　来自古希腊神话，现引申为致命的弱点、要害。

空军引进一批项目经理的请求，空军高层经过一番讨论后同意了。穆勒认为这是由于他们同样是从"国家的角度"出发考虑问题。至于副手人选，穆勒在空间技术实验室的前同事詹姆斯·伯内特（James R. Burnett）和罗伯特·本内特（Robert A. Bennett）推荐了二人曾经的工作伙伴、民兵计划中的项目经理塞缪尔·菲利普斯上校。穆勒并不了解菲利普斯，但他得到的信息"足以证明他是一个优秀的人"，因此他请施里弗把这一"完美人选"调来 NASA。

施里弗同意让菲利普斯离开空军，但这位上校最早听到消息是从穆勒口中。因为穆勒很快就给他打去电话，称阿波罗计划需要他。菲利普斯最初不愿前往 NASA，他觉得自己有希望担任空军弹道导弹部队的指挥官，考虑到个人发展，这是更好的出路。他回忆说，自己那时从没想过"管理一个让人类登上月球的项目是多么令人兴奋"。而在施里弗的记忆里，穆勒第一次请求让菲利普斯来 NASA 工作时，他感到了拔牙般的痛苦。"乔治·穆勒问我是否可以将塞缪尔·菲利普斯交给他们"，而他当时正在负责"对空军而言最重要的导弹项目"。不过施里弗还是告诉菲利普斯："我不会妨碍你做决定。我觉得从职业发展的角度看这是一个很好的机会，如果你想要这份工作，我会允许你过去。"施里弗随后争取到了空军参谋长的承诺，在菲利普斯转去NASA 前仍会考虑他的晋升。1963 年 12 月 30 日，菲利普斯被正式任命为阿波罗计划管理办公室的副主管，调令与空军提拔他为准将的决定同时生效。穆勒称之为阿波罗计划的一个转折点，因为菲利普斯帮他落实了"对全面的系统管理至关重要"的组织基础和具体管理措施，并且菲利普斯展现出了"运营阿波罗计划所必需的洞察力和控制力"。施里弗说让穆勒拥有菲利普斯，说明了"我们一直在给穆勒提供有价值的帮助"。

为了实现载人航天办公室的集中管理，穆勒会定期举行场外会议。"这些场外会议切实发挥了作用，因为……这不是那种正式会议，人们不再囿于职级，大家可以放下立场。人们谈论的是'好吧，这里有个问题，要怎么解决'？我会请所有人发表意见，并达成共识。"此外，他希望除了正式的汇报场所，他的下属们还有其他交流途径，他自己也会邀请一些高级职员（他评价他们为"十分固执己见的人"，需要被说服）一起讨论。如果他们能拿出更好的主意，穆勒也可以做出改变，"但在此之前，必须明确我们在朝同一个方向努力"。这些高级职员都是特定领域的专家，不会被动听令，必须说服他们之后才能联合所有人一起推进。为了打破壁垒，他们会一起讨论问题。穆勒说："如果你能提出一个问题，人们就有办法解决它。"他认为建立并保持良好、开放的关系十分重要。他利用这些场外会议促进互动，还邀请计划支持人员参与（他们通常不会参加这类会议，尽管他们在计划中发挥着重要作用）。同样受邀的还有中心主任和计划主管下面的员工，因为他们与承包商有定期联系。他认为"自由、轻松、让别人忘记你是老板"的交流是计划管理的秘诀，这是他举行场外会议的原因，"以创造一个自由交流和相互理解的环境，人际关系由此建立，这很重要"。

1964 年 1 月，穆勒在一次场外会议中向众人介绍了菲利普斯。对于菲利普斯来NASA 的目的和会采取怎样的工作方式，人们的普遍反应是"好奇和担忧"。穆勒以最快的速度为菲利普斯安排了阿波罗计划中的日常职责，但为了避免权力之争，也为了给所有人一个相互了解的机会，起初，他只是任命菲利普斯为阿波罗计划管理办公室的副主管。据穆勒所言，习惯了同军人并肩作战的冯·布劳恩觉得"菲利普斯很棒，而吉尔鲁思对他充满疑惑"。然而大家很快就发现，比起现任主管穆勒，他们更喜欢让菲利普斯做计划主管。据穆勒所说，作为外来者，菲利普斯将军花了一段时间站稳脚跟，大家"一开始对他有点顾虑，但他证明了自己非常优秀，大约 6 个月后每个人都觉得他很棒，都开始劝我放手了"。菲利普斯从加入 NASA 的第一天起就和穆勒合作得很好，在后来成为计划主管后也是如此。在美国弹道导弹计划中，由空军负责计划的全面管控，由空间技术实验室对承包商进行技术指导；在 NASA，穆勒和菲利普斯在很大程度上建立了类似的工作关系。穆勒将技术决策权交给了菲利普斯，虽然菲利普斯也会让穆勒参与关键决策，"但关于技术问题我们从不会争吵"。菲利普斯或他的下属会主持各种评审活动，穆勒通常只把自己视为活跃的参与者。他认为菲利普斯是"会做正确事情的伟大的人"，他不记得他们有过任何重大分歧，因为"想法总是不谋而合"。其实二人工作风格不同，但丝毫不妨碍他们进行愉快的合作。

菲利普斯后来回忆，那时 NASA 拥有"囊括了总部、中心和承包商的计划管理体系，嵌套或覆盖在总部和中心的直线职能结构上"。来到 NASA 后，他看到穆勒建立的管理体系与他在弹道导弹计划中积累的经验"完全一致"，"完全符合"要求。不过，尽管"管理体系的基本要求和框架……已经确定"，但还不完整，因此他需要进行整体设计，并配置人员让它动起来。穆勒已经引入了管理理念，现在轮到菲利普斯了。他的首要任务是完成管理体系的最终设计，并吸纳大量新人。因此菲利普斯请施里弗为 NASA 分派经验丰富的人手，"从高级职位开始，寻觅一批优质人才"。

在 NASA 成立之初，宇航员大多具有军方背景，但管理人员只有一小部分是现役军人。冯·布劳恩加入后带来了一些军官，如罗科·佩特龙（Rocco A. Petrone）和李·詹姆斯（Lee B. James）。罗科·佩特龙中校毕业于西点军校，曾在卡纳维拉尔角发射操作中心任发射操作主管，穆勒评价他是"典型的陆军工程师，能干且敬业，作为管理者在卡纳维拉尔角发射操作中心的发展历程中表现相当亮眼"，也和库尔特·德布斯"在工作中十分默契"；李·詹姆斯来自另一所军校，他以上校军衔退役，并在马歇尔航天中心从事项目管理工作。早期海军还向 NASA 输入了少量军官，他们后来从海军退役并留在了 NASA，如弗赖塔格和约翰·霍尔库姆（John K. Holcomb）。如前所述，弗赖塔格在协助穆勒与国会打交道中发挥了重要作用，霍尔库姆则是载人航天办公室的运营主管。到 1964 年 3 月，NASA 已有 256 名军官在职。菲利普斯写信给施里弗，请空军再派 55 名人员充实阿波罗计划管理队伍。穆勒说这些人"非常重要，因为我们再也找不出几百个有这样背景的人了"。菲利普斯提议让"参与过大型项目的人"担任重要职位，在与休斯敦载人航天飞行器中心的约瑟夫·谢伊、吉尔鲁思，卡纳维拉尔角发射操作中心的罗科·佩特龙和马歇尔航天中心的冯·布劳恩接触过后，他把这些军官安排在了关键岗位上。马歇尔航天中心与军队合作的历史比较悠久，所以冯·布劳恩（和德布斯）比吉尔鲁思更乐意接受菲利普斯的安排。菲利普斯曾说："我敢肯定 NASA 内部有很多人不喜欢我的到来，更不用说我又带来了更多的人。冯·布劳恩乐意向我寻求帮助，吉尔鲁思和谢伊就不会……佩特龙则比较开放。"总而言之，菲利普斯最终为载人航天计划安排了一批"使其经验发挥重要价值"的人。

菲利普斯的到来让阿波罗计划管理办公室如虎添翼。接下来他与冯·布劳恩一起，在现有的马歇尔航天中心组织架构上嵌套了计划管理体系。经过重组，马歇尔航天中心分为两大部分：由多个工程实验室组成的技术运营部门，以及以项目管理和承包商管理为职能的工业运营部门。准将埃德蒙·奥康纳（Edmond F. O'Connor）是菲利普斯从空军调来的人，菲利普斯让他领导工业运营部门，还给他配了 3 名项目经理：阿瑟·鲁道夫负责土星 5 号项目，李·詹姆斯负责土星 1 号和土星 1B 号项目，李·比利（Lee Beaulieu，他是 3 个人中唯一不是政府官员的）负责发动机开发项目。鲁道夫的副手丹嫩贝格曾说过，工业运营部门"必须对由中心内部和承包商组成的大型网络进行有效组织和管理"。最初马歇尔航天中心工程实验室的负责人们因为自己被迫让渡了部分权力给项目经理而感到不满，但被"施压"后他们还是接受了这一调整。

菲利普斯还带来了另一位空军准将戴维·琼斯（David M. Jones），他成为载人航天办公室的副助理局长。此外菲利普斯还招揽了"几位上校"，其中有人负责计划控制，有人负责配置管理和系统工程。施里弗将菲利普斯申请的 55 人（级别从上尉到一星准将）调至 NASA，他们凭借丰富的经验开展工作，并为阿波罗计划的成功做出了巨大贡献。

在阿波罗计划执行的高峰期，NASA 有超过 400 名现役军官，他们是计划的重要组成部分，弥补了 NASA 之前缺乏的能力，并且成为 NASA "严格实行计划控制的骨干"。如果没有他们，阿波罗计划的成本一定会大大增加。菲利普斯还招募了一批业界精英，如波音公司的杰拉尔德·库巴特（Jerald R. Kubat），他成为阿波罗计划管理办公室的策划和控制部门负责人。库巴特又带来一个名叫詹姆斯·斯卡格斯（James B. Skaggs）的年轻人。库巴特被穆勒称赞为"波音公司最好的计划控制人才"，同样的评价也适用于斯卡格斯。因为薪资问题，很多业界人士并不喜欢到政府部门工作。但穆勒说，鉴于阿波罗计划的声望，"国家利益"还是吸引了一群人来到NASA。

刚到 NASA 的菲利普斯并未遭遇公开的抵制，但他觉得"肯定有人不满，至少许多人在内心深处一定对外来者侵入自己的项目感到不适"，另外，"显然人们还在持观望态度"。但他不会让这种不满形成阻碍，这对他和他带到 NASA 的人提出了更高要求——他们要为自己"赢得一席之地"，并使其他人乐意和自己共事。在策划和控制、系统工程、配置管理方面，菲利普斯并没有遇到障碍。问题出在在轨飞行上，NASA 只有少数参与过水星计划和双子星计划的人拥有经验，因此他感受到了有些员工"对外来'入侵者'的敌意，甚至可能掺杂了怨恨"，尤其是在休斯敦载人航天飞行器中心。当然，也不光是和菲利普斯他们，休斯敦载人航天飞行器中心在和总部或其他中心打交道时也常有矛盾。

菲利普斯还发现界面管理"非常困难",这在总部与中心、中心与中心之间都存在。他说NASA"像是由多个封建领地拼成的",这可以追溯到它的起源和发展历程,还与某些人的控制欲和各中心"可以分到多少蛋糕"有关。有人对关键岗位上的外来者(如穆勒和菲利普斯)表现出了极大的敌意,但大多数人已经意识到:有必要建立一支能容纳非政府人员、军方人士和业界人才的队伍。穆勒后来将阿波罗计划的成功在很大程度上归功于他们建立的计划管理体系,以及贯通总部、中心和承包商的沟通渠道。他说,在菲利普斯的帮助下,"等到我们实际飞行时",已经形成了"一支非常强大、出色的团队",自然有很多时间花费在建立沟通渠道、推动合作、消除偏见上。使沟通由凝滞到流动是需要时间的,穆勒说,"因为这与他们(中心)的一贯认知相悖",中心总是觉得自己可以自给自足,不需要外部的帮助。"建立团队花了很长时间",从1964年初开始,对阿波罗计划的管理已经在逐步加强了。

穆勒欣然承认:"最初我们有一个超级大问题,那就是我们得和3个中心打交道……得把一群举足轻重的人聚集在一起,规定统一的方向,还得加上多级承包商和辅助团队。"所有人都必须清楚自身角色和职责,这造成了"巨大的沟通难题",而在穆勒解决这个问题前,人们也很难好好工作。组建团队远不止设立某些机构和召开会议,穆勒还必须在个人层面上与员工建立良好关系,这需要大家的共同努力。开始人们总想和穆勒保持距离,但是一旦开始了解穆勒的想法,他们就会放松下来。穆勒必须准确传达需要员工做什么,并确保他们能做到,他认为这是"计划成功的秘诀,因为许多计划的失败是源于不能使每个人清楚自己的职责"。他致力于确保大家明确定位,清楚重点,并采取正确的工作方式。在加入NASA前他就开始推销这些观念,在来到华盛顿后依旧如此。他会让人们表达自己的想法,然后让其与自己的想法碰撞,最终达成共识,当他发现有更好的想法时就会采纳。他以一种有逻辑、有组织的方式推进工作。随着时间的流逝,他对计划的参与者们需要什么或自认为需要什么有了足够的了解,然后以对方能接受的方式提供指导。他说,尽管有些人自始至终也没能转变想法,但他们"最终都能接受这个事实,那就是我们必须一起做这件事,否则我们将一事无成"。

利用一套自下而上的估算方法，再计算出"容差系数"（韦布管它叫"局长的折扣"），就得到了阿波罗计划的总成本，初步估算约为 200 亿美元。德赖登在收集了各中心的估算结果后，在韦布打折扣前将总估成本翻了一倍多。由于需求的变动，计划管理办公室得与承包商重新协商并签订合同。穆勒于 1964 年 2 月表示："我们完全有信心，如果资金充裕，可以在 20 世纪 60 年代跑出人类月球探险的第一棒，预计成本将控制在 200 亿美元之内。"在 3 月给国会的报告中，他证明阿波罗计划将耗资 195 亿美元，这笔资金也涵盖了延续到 1969 财年末的水星计划和双子星计划，如果再加入徘徊者[1]、勘测者[2] 和月球轨道等计划，将增至 234 亿美元。穆勒告诉韦布，根据预测，按现有的组织和人员，经过合理的控制，可在 20 世纪 60 年代登月，并且支出不到 200 亿美元。韦布通过了这份预算，将 200 亿美元定为上限，并在随后的演讲和国会证词中使用了这个数字。

不妙的是，由于越南战争和约翰逊政府"伟大社会"[3]计划（Great Society Programs）支出激增，联邦预算被蚕食，载人航天计划获取资金愈发困难。在穆勒看来，"尽管有越南战争的阴影，但在某种程度上阿波罗计划将整个国家团结在了一起，每一次成功都会点燃公众的激情，这具有积极意义"。然而 NASA 还是收到了白宫要求削减开支的通知，于是韦布让西曼斯寻找节流之法，以至于在 1963 年 12 月局长的年度审查会上几乎全部时间都被用来讨论成本。穆勒让中心主任们增强信念，

1　徘徊者（Ranger）计划：美国在 20 世纪 60 年代进行的无人太空任务，目的是拍摄月球照片，探测月球附近的辐射和星际等离子体等，为阿波罗飞船载人登月做准备。

2　勘测者（Surveyor）计划：美国在 20 世纪 60 年代进行的无人太空任务，主要目的是进行月面软着陆试验，探测月球并为阿波罗飞船载人登月选择着陆点。

3　1964 年 5 月，约翰逊总统在一次演讲中正式提出"伟大社会"计划，包括增加穷人福利、提高社会公平程度等，重点是解决美国的贫困问题。

相信 NASA 能够以估计的成本和进度实现目标。他不在乎审查会上人们的议论，而是宣称："我们可以在 1969 年底前以 200 亿美元登月，如果 NASA 下决心让我们这么做的话。"不仅如此，他还建议扩大太空计划，增强国家的太空探索能力，并通过一个强大的后阿波罗计划（最初称为"阿波罗扩展系统"）在首次登月后延续载人航天征程。当时的 NASA 认为阿波罗计划只是第一步，阿波罗 1 号之后会有阿波罗 2 号，到 20 世纪 80 年代则开始探索火星。

尽管穆勒本人充满信心，但幕后的阿波罗计划控制人员认为成本估计过于乐观，他们在给菲利普斯的备忘录中写道，根据经验，"事实上要完成所有的工作，我们推测真实数字（指资金额）应该大得多"。穆勒向人们保证 200 亿美元的估算是完全准确的，但控制人员相信必然出现严重超支，只是他们微弱的声音没能阻止穆勒的观点成为 NASA 的观点。他们只能继续警告菲利普斯"至少要分辨出预算中确定的部分和不确定的部分"。

NASA 需要大量工程师、科学家和技术人员。据估计，在 1964 年初，约 20 万人（包括约 35000 名辛勤的工程师和科学家）在从事载人航天工作。NASA 预计到 1966 年将再增加 10 万人，直到 20 世纪 60 年代末开始减员。据美国国家科学基金会（National Science Foundation）估计，太空计划雇用了全国约 2.8% 的优秀工程师和科学家。穆勒承认"这是一个庞大的数字"，但"不会影响国家的人才供应"。他警告说，NASA 只有维持现有的进度，才能将成本控制在合理范围内。如果国会想减少拨款或拉长"战线"，势必会增加成本，因为"不管哪一类研究工作，如果给定期限变长，工作人员需要的时间就会变多"。他根据帕金森定律得到了一条推论："人们会根据里程碑事件的截止日期动态调整研发时间。"穆勒一直非常在意进度，但他始终宣称阿波罗计划不是速成计划，因为阿波罗计划的资金是有限的，而对速成计划来说成本从不是主要问题。他总结道："从经济角度考虑，我们做出的合理判断是维持登月计划，在 20 世纪 60 年代让宇航员登陆月球并安全返回地球。延长期限将花费更多的资金，并且使重要的人类太空探索的第一步被没有必要地推迟了。"接着他声称对科学家的需求被夸大了，"美国是完全有能力在载人航天领域投入人力资源的"。然而，对 NASA 占据过多人力的批评仍在继续。

1964 年 2 月 17 日，穆勒参加了蒂格主持的众议院载人航天小组委员会听证会，为载人航天办公室争取预算。他所说的内容如下。自去年5月最后一次水星任务以来，"在社会公众眼中载人航天可能已经进入了相对沉寂期"；距离第一次双子星飞船载人飞行还有9个月，NASA正忙于"从设计、制造到硬件交付"的繁重工作；在双子星任务中，宇航员可体验长时间飞行并尝试新的操作技术，包括交会对接。由于空军的载人轨道实验室[1]（Manned Orbiting Laboratory，MOL）计划也将使用双子星飞船，因此该飞船会成为美国国防的重要组成部分。此外，尽管1963年问题频发，但"该计划现在基本上摆脱了困境"，双子星－泰坦（Gemini-Titan，GT）号将在1964年获得飞行资格。作为水星计划和阿波罗计划的桥梁，双子星计划有望在1964年最后一个季度重启美国载人飞行，增强NASA载人飞行运营能力，获取更多技术知识，同时将人类太空生存的最长时间延长至两周，这些都对阿波罗计划有积极影响。穆勒还指出，1965年将是测试和验证的一年，1966年将开启阿波罗计划运营阶段。他详细表达了对每一次双子星任务的设想，NASA将聚焦双子星飞船的生产和系统测试，该飞船会比水星号飞船"更先进、更复杂、更通用"。承包商麦克唐奈飞行器公司预计交付飞船的22个试验版本。此外，空军正通过加入冗余备份系统优化中止机制，用地面雷达制导取代惯性制导，剔除不必要的系统，完善并评估用于载人飞行的泰坦2号火箭（后文简称"泰坦2号"）。在已经开展了28次泰坦2号飞行试验后，下一步试验正在规划中。

　　穆勒预测，阿波罗计划将打开探索太阳系和太空的大门。在双子星计划完成后，其飞船将搭乘土星1B号和土星5号进入地球和月球轨道，测试飞行技术和飞船系统。他解释了全机试验，并告诉众议院载人航天小组委员会：以后所有飞行试验将测试各火箭级均处于工作状态、所有系统均处于运行状态的完整航天器。他提醒各位，空军已经在民兵计划的试验中应用了全机模式，"基于当前技术和经验，已经可以放弃逐级试验了"。然后他提出了全机试验的有力论据——"如此可以按照当前进度使美国宇航员登上月球并安全返回地球，即使是在今年预算缩减的情况下"。运用全机试验，NASA也可以"充分利用成功经验"，在试验早期就收集大量的飞行数据，挖掘设计工程师所需的信息。通过更早地测试完整的飞船，并在每次飞行时记录更多数据，可

1　载人轨道实验室是美国空军曾计划研发的一种小型军用空间站，目的是研究人在航天活动中完成军事任务的能力。1969年6月11日，美国国防部宣布终止载人轨道实验室计划。

以增加在预定日期着陆的把握。穆勒的蓝图绝不仅仅包含初期的登月任务，"在遥远的未来，阿波罗计划将只是历史长河中的一个里程碑。我们必须继续规划……国家的载人航天后续行动"。他预测"到阿波罗计划实现登月的时候，美国已经进一步发展了科学、工程技术和工业实力，可以进军太空其他领域"。他探讨了 3 种情况：一是扩大月球探索，二是建立地球轨道实验室，三是其他行星任务。NASA 将研究"当前土星系列助推器的潜力，可重复使用助推器的可行性和更大的火箭"。最后，他告诉委员会，双子星计划和阿波罗计划正处于正轨，加速计划有可能节约成本，放慢和延长计划则一定会增加成本。他主张有序推进载人航天计划，然后概述了载人航天办公室在 1965 财年的资金要求，并提醒委员会：得益于太空计划，"我们几乎在所有州都建了工厂、实验室和试验设施"。他的发言取得了良好效果，国会拨款超过了 NASA 要求金额（52.5 亿美元）的 96%。

穆勒在 1964 年的国会证词中表示看好双子星计划。但到 1966 年 11 月，双子星计划最后任务前夕，他承认在双子星计划首次飞行前自己并没有那么乐观，"那时我们有进度问题、资金问题，而且刚刚更换了负责人……因此有很多不确定性"。但他清楚自己该做什么，在早期对休斯敦载人航天飞行器中心的访问中，他宣布"必须完成双子星计划，才不会干扰阿波罗计划"，后来他声称"我和双子星计划管理者的任务之一就是解释计划的必要性，如果我们失败了，可能不得不看着它被取消"。当时他只觉得双子星计划是一项"应急计划"，他们只能努力向人们展示双子星计划与阿波罗计划的重要联系。双子星计划曾险些被彻底取消，"吉尔鲁思提出了令人信服的论点……从最后一次水星号飞船载人飞行到土星号火箭首次起飞，预计有长达两年的间隔，这不是什么好事"。吉尔鲁思认为，如果双子星计划进展顺利，那么它的飞行试验就是有意义的，"也许我们可以从中学到点什么"。穆勒被吉尔鲁思说服了，不过他后来回忆，那时"公众的注意力都围绕在月球上。任何月球以外的事其实都没引起多少关注"。

最终双子星计划被部分取消。声明发出后，麦克唐奈飞行器公司的总裁小詹姆斯·麦克唐奈（James S. McDonnell, Jr.，绰号"麦克先生"）特意给穆勒打电话，问他是认真的吗。穆勒回答："是的，非常认真。"穆勒不希望双子星计划与阿波罗计划重叠，随着前者一再拖延，他将终止日期定于 1967 年 1 月。他认为 NASA 必须掌控进度，才能控制成本。1964 年初，他花了一番功夫"推行'今日事今日毕'，并向员工灌输一种理念——要完成今天的工作，首先得清楚今天要干什么"，他在内部讨论和公开演讲中都对此予以强调。为了将工作内容细分到每一天，他们花了一年多的时间进行前期准备。而当1964年初双子星计划一再出现延误时，穆勒承认这是"计划失控的表现"。

在对阿波罗计划的管理中，配置管理的应用是关键。1964 年 2 月下旬，菲利普斯要求 NASA 工作人员去洛杉矶参加空军和航空航天业界联合举办的配置管理研讨会，同时鼓励承包商参会。会后，洛杉矶当地一家报社写道："无须吉卜赛人的茶叶或水晶球，就可以预测引入空军的管理策略将对 NASA 产生重大影响……改进后的空军管理方法能产生多大效用还不为人知，但几年后我们或许可以说，NASA 向空军学到了很多。"菲利普斯打算将空军配置管理准则部分应用于阿波罗计划之中，毕竟计划还剩下 6 年左右的时间，现在还为时不晚。而且由于阿波罗计划的合同具有多样性，合同内容又不断变化，所以配置管理是必需的。菲利普斯告诉报社，影响阿波罗计划的两个最重要的因素，一是可靠性和质量保障，二是配置管理。"通过强调这两个因素，我们会避免类似把硬件拆解再重装的事情发生。"对计划的明确定义"将为我们提供实现计划目标所需的手段"。他希望在所有阿波罗计划的合同中明确这一点，并要求各中心从 1964 年秋季开始实施配置管理。但配置管理的应用效果时好时坏，并在相当长的时间一直如此。

　　穆勒的日程被赶路、会议、报告、演讲、午餐和晚餐会填满了。NASA 曾于 1964 年统计了他的行程：经估计，他在工作日每天工作约 12 小时，周六工作约 8 小时。在 1964 年 4 月 1 日到 9 月 30 日的 6 个月中，他把 46% 的时间花在与外部人员会面上，在 44% 的时间里与载人航天办公室的人在一起，5% 的时间与韦布、德赖登和西曼斯中的一人或多人讨论，另外 5% 的时间是给 NASA 其他员工的。他有一半时间离开华盛顿去往各中心或承包商处，或是参加公共活动。1965 年、1966 年和 1967 年的行程都差不多。1964 至 1967 年，他平均每周工作 72 小时，还不包括下班后，其实大多数周日他都会在家工作。

　　穆勒频繁前往洛杉矶造访北美航空公司。那时候洛克达因公司的土星号火箭发动机项目总体上运行良好，因此穆勒对 F-1 发动机的研制进展日益关注，同样困扰他的还有北美航空公司太空部门承包的两个项目。NASA 向北美航空公司太空部门负责人哈里森·斯托姆斯（Harrison Storms）施压，要求他更换阿波罗飞船项目经理，戴尔·迈尔斯（Dale D. Myers）也是在这个时候走马上任的。但太空部门的成本和工期问题始终没有解决。穆勒回忆，原因很简单，因为这"超出了他们的能力范畴"。北美航空公司的管理体系很糟糕，斯托姆斯是"问题所在"，穆勒觉得以斯托姆斯曾任 X-15[1] 项目经理的职业背景不足以应对阿波罗飞船这样复杂的设备。"斯托姆斯可能适合领导突破性项目，但他肯定不是那种能够深入研究阿波罗计划细节的人。他处理问题往往过于感性而不擅长分析。"此外，北美航空公司在土星 5 号 S-II 级的研发中也存在重大问题。工程师试图在设计阶段使用已经验证的技术来避免问题和延误，但最终未能如愿。

F-1 发动机曾出现过不稳定现象，被称作"pops"（以爆裂的砰砰声命名），当时剧烈的爆炸毁掉了部分发动机。因为 NASA 想要一个在现有技术水平下更可靠的发动机，所以洛克达因公司将土星 H-1 发动机放大，设计了 F-1 发动机。在液体火箭部门负责人约瑟夫·麦克纳马拉（Joseph P. McNamara）看来，F-1 发动机是需要煤油和液氧的"又大又笨的发动机"，其巨大的尺寸带来了 H-1 发动机没有遇到过的问题，即容易受燃烧不稳定的影响。其实 F-1 发动机的问题早在穆勒到 NASA 前就初见端倪，而得益于在美国和欧洲进行的发动机研究，洛克达因公司改善了问题诊断和评估手段。结果，对燃烧室的细微改动取得了显著效果（虽然 NASA 直到 1965 年 1 月才正式宣布问题解决）。如果不稳定的情况一直得不到改善，最后一级发动机燃烧室在飞行中是有可能引发爆炸的。对此，穆勒说："回顾过去，问题简直层出不穷，可以说我们从来不缺乏挑战。"

承包商内部的官僚主义作风也阻碍了载人航天计划的推进。穆勒发现"所有公司都有一套自己开发的流程，在特定项目中这些流程可能有用，也可能没用，但几乎都无法改变"。在与各公司的官僚主义作风对抗时，他要么绕过这些流程，要么改变它们，后者在某些情况下意味着要更换一批人。他还发现，每个系统和子系统都有人员问题。面对一大堆分散的承包商和分包商，NASA 必须让问题迅速浮出水面，以确

1　X-15 是由美国国家航空咨询委员会牵头，和美国空军、海军与北美航空公司共同实施的项目，可以说是美国最早的太空计划，目的是制造一架可以试验未来太空飞行条件的飞机。其制造的 X-15 高超音速飞机创下了多项飞行纪录。

保有足够的资源来解决问题。多数情况下最好让承包商自己解决，所以 NASA 不会随意更改承包商的流程，除非长期掣肘迫使 NASA 采取行动。对于不合格的承包商，NASA 有权更换，但他们倾向于不这么做，而是让承包商自己进行内部调整。因为"更换主承包商通常很麻烦"，除了操作上的困难，可能还需要处理"来自国会的抗议"。况且就算变更顺利，NASA 也得与新承包商从头磨合。

1964 年 4 月 8 日，双子星－泰坦 1 号（GT-1 号）首飞，成功完成 3 圈无人驾驶轨道飞行，证明了航天器整体可用。次日，穆勒在佛罗里达州帕特里克空军基地的一次技术会议上向肯尼迪总统表示敬意，称赞总统为阿波罗计划所做的贡献，回忆起总统视察卡纳维拉尔角发射操作中心（现更名为肯尼迪航天中心）的场景——当年总统曾在土星 1 号前称赞眼前的景象"令人吃惊"。在回顾了已取得的成就后，他说水星计划"已经证明了人类能够在太空中生活一天半，并做一些重要的工作"，而双子星计划将使人类在太空中的生存时间延长到两周。现在，美国在某些领域领先苏联，苏联也有领先之处，其他领域则不分伯仲。有人对美国的领先地位尚持怀疑态度，穆勒引用蒂格的话说："让美国人率先登上月球，我们就能打消人们的疑问，证明美国在航天领域取得了卓越的成就。"他说，阿波罗计划已经通过建造工业基地（可以使用非常先进的技术来"开发、测试和制造设备"）实现了一系列重要目标，而且 NASA 已经组建了基础设施建设团队。

穆勒说，载人航天计划比起曼哈顿计划或弹道导弹计划"甚至更庞大"，并声称"我们正在开发的东西具有明确的军事价值……但是必须先完成研发，才有可能投入运营"。他比较了国家航空咨询委员会和 NASA 对航空航天事业的贡献，指出国家航空咨询委员会并不为军方工作，但军方仍能从研发中获益；类似的是，尽管 NASA 并没有为军方工作，国防部也能受益于 NASA 的成果。而且即使没有阿波罗计划，美国"也不会允许苏联在载人航天领域一枝独秀"，总要采取一些行动，预计也会花费载人航天办公室 90% 的预算。最后，他将 1969 年的登月与 1927 年林德伯格（Lindbergh）驾驶飞机在巴黎着陆做比较。1927 年的穆勒还是一个 9 岁的圣路易斯小男生，他认为首次独自飞越大西洋是林德伯格一生中最伟大的成就之一，"他的目标不是巴黎，而是证明自己跨大西洋飞行的能力，以及检验飞机的制造技术"。穆勒后来一直说："月亮就是我们的巴黎。"

第三章 准备就绪

> "给我们工具，我们就能完成任务。"
> ——穆勒引用温斯顿·丘吉尔在不列颠之战时说的话，1965年2月1日

　　穆勒曾说过，当今时代，犹如科学和工业革命发生前的15世纪和16世纪，人类"即将迈入新的时代，文明将以我们无法预见的方式发生变化"。"我们正在书写重要的历史。"美国总统肯尼迪在确定登月和给出登月期限时排除了最大的障碍。有实际证据显示，3年之后美国的太空实力已明显增强。

　　加入NASA的头几个月里，穆勒在载人航天工程的组织和管理方面做出了一些重大决策，但这些决策尚需时间落实；在关注阿波罗计划的同时，他并没有忽视双子星计划，NASA准备在1963年5月的最后一次水星号任务执行后重新开启载人飞行；随着媒体和公众将注意力转向双子星计划和阿波罗计划，穆勒又提醒所有人不要忽视登月之后的后阿波罗计划。然而，考虑到国家其他重要事项，国会和政府越来越抵触向太空计划投入海量资金。除经费问题外，越南战争带来的心理阴影以及由此引发的国内动荡也影响了美

国民众对太空探索的看法[1]。但总的来说，随着双子星计划的进一步推进，大众对阿波罗计划仍然持欢迎态度。

穆勒并不抵触科学界的呼声，他尽力在载人航天任务中策划一系列科研项目，助力空间科学发展。他知道有了科学家的支持才能确保载人航天计划持续获得资金，这能决定 NASA 的成败。遗憾的是，为发展空间科学而奔走呼吁的科学家们一直没有意识到，其实他们的资金部分来源于阿波罗计划（本质上阿波罗计划不仅没有分走科研经费，反而令其变多了）。科学界对阿波罗计划的反对对 NASA 很不利，来自总统科学顾问委员会和美国科学院（National Academy of Sciences）空间科学委员会（Space Science Board）的质疑又雪上加霜。后来接替穆勒任 NASA 载人航天助理局长的戴尔·迈尔斯说："因为一心想要登月，穆勒成了科学家们的靶子。"因此，穆勒在汤斯的协助下成立了载人航天科技咨询委员会（Science and Technology Advisory Committee，STAC），通过委员会的活动提高了科学界对载人航天计划的认可度。载人航天办公室里的其他人对在载人登月的同时开展科学研究并不支持，但穆勒一直坚持己见，他对空间科学的看法从 1987 年的一句评语中可见一斑："只要拿到一块月球岩石，就等于几乎拥有了所有的岩石。"他回忆说"吉尔鲁思非常反对"，这位休斯敦载人航天飞行器中心主任"想的是完成一项工程，让飞船飞到目的地再返回，就好像他们之前的飞机项目一样"。休斯敦载人航天飞行器中心是工程中心，他们把科学研究视为负担。与之相对的另一个极端是一些空间科学家认为载人航天纯粹是浪费资源，花在上面的每一分钱都应该用在科研项目上。

来自科学界的反对声浪居高不下，而 NASA 航天科学与应用办公室（Office of Space Science and Applications，OSSA）主任霍默·纽厄尔也在推波助澜。穆勒形容纽厄尔比起科学家更像是政府官僚，他一心想得到太空计划的管理权。因为纽厄尔将载人航天工程和空间科学研究视为零和博弈的两方——前者拿到的资金多了，

---

1 在 20 世纪 60 年代，美国除了深陷越南战争泥潭外，国内的分配不公、贫富悬殊、种族歧视、言论不自由等问题都非常严重，各种冲突集中爆发，出现了大规模的黑人民权运动、学生运动、反越南战争运动，以及奇卡诺人、同性恋者、美洲原住民争取权利的运动，消费者争取消费权益的运动等。了解美国社会的这段动荡时期有助于我们体会 NASA 在开展载人航天工程中所处的困境。

后者得到的就少了，因此他极力为空间科学研究争取预算。他没有意识到，其实阿波罗计划能给他带来更多经费，因为空间科学部门的预算与 NASA 的总预算直接相关，而 NASA 总预算依赖于阿波罗计划——国会和政府已经将 NASA 与载人航天绑定了，这是科学界的许多人意识不到的。面对大批痛斥载人航天工程夺走了科研资金的科学家，穆勒指出："我们在阿波罗计划中对科研的投入可能比空间科学家从其他渠道获得的资金之和还要多。"他抱怨道，在纯粹的科学研究之外，"科学家并不能很客观地考虑问题，也不总是实事求是"。

纽厄尔始终将他的部门资金不足的问题归咎于穆勒，他声称西曼斯安排航天科学与应用办公室负责所有的空间科学研究（载人航天任务中的科学研究显然也包括在内），所以穆勒无权动用载人航天办公室预算里的科研经费，这部分钱只是名义上属于他们（作为西曼斯的某种策略）。穆勒则表示这种说法不可理喻。纽厄尔还主张将双子星计划和阿波罗计划中的科研项目也划归航天科学与应用办公室，不再由载人航天办公室管理，因为穆勒在载人航天工程方面非常慷慨，对空间科学研究却极为吝啬。穆勒回应道，科学实验的全部管理职责应归属载人航天办公室，但他已与纽厄尔达成了协议，由两人共同管理。不过他也说："不管你怎么解释，他们都会觉得自己吃亏了……虽然事实上给他们的资源比他们应得的还要多。"

载人航天科技咨询委员会在 NASA 与总统科学顾问委员会和美国科学院空间科学委员会打交道上发挥了作用。它让穆勒得以从外部视角看待空间科学研究；作为独立平台，它同时也帮助科学界的同行进一步了解了 NASA 的工作。穆勒任命汤斯为委员会主席，汤斯招募了据穆勒称比总统科学顾问委员会和美国科学院空间科学委员会更出色的成员。他说，载人航天科技咨询委员会里有很多"杰出的人在关注我们的行动，并认可我们做出了最佳选择"，他们"在任何时候都表现出色"。载人航天科技咨询委员会赢得了总统科学顾问委员会部分成员的认可，这成为政府内部支持登月的关键助力。杰尔姆·威斯纳在讨论月球轨道交会方案时曾反驳道："我们把宇航员送入太空，却无法保证他们一定能活下来，我们有可能杀了他们。"穆勒则回复："除非事实已经摆在眼前，否则你永远没办法向人们保证宇航员能在太空中生存。确实有相当一部分生理学界人士认为失重环境会破坏人体机能，所以我们必须回应所有问题，并保持客观公正。载人航天科技咨询委员会可以在这方面提供帮助。"

后来接替霍默·纽厄尔任航天科学与应用办公室主任的约翰·诺格尔（John E. Naugle）称，纽厄尔和穆勒之间是"一场持久战"，"穆勒想管理所有的事情，如若不成他也会创建自己的空间科学研究项目"。后来，穆勒拿到了阿波罗计划中的科研管理权，并表示纽厄尔除了动动嘴也没有采取什么实际行动。"霍默·纽厄尔觉得自己应该掌管一切……而我接手了阿波罗计划中的科学研究，并管理得很好。"穆勒补充道，纽厄尔"试图制造他是 NASA 首席科学家的假象，但他事实上没那么出色"。而载人航天科技咨询委员会是"我见过最有效的科学委员会之一，霍默·纽厄尔就从来没有设立类似组织的想法"。

1964 年 3 月 30 日，双子星飞船首次飞行的前几天，韦布宣布了载人航天科技咨询委员会成立。NASA 的一份新闻稿称该委员会将向穆勒提供"载人航天计划中科学和技术"方面的建议，穆勒将利用该委员会监督整个阿波罗计划。载人航天科技咨询委员会在肯尼迪航天中心召开了首次会议，听取了一系列关于空间科学研究的简报，了解了 NASA 当前的技术水平和下一步研究计划。穆勒还请他们帮助分析月球表面组成、辐射对飞船的影响以及太空飞行对人体的生理影响。他还在推进器、发动机稳定性、可靠性、冗余和传感器等几个技术领域寻求帮助。此后多年，委员会一直对重要的科技问题提出建议。并且出于兴趣，委员会在穆勒任职期间每年召开 2 ~ 4 次集体会议，大多数元老成员一直都很活跃。

穆勒认为不包含科学调查的月球登陆是没有意义的，应该把空间科学研究置于阿波罗计划中的重要位置。从这个意义上说，他是在"以最大程度"支持着纽厄尔。此外，虽然载人航天科技咨询委员会帮忙说服了吉尔鲁思，但在载人航天办公室内部，特别是休斯敦载人航天飞行器中心还存在反对意见，因此穆勒不得不采取强制手段。载人航天科技咨询委员会一直在斡旋穆勒与科学界的关系，并设法转移总统科学顾问委员会对"阿波罗计划不包含任何科学研究"的批评。即便如此，阿波罗计划始终受到科学家们的反对。

在 1964 年 4 月底的一次和平利用外层空间会议上，穆勒发表了讲话，表示 NASA 将全力推进阿波罗计划，并宣布最近的审查"没有发现可能干扰进度的重大技术问题"。"最具挑战性的技术任务是将所有系统和子系统整合起来。"NASA 已经确定辐射不会对宇航员构成威胁，但仍有许多未知之处。他将 NASA 与其前身——

专注于研发的国家航空咨询委员会——进行了比较，指出"航空领域最重要的一些进步……来自国家航空咨询委员会研究的基本飞行原理"，同样，NASA 也在研究航天方面的基本原理，这些成果能在阿波罗计划结束后很长时间内发挥作用。在接下来的一周举行的另一场载人航天会议上，他强调了双子星飞船首次试验的成功，而且他观察到 NASA 的火箭"远大于目前用于军事目的的火箭，这意味着美国将有效载荷送入太空的能力已经在世界上首屈一指"。他还指出登月资金已经到位三分之一，待获得 1965 财年的拨款后，登月计划将行至中点。

穆勒一生被授予了 7 个荣誉学位，最早的 3 个是在 1964 年获得的。当年他在底特律参加了韦恩州立大学（Wayne State University）毕业典礼。他在演讲中说道："为充分发掘科技进步中蕴藏的价值，大学应在科学技术的开发和传播中发挥领导作用。"美国在过去的某些时刻没能充分利用自身技术：1903 年美国的莱特兄弟就实现了第一次动力飞行，但之后在航空领域处于领先地位的一直是欧洲，德国则是第一个把飞机投入战场的国家；类似地，尽管液体燃料火箭是由罗伯特·戈达德（Robert H. Goddard）在美国新墨西哥州发明的，但却是德国人在第二次世界大战期间基于火箭技术研发了第一架喷气式战斗机 [1]。现在的美国则"太过专注于弹道导弹"，以至于未能开创太空探索的先河。待征服月球后，我们"应该将多样化的能力继续用于载人航天的其他方面"。他在接下来 5 年里也反复强调，"经过努力，现在我们掌握了一些能力，必须考虑如何充分利用"，国家必须为未来做好规划，以免重蹈覆辙。

穆勒继续呼吁支持载人航天事业，接下来的一周他与一群银行家谈论了太空计划的经济效用。他称阿波罗计划是"有史以来最大的研究、开发和制造项目"，强调其会"在自由的商业框架内"建造基础设施、雇用人员和授予合同。NASA 会委托私营企业开展工作，虽然 95% 的钱进了承包商的口袋，但政府主要通过掌握科技成果获取经济回报。他补充道，"在太空中所获新知识的价值远远超过了迄今为止的支出，因为知识比枪炮和黄油更能体现一个现代国家的真实实力"。后来他进一步谈论这一主题："我们将在太空中持续研究工艺和材料，为新产品、新产业提供发展潜力，从

1　1939 年，在乌瑟多姆岛进行了世界上第一次喷气式（火箭发动机）飞机——亨克尔 He.176——的受控试飞。

而创造新的就业机会。"历史"表明了基础研究开凿的小小泉眼往往是以技术为基础的工业大河的源头"。因此,"当务之急是从基础知识层面扩大我们的知识储备"。

1964 年 5 月 28 日,穆勒见证了土星 1 号第六次任务(SA-6)发射,此次任务搭载了阿波罗飞船的太空舱样板,用来评估航天器的结构完整性(见图 3-1)。即使在离开 NASA 后,所有搭载双子星飞船和阿波罗飞船的火箭发射时穆勒都在现场。SA-6 的发射并非一帆风顺,8 个 H-1 发动机中有 1 个过早关闭,但是得益于周全的冗余设计,其他 7 个发动机通过调整关机时间,按原计划执行任务[1]。发射结束后,穆勒家乡的报社《圣路易斯邮报》引用他的话说,土星 1 号是"世界上最强大的"。

在几天后的一次记者见面会上,穆勒对记者们说:"你们为之写作的人和我为之工作的人,即美国全体人民……正在集全国之力,以期在载人飞行这一至关重要的领域取得领导地位。"他列举了"相当可靠的证据"来说明当前进展,并表示由于"机组人员的安全是美国载人航天计划的首要考虑因素,双子星计划的持续飞行时间将渐进式增加",从今年晚些时候的绕轨道飞行 3 圈到第七次任务时可在轨飞行长达两周。NASA 将在双子星计划中获得 2000 小时的载人飞行经验。他坚称 NASA 不会走捷径,NASA 正在与空军合作,在泰坦 2 号用于双子星计划前对其进行改造。他还强调,与泰坦导弹相比,火箭上增加了故障检测系统,该系统是飞行期间保障机组人员安全的关键,能对潜在的、会造成危险的发射故障快速预警,并允许宇航员在必要时中止发射。为了通过冗余提高安全性,对机组人员安全至关重要的每个部件和系统都有备份。

---

1 土星 1 号第一级安装有 8 个发动机,但实际是按 7 个发动机的推力来设计的,多出来的发动机旨在提高可靠性并提升任务适应性。NASA 在第四次任务时特意考核了这一冗余设计的性能。

图 3-1　1964 年 5 月 28 日，SA-6 发射中心，乔治·穆勒、韦恩赫尔·冯·布劳恩、埃伯哈德·里斯和罗科·佩特龙（NASA 照片）

　　穆勒的第二个荣誉学位是由密苏里州矿业与冶金学院授予的，1939 年他在该校获得了电气工程学士学位。阔别 25 年后，他回到母校，并在毕业典礼上致辞。一同参加典礼的还有他的家人和朋友。他在演讲中回顾了密苏里州的拓荒史，随后感谢了总部位于密苏里州圣路易斯的麦克唐奈飞行器公司。他的名字出现在当地媒体的头版，被称为归来的英雄。在密苏里州矿业与冶金学院，穆勒断言太空计划能直接增强国家实力，并且有许多先例证明了此类投资的价值，如"罗马人就是通过修建道路控制了他们的世界"，英国对海上力量的投资也为国家带来了丰厚的回报。然后他说："全世界都将我们的太空计划……看作衡量科技活力的指标。"他引用总统的话说，"现在一个国家的威望可以用一个新的标准来衡量，即太空中的成就"，而人类从航天工程中获得的知识将很快带来回报。他还谈到了双子星计划中即将开展的实验——"科学研究中最令人兴奋的是我们永远不知道会得到什么。"最后，他引用载人航天科技咨询委员会成员、曾经以及后来再次成为总统科学顾问的李·杜布里奇（Lee A. DuBridge）的话作为总结："月球周围有一千个谜团，有没有能揭开地球和太阳系历史谜团的钥匙呢？这是很有可能的。"

迎难而上：乔治·穆勒与 NASA 载人航天计划的管理

1964 年 5 月底，一个由 NASA 和麦克唐奈飞行器公司联合组成的工程师小组开始了双子星飞船首次载人飞行的系统测试，并在飞船运抵肯尼迪航天中心后再度检查。他们最大限度地精简了人们在水星计划中曾经做过的重复性工作。那年夏天，NASA 与麦克唐奈飞行器公司开始就合同类型做出改变，从成本加固定费用（cost plus fixed fee）转为成本加奖励费用（cost plus incentive fee）。然而谈判一直拖到了秋天，双方在合同费用上依然有很大分歧，所幸任务的筹备一直没有中断。

NASA 也在展望后阿波罗时代，韦布成立了一个未来任务小组（Future Programs Task Group），他们建议对预计 1968 年开始的阿波罗扩展任务做进一步研究，并呼吁在 20 世纪 70 年代开展空间站及载人火星任务。穆勒在《航天与航空》杂志上发表了《阿波罗能力》一文，除了描述"基本的"阿波罗计划，他还预测了"扩展后"的计划将如何提升 NASA 实力，并写道："阿波罗飞船可以在稍加修改后适应时间更长、内容更复杂的任务。"由土星 1B 号发射的扩展版阿波罗飞船可以在近地轨道上飞行 60 天以上；或者 NASA 可以用土星 5 号将一个空间实验室发射到极轨道[1]上；土星号火箭还可以发射某些设备，扩充登月任务，预计成本将高达 20 亿美元。尽管一些 NASA 外的人批评这些扩展任务还过于笼统和雄心勃勃，但韦布表示了支持。穆勒则对阿波罗扩展系统寄予厚望，他授权贝尔通信公司开展进一步研究。

1964 年 6 月的第一周，穆勒动身前往新墨西哥州立大学（New Mexico State University），发表第三次毕业典礼演讲（在这里他被授予第三个荣誉学位）。来自新墨西哥州的参议院太空委员会主席克林顿·安德森（Clinton P. Anderson）也出席了典礼，穆勒在演讲中谈到了继续拓展科学知识的重要性和支持人类太空探索的必要性。他以一个"最具戏剧性的例子"强调了人在太空中的作用：在最后一次水星号飞船的飞行中，"小戈登·库珀（Gordon Cooper, Jr.）所在飞船的自动控制系统失灵

1　轨道面倾角为 90° 的卫星轨道。

了", 他 "通过观察海上的灯光手动调整了方向, 当小约翰·格伦 (John H. Glenn, Jr.) 从日本海岸边的一艘船上给他发来无线电信号后, 他启动反推火箭成功返回地球"。此外, 美国的太空计划已经在 16 次重大发射中持续取得成功, 包括水星号飞船、土星 1 号和从卡纳维拉尔角起飞的一架双子星飞船, 还有在新墨西哥州白沙进行的 3 次 "小乔 2 号 – 阿波罗" 飞行试验[1]。他还补充说: "只有在完成了一整套地面和飞行试验, 并对所有偏差……做出解释后, 我们才会执行任务, 无论是有人驾驶还是无人驾驶的。"

载人航天计划的反对声音不仅来自科学界, 还来自政界右翼人士。前总统德怀特·艾森豪威尔发表了一篇文章, 称登月竞赛 "使国家的人才和研究设备以过大的比重从同等重要的事项 (如教育和自动化) 中被转移走了"。《休斯敦邮报》的一篇社论则反驳了艾森豪威尔, 文章引用了穆勒最近在新墨西哥州立大学发表的言论, 即阿波罗计划不是一个速成计划。《迈阿密先驱报》的社论则综合了两方观点, 并补充说, 自阿波罗计划开始到 SA-6 成功发射, "表明我们在仅仅一千多天内就取得了很大的进展"。然而, 他们也同意艾森豪威尔的观点, 呼吁建立一个 "更有秩序、节奏适度" 的太空计划, "这是一项如此庞大、对全人类而言举足轻重的事业, 不能时时处于全速前进的紧迫感中"。

1964 年 6 月, 在阿波罗执行小组会议上, 穆勒再次强调阿波罗计划不是速成计划 (这方面的争议从没停止过)。此次会议的议程是就阿波罗计划中的问题交换意见, 并由载人航天办公室的人和承包商 CEO 们讨论关键问题。其中一项议题关乎公共沟通, NASA 的约翰·迪舍编制了一份意见书, 称阿波罗计划的时间跨度大大超过了其他的国家研发计划。借用穆勒刚刚的发言, 迪舍请大家理解阿波罗计划不是速成计划, 之所以一直存在争议是因为公众先入为主地将其看作速成计划, 并由此对整个太空计划产生了不好的印象。为了扭转这种局面, 工业界应该 "低调" 地替 NASA 向公众解释。

菲利普斯则向 CEO 们简要介绍了 NASA 即将实施的配置管理措施。中心主

---

1 "小乔 2 号" 是比土星号更小型的火箭, NASA 用其测试阿波罗飞船的逃生系统和着陆设备。

任们已经不顾忌是否应该在这种场合"暴露家丑",开始争相反对。吉尔鲁思认为这会牵扯太多的人,并且他听说花费颇巨。菲利普斯则指出,此前道格拉斯飞行器(Douglas Aircraft)公司用长达 4 个月的时间确认土星 6 号火箭 S-IV 级的配置,但马丁·玛丽埃塔(Martin Marietta)公司只需要 2 天来确认用于双子星飞船首次试飞的改进型泰坦 2 号的配置。冯·布劳恩也表示反对,他认为这样做剥夺了实际参与工作的工程师们的决策权,研发项目应保持灵活性,而配置管理会使其僵化。但波音公司的总裁威廉·艾伦称赞配置管理是"良好管理的基础",他认为配置管理在研发和生产中同样有效。随后穆勒指出,泰坦 3 号是第一个从一开始就采用配置管理措施的空军项目,现在所有成本和进度都在掌控之中,而且配置管理"不意味着没有改进的余地,也不意味着你必须在一开始还无法确定最终运行情况时就定义最终配置……你只需要在每个阶段,在当前能力范围内确定设计方向。区别在于,当你改变它的时候,你得让每个人都知道。这就是我们想实现的"。尽管如此,中心主任们仍然抵制配置管理。

会议结束后,菲利普斯在给穆勒的信中提到,与具有较强竞争力和显著优势的研发实验室相比,马歇尔航天中心的项目管理办公室可以说"效率低下"。冯·布劳恩仍然沿用阿波罗计划管理办公室成立前的管理方式——"大家一块儿讨论,会议中没有明显的领导者",这造成了决策权的分散,并且应该传达给承包商的指示和决定"没有遵循合同要求的正规程序"。他们的合同规范已经过时了,规范树[1] 也已不复存在,因此承包商在交付硬件时得不到正确的指导。此外,即使穆勒已经引入空军的项目管理方法接近一年,GEM 盒模式还是没能被贯彻:在马歇尔航天中心,配置管理是系统工程的一部分,被认为是一种员工职能;但在休斯敦载人航天飞行器中心,配置管理处于计划控制之下,被当成一个直属部门的职能。因此,菲利普斯再一次借鉴空军的经验改进了 NASA 对阿波罗计划的管理模式。他围绕策划与控制、系统工程、运营管理这 3 个要素重新安排,并将测试、可靠性和质量保障作为系统工程的一部分(见表 3-1)。他说,各个职能下的工作人员必须"广泛合作,因为他们工作的方方面面都离不开与其他要素的整合,以及大量迭代"。

1　规范树(specification tree):直观显示系统各个级别规范的图表;对产品或服务而言,系统分解后的每一个元素都应该进行规范,比如明确产品交付时的性能、基本特征等。

表 3-1 原 GEM 盒模式、空军系统工程办公室（SPO）与菲利普斯改进后的 GEM 盒模式对比

编号	原 GEM 盒（阿波罗计划管理办公室）	空军系统工程办公室（SPO）	菲利普斯改进后的 GEM 盒
1	系统工程(包含配置管理)	工程	系统工程（一开始包含测试）
2	计划控制	计划控制 配置管理	项目策划与计划控制（包含配置管理）
3	测试	测试和部署	测试
4	可靠性和质量保障	工程中的可靠性和质量保障	系统工程中的可靠性和质量保障
5	在轨飞行	采购和生产	在轨飞行
备注	NASA 各中心负责采购	SPO 不负责在轨飞行	NASA 各中心负责采购

　　约瑟夫·谢伊是在 1963 年 10 月前往休斯敦载人航天飞行器中心管理阿波罗飞船项目管理办公室的，他评价道："我们不需要在华盛顿总部设置系统工程部门和额外安排人手，而应该让各中心来履行这一职能。"据菲利普斯回忆，该中心其他人也这么认为——"我们不需要来自华盛顿的帮助，不用教我们怎么造飞船"或者"我们不需要华盛顿的人告诉我们怎么制造火箭或土星 5 号"。穆勒和菲利普斯都认为 NASA 总部不用亲自设计硬件或指导设计，但把控总体方向是有必要的，总部理应"对中心的内部事务进行统筹或监督，这跟中心喜不喜欢没有关系"。他们通过小组审查委员会和界面管理小组进行全面监督。此外，虽然贝尔通信公司在全力支持着阿波罗计划管理办公室，但菲利普斯认为他们无法实现系统工程的所有功能，因此他改进了穆勒的 GEM 盒模式，将其与空军原有的系统工程办公室采用的模式进行"杂交"，把配置管理从系统工程中分离出来，放到项目策划与计划控制中。他还设立了一个独立的测试小组，该小组直接向他报告。这些做法得到了贝尔通信公司和策划与控制小组的支持。菲利普斯评价道，将空军的管理方法"因地制宜"后"用起来很棒"，通过成立一个独立的测试小组，他的计划管理模式能够大致与穆勒的 GEM 盒模式匹配。

　　菲利普斯作为阿波罗计划主管的主要职责是整合和管理各个中心与承包商。他以设计评审和后续的飞行准备评审为抓手来管理计划进度，并领导评审委员会和主持评审活动。他还参与中心牵头的包括项目评审在内的其他重要活动，而且经常派阿波罗

计划管理办公室的人（贝尔通信公司或 NASA 的员工均有可能）参加各中心的项目管理办公室组织的评审。

时间来到 1964 年 7 月初，此时距土星 1B 号全机试验还有不到 18 个月的时间。土星 5 号全机试验预计会在 1967 年进行。穆勒预计 1965 财年将是阿波罗计划的巅峰，而除了初始登月目标外，"我们正在按照如下理念，即充分利用从阿波罗计划中获得的能力，来制订新的计划"，希望延长轨道飞行和月球停留的时间，搭载更多的人，并增大运载能力。随着阿波罗计划运营阶段的临近，NASA 在策划月球探索上投入了更多的精力。穆勒还希望在未来能出现兼具科学家和宇航员两种身份的人。他认为让科学家探索月球是非常合理的，这对于说服科学家接受和支持后续的月球探索也会有助益。正如他后来解释的那样，"我实际上想将阿波罗计划延长 10 年左右，以真正探索月球"。

由于北美航空公司的表现始终令人担忧，8 月，穆勒和阿特伍德一起召开了一次进度审查会议。在穆勒的会前笔记中出现了"取消北美航空公司的工作……"的字样，他还考虑是否允许其他公司竞争北美航空公司手里的合同。当见到阿特伍德后，他说，NASA 打算对斯托姆斯及其管理团队进行评估，并且不希望北美航空公司在现有合同存在问题的情况下投标 NASA 的新项目。在穆勒离开时，阿特伍德保证会做出改善，但穆勒对此持怀疑态度。

NASA 于 9 月 18 日开展了又一次飞行试验（SA-7），由土星 1 号搭载阿波罗飞船的太空舱样板，这次飞行携带了压舱物来模拟一个载人指令舱的尺寸、结构、重量和重心。这是一次亚轨道飞行，目的是测试飞船在地球大气层中的结构稳定性，并演示丢弃发射逃逸系统。NASA 早已宣布取消"土星 1 号"的载人飞行试验，所以最后三次任务（SA-8、SA-9 和 SA-10）将携带飞马座流星体探测卫星（Pegasus meteoroid detection satellites）[1]，测试以宇宙速度飞行的太空尘埃对飞船的撞击风

---

1 一提到马歇尔航天中心，最著名的成就莫过于土星 5 号，但鲜为人知的是，该中心的早期工作是设计科学有效载荷。他们设计了飞马座流星体探测卫星，以希腊神话中带翼的马命名，但该"马"的翅膀并不是用来飞行的，而是携带 208 个面板，用以检测阿波罗飞船载人飞行轨道中高速太空微粒的潜在风险—— 一旦微粒能穿透飞船外壳，宇航员和飞船将面临极大危险。

险。飞马座流星体探测卫星拥有 27 米长的带翼面板，可以记录太空尘埃对这 3 枚火箭的影响。尽管已经不打算在接下来的 3 次无人飞行任务结束后继续使用土星 1 号，NASA 还是在 SA-7 发射成功后宣布火箭已经可以投入使用。

由于各承包商追踪进度的方法各异，所以 NASA 试图在阿波罗计划中推行统一的标准报告方法——计划协调技术（Program Evaluation and Review Technique，PERT）[1]。PERT 的实施并不顺利，按穆勒的说法是"水土不服"，他一直心存疑虑，认为其实际上是一个"有缺陷的发明"，大多数承包商并不能真正有效地使用它。最后 NASA 也没能充分运用这一工具。"每个人都在口头上表示支持，并试图与自己的方法结合"，但他们并不总是严格按照规范使用。尽管如此，PERT 仍然被认定为标准报告方法。

穆勒经常去承包商的工厂参观，他喜欢在车间游逛和找工人聊天。他回忆，在承包商尚未搞清来意时，他可以自由行动。"最终管理人员抓住了我，并给我安排了陪同人员。"穆勒会一边观察工人的手头工作一边估计进度，并与工人交流，询问他们对进度的看法。这也使他进一步理解了员工士气的重要性，"从长远看，产品能否被制造出来是由生产线上的工人决定的……"。通过观察，穆勒会发现哪些地方需要改变。与工人交谈之后，他再去找经理了解他们手里的信息。他喜欢讲一个故事：在某工厂他看到了一张 PERT 图，"上面画着很多格子和其他东西"，出于对这张图的怀疑，他把"真正在做这份工作的人拉到一边"，问他"'你是怎么安排进度的'，然后那人拉开一个抽屉，拿出他真正的进度表"。这可能正是 NASA 收到的那份，也可能大相径庭。因此穆勒说："PERT 毫无用处，其他方法也没用，除非实际从事这项工作的人能使用。"PERT 也不是唯一的进度管理方法，还有许多方法可以分析进度并找到关键路径，其重点是"保持项目中正在发生的事情被报告"，而不只是"摆出令人望而生畏的表格"。类似 PERT 这样的报告方法只能识别问题，真正重要的是在问题恶化前预测并解决它，这正是计划控制的作用与意义所在。

---

1 类似于流程图，能描绘出项目包含的各种活动的先后次序，并标明每项活动的时间或相关成本。

迎难而上：乔治·穆勒与 NASA 载人航天计划的管理

菲利普斯成为穆勒的副手已经 9 个多月了，并且近几个月来一直实际承担着阿波罗计划主管的工作。1964 年 10 月 27 日，穆勒正式任命菲利普斯为计划主管。在这不久前，菲利普斯阅读了穆勒为向休斯敦载人航天飞行器中心高级职员演讲而准备的一篇稿件，并提供了许多建议。比如，他认为现在各中心最严重的问题是狭隘主义，这使中心之间以及中心与总部之间产生了隔阂，必须予以消除。中心拒绝外界优秀人才加入 NASA，但阿波罗计划"是如此庞大，目标又是如此重要……不允许他们这种'家庭式'的忠诚妨碍真正有价值的人员加入"；现在已经是阿波罗计划的第三个年头了，菲利普斯写道，但"忙乱的开端……导致确定需求和做出决定拖延了数月甚至数年"。在阿波罗计划的定义完成后，我们已经来到了最终设计节点；NASA 总是把事情弄得太复杂，我们还有简化的空间，但改革从不是易事，这不可避免，因此"需要一个规则明确、能容纳变化的系统"；他还表示，现在到了"明确区分运行配置和附属研发项目"的时候了；工程师们需要加强时间观念，将时间视为重要因素，学会快速做出反应和及时完成任务；他建议中心接纳承包商进入他们的"家庭"，并赋予承包商更大的责任；此外，"当进度脱离原计划时，必须调动组织的所有部门和所有层级，制订方案并采取行动"。他还建议中心在发现问题后立即行动，而不是像过去一样等事情自行解决，或干脆顺其自然。对于菲利普斯的建议，穆勒全盘接受。在演讲中，他还称赞各位员工在中心建设方面表现得非常出色，同时在媒体、公众和国会的密切监督下良好地执行了水星号任务，以"最快的速度"开展了双子星计划，并在"全力推进"阿波罗计划。他说，载人航天办公室重组的一个根本原因是权力在各中心的分散，但随着载人航天办公室实力的增强，还是会将项目管理责任部分下放，并由阿波罗计划管理办公室提供必要的指挥。

　　穆勒表示，资金在载人航天计划早期并不是问题。水星计划是在紧张的气氛中应运而生的速成计划，因为那时公众赶超苏联的呼声非常强烈，所以国会没有吝惜成本，而是以类似宣战的激情批准了启动资金。然而，当 NASA 成功制造出运载能力超过苏联的火箭后，大众情绪发生了变化。虽然苏联这一劲敌在载人航天领域仍处于领先地位，但"随着时间的推移，我们在双子星飞船首次载人飞行中领先他们一大步的机会越来越大"。NASA 已向国会明确表示，他们的目标不是登月竞赛，而是发展国家载人航天实力，月球探索只是其中一步，"既不是第一步，也不是最后一步"。但是，"在目前的情况下，人们比以往更加看重成本"。

此时 NASA 正忙于 1966 财年预算的内部审查，以证明申请资金的合理性。虽然 NASA 错过了首次双子星任务的预计发射日期，没能实现对国会的承诺，但政府和国会是通过分析 NASA 履行承诺的能力来判断它的成功与失败的，穆勒认为"这导致了关键事件通常在计划的整个生命周期中以相对恒定的速度向后推迟"。在对阿波罗计划的里程碑事件进行分析后，人们开始质疑 NASA 能否在 1969 年底前实现登月目标。但"这并不意味着进度延误的情况无法改善"，因为有些部门已经实现了目标，NASA 在开发主要子系统方面也实现了关键的里程碑事件。研发进度并不容易预测，所以有必要针对更短的时间期限（比如未来 6 个月）进行规划，而不是过度关注长期规划。国会和政府对 NASA 的评价将"基于我们在未来 6 个月完成工作的情况……如果我们不能在这段时间内完成进度表上的任务，他们就会质疑我们能否在未来 5 年完成规定任务"。

穆勒指出了 3 个方面的问题：态度、沟通和 NASA 的工作组织方式。为了端正态，NASA 应从内部着手，树立计划必定成功的信念。NASA 必须意识到进度延误"比起性能糟糕同样甚至更严重"。研发需要权衡成本、时间和性能，工程师们倾向于牺牲其他因素而将性能放在首位。穆勒说："我们不能也不会在性能、可靠性或测试方面偷工减料，这会危及任务的根本。"但是有时工程师太过于专注"锦上添花"，而忽视了成本和进度，想要改变这种现象，只需态度上的小小转变，以及让他们制订日工作计划。他发现"我们可以扩大和完善各级监督体系"，"确保当天的工作当天完成"。但凡"能以这种方式工作 6 个月，我们就能大幅度改善进度延误的情况。而如果能坚持 6 个月，我们会发现很容易坚持 1 年，再 2 年，再 5 年"。为了争取政府和国会的支持，穆勒声称："我们完全认同进度表是可以实现的，并且充分意识到这是至关重要的。"

在 NASA 的第一年，穆勒专注于阿波罗计划，没有参与双子星计划的日常管理。

迎难而上：乔治·穆勒与 NASA 载人航天计划的管理

在穆勒看来，双子星计划"不过是水星计划的又一次起飞"，其主要价值在于填补水星计划和阿波罗计划之间的空白。查尔斯·马修斯领导着位于休斯敦载人航天飞行器中心的双子星项目管理办公室，他回忆说，"我们几乎只能靠自己来运营双子星计划"，因为该计划基本上只涉及休斯敦载人航天飞行器中心和空军。穆勒称赞马修斯为优秀的管理者和工程师，同时也是他在 NASA 最喜欢的人之一，虽然其专业性不如约瑟夫·谢伊或乔治·洛，"但也相差无几"。当穆勒无暇分身时，乔治·洛在华盛顿挑起了双子星计划的重担，在他于 1964 年 5 月去给吉尔鲁思当副手后，穆勒接手并成为双子星计划代理主管，不过马修斯仍然是主要领导者。对于双子星计划的最终成功，穆勒和乔治·洛都给予了马修斯充分的肯定。

　　成为吉尔鲁思的副手后，乔治·洛每天都和马修斯交流，二人都属于"早起的鸟儿"，彼此都是每天早上第一个遇到的人。根据乔治·洛的说法，"马修斯觉得他有责任沟通，他也确实在这样做"。乔治·洛会让吉尔鲁思及时了解相关情况，而约瑟夫·谢伊"偶尔过来告诉我们一些事……但只是最低程度上的沟通，他喜欢这样，再多说几句估计对他而言像拔牙一样"。但同一时期"他有一条通向乔治·穆勒的热线……他绕过了……吉尔鲁思和我……直接给乔治·穆勒打电话来解决他的问题"。乔治·洛还说："我们和谢伊的关系很好……只不过在谢伊的领导下，中心的阿波罗飞船项目像一个封闭式公司一样。"但穆勒后来坚称谢伊能让每个人了解相关情况，穆勒听到的投诉大都是谢伊太喜欢和别人交流了，其坦率作风甚至有时惹人不快。他说，谢伊"尽可能地让鲍勃·吉尔鲁思全面了解情况。但是吉尔鲁思认为要给予别人信任与支持，要给每个人一定的自由……我记得有很多次，吉尔鲁思抱怨的事情管理委员审查过了，但如果吉尔鲁思不听，你又能怎么办"。而对于菲利普斯，乔治·洛和他合作非常愉快，每天都会与之沟通。乔治·洛从未和穆勒建立起这样的关系。

　　可以看到，在穆勒离开 NASA 前后一段时间内的大量公开或者非公开采访中，乔治·洛经常表达对穆勒和约瑟夫·谢伊及其管理风格的看法。记者罗伯特·谢罗德采访过乔治·洛几十次，1972 年，谢罗德在一次非正式采访中说："谢伊称作为工程师，他和乔治·穆勒的想法完全一样。"乔治·洛则回应道："让我告诉你他们两个错过了什么。他们忽略了这样一个事实：当你的产品有用户时，你必须倾听用户的意见，而且必须确保他们理解并接受你的决定。"乔治·洛将"用户"定义为休斯敦载人航天飞行器中心的操作人员，尤其是宇航员。他还说："我从用户那里学到了很多……强迫宇航员做任何事情都毫无意义……对操作人员也一样……这意味着经分析做出的决策可能对整体而言并不是最好的。谢伊和穆勒总是一起运用决策分析技术，但可能得不到合适的总体决策。"

乔治·洛想尽可能让用户满意，而穆勒认为应该对顾客（美国人民和他们选出的领导人）负责。他们的出发点是如此不同，所以无法理解彼此。穆勒不否认地面控制人员和宇航员的优秀，媒体和公众也给予了这些人极大的关注，但是他们与载人航天领域成千上万的其他工作人员也没什么不同。他赞扬宇航员的驾驶技术跟勇敢和冒险精神，也非常关心他们的安全和健康，但他不能让宇航员的弱点、需求或欲望主导他们将要驾驶的航天器的设计和开发。他们和控制人员都是计划的一部分，但不能主导计划，后者是穆勒的工作。正如穆勒后来所说的，"我一直没得出结论——宇航员应该在多大程度上左右设计细节，但看得出来他们现在的影响比应该拥有的要大，因为没人愿意和他们争论……人们还会根据他们的需求去修改。但是……如果有更高层次的工程审查就好了"。让飞行员满意一直是休斯敦载人航天飞行器中心的文化。穆勒说，在休斯敦载人航天飞行器中心看来"飞行员是真正的驾驶者，所以应该对设计工作有很大的发言权。这可能就是我们的飞机发生如此多事故的原因，因为飞行员并不真正了解系统"，他补充道，"宇航员擅长处理突发问题……不过，你应该看看我们在飞行中会遇到什么，比如某人按了一个不该按的开关，引发了一系列问题，然后我们发现这个开关在一个错误的位置。人类容易犯错误，所有人都是这样。因此，你必须非常小心，不要让他们陷入可能犯错的境地，这些错误对他们自己和整个系统都是十分危险的"。

穆勒越来越多地参与到双子星计划中，并开始引入空军的项目管理方法。由于双子星计划已经运行了一段时间，所以他不能照搬在阿波罗计划中的应用方式。不过他同样安排了一批出色的人进入双子星项目管理办公室，也使用了 GEM 盒模式，并把计划的成功部分归功于此；另一个成功的关键因素是对每个子系统实施工作包管理，"不仅是因为这有利于完成工作"，也是因为"能在预算范围内按时完成"。他说："在改进子系统管理方法后不久，我们就收到了分包商交付的产品并投入使用。"

麦克唐奈飞行器公司和马丁·玛丽埃塔公司在 1963 年都出现了许多问题，据穆勒回忆，"他们的状况糟透了"，而且进度远远落后于预期。尽管花了大力气改进，到 1964 年春，泰坦 2 号项目还是偏离了关键路径。但到了 1964 年底，尽管并未完全解决问题，但总的来说运行得"相当好"。双子星计划是水星计划的延续，通常被认为是对现有系统的改进。它不像阿波罗计划有贝尔通信公司在系统工程上提供充分的支持，它的参与者主要是政府员工。它遇到的问题也与阿波罗计划不同，而且涉及承包商更少。穆勒指出："你需要根据不同的项目来调整管理体系……我们在努力应用多样化的管理理论，也确实有人在从事这方面的工作。"

　　1964 年 10 月底，在一次载人航天科技咨询委员会的会议上，NASA 航天科学与应用办公室空间科学主管约翰·克拉克（John F. Clark）对宇航员的角色进行了分析，他认为宇航员应集传感、操作、评估和调查于一体。穆勒对此表示赞成，并在之后的演讲中重复了这一说法。约翰·克拉克还说，直到让科学家登上月球或其他行星，空间科学研究项目才算取得圆满成功。和穆勒一样，他也认为 20 世纪 80 年代应继续太空探索，并开启人类行星之旅。然后，正如在之后的载人航天科技咨询委员会的会议上多次重复的那样，穆勒描述了阿波罗扩展系统将如何使用阿波罗计划剩余的设备。由于相关硬件的生产已经超过了阿波罗"基础"计划的需要，载人航天科技咨询委员会支持将多余的设备应用于后阿波罗计划。然而，载人航天科技咨询委员会成员、美国科学院空间科学委员会主席哈里·赫斯（Harry H. Hess）说，空间科学委员会考虑了阿波罗计划完成之后 NASA 的任务，并认为使用无人探测器开展行星调查研究是首要目标，只有在此之后，NASA 才应让宇航员继续太空冒险。他知道 NASA 不会改变阿波罗计划的目标，也不反对在首次登月后继续月球探索，但主张这应该作为次要目标。穆勒试图让赫斯明白载人航天的价值，但最终失败了，而来自空间科学委员会的反对意见也阻碍了穆勒对后阿波罗时代的规划。

穆勒着手改善 NASA 与承包商的关系，此时双方已因进度和资金问题产生了敌对情绪。NASA 试图强制执行合同条款，但承包商争辩说他们一直不知道 NASA 想要什么；NASA 的采购人员指责承包商造成了预算超支，但穆勒将其归咎于合同中缺乏明确的定义。他认为双方都有责任，必须共同解决问题。首先 NASA 需要进一步界定工作内容，然后与承包商重新协商。此外，NASA 的管理层必须和承包商建立有效的沟通渠道。穆勒发现了双方合同的混乱，并形容为"大杂烩"。NASA 不擅长判断合同价格，因此有承包商选择低价投标，再在工作中利用变更索要更多资金，这也使情况更加复杂。穆勒希望调整合同内容，并将合同类型改为奖励型，以更好地协调双方利益。他们用几个月的时间重新制订规范、研究合同细节，第一步是根据进度和成本（双方立即就这两点达成了一致）制订奖励措施。NASA 也在新合同中考虑了阿波罗计划这样的大型项目所需的灵活性，穆勒认为这很重要，并表示："你没办法一开始就在合同里把什么都规定好，比如在尚不清楚火箭的第二级将使用哪种隔热材料时，就无法预先确定金额和相应的行动，所以必须保持灵活性。"他认为成本加奖励费用合同对促进研发是最有效的，而且"几乎在所有情况下都有效，因为这能调动承包商管理层的积极性"。奖励机制必须简单明了，且能合理地评价工作成果和给予奖励。穆勒认为，针对合同展开协商也是一种沟通方式，不仅有助于吸引承包商的注意，还能通过对奖励条款的讨论使双方专注于合同目标。

双子星计划的进度仍然滞后，穆勒评价这是"NASA 在进度上一贯的作风"。当双子星计划看起来要持续到土星 1B 号试验期间时，穆勒做出了决定。在一次会议上，他宣布双子星计划必须在土星 1B 号首次发射前结束，在这之前"能飞多少次就飞多少次"。1964 年 11 月，他打电话给麦克唐奈，称 NASA 和麦克唐奈飞行器公司在合同谈判中分歧很大。穆勒直截了当地说："我们无法再从预算局为双子星计划拿到更多的钱了。基本上现在能做的就是尽早结束，这样还能控制在可支配的资金范围内。我们现在有 13 亿美元……问题是，当初估算的成本只有 5.4 亿美元。"麦克唐奈询问穆勒能给自己的公司多少钱，答案是全加起来"差不多 7.7 亿美元"。麦克唐奈回复道："我可以向你保证，我们接受这个数字，并会尽最大努力以此为限完成工作。"之后，他们在卡纳维拉尔角讨论了取消重复性工作和一部分硬件，这位 CEO 还表示公司可以通过减少备件来节约成本。穆勒回应："我认为这需要双方的创新。"虽然他不会在没有进一步研究的前提下就砍掉一部分硬件，但确实表示"我热衷于削减备用的东西……而且比起硬件先运到发射中心再测试，我更倾向于在工厂就进行硬件测试"。当麦克唐奈询问是否可以竞标阿波罗计划的其他项目时，穆勒回答："我和韦布一直在考虑这个问题，答案是'不'。"他表示会由乔治·洛来圣路易斯结束合同谈判，并指出，"我首先强调的是进度，因为我认为这是在阿波罗计划中节约成本的唯一方法。我一直想找到一种方法，我希望营造这样的局面，即让麦克唐奈飞行器公司为了自身利润主动替我们省钱……让总成本降到最低。使得你赚的钱越多，我们的总成本就越低"。麦克唐奈观察到"在自由的商业体系中，人们会乐见这种情况"。穆勒回应道："我会百分之百支持。"换句话说，麦克唐奈的意思是穆勒"为了减少 NASA 的总成本而给了我们更多的利润或收益"。其实，在通电话前，穆勒已经见过阿波罗计划的控制人员。他们告诉穆勒："我们觉得麦克唐奈夸大了成本，可能是意外，也可能是谈判手段……7.4 亿美元足够了。而且我们也只有这么多钱。"新的合同最终在 1964 年 12 月 18 日确定，基础金额为 7.12 亿美元，奖励费用取 4% ~ 8%。1965 年 1 月 28 日，穆勒予以批准。在将双子星合同转换为成本加奖励费用的类型后，他说："进度在加快，成本也在下降。"

1964 年秋，穆勒在两周内发表了一系列演讲，为太空计划发声，并讨论了太空探索的未来。他说登月并不是 NASA 的第一要务——"国家太空计划的总目标被极大地误解了……似乎有许多人认为登月是我们最重要的任务，然而事实并非如此……我们的主要目标是让美国在太空领域占据首位。"他解释说，阿波罗计划的里程碑事件可以为美国在太空竞赛中增强竞争实力提供着力点，并为有史以来最大规模的研发项目提供管理理论与知识。有超过 25 万人在为美国太空计划工作，他们获得的知识也适用于其他地方，太空投资的直接收益包括：土星 1B 号能将空间站发射到近地轨道，并通过增加第三级将飞船送到月球上，或是向火星发射科学探测飞船；土星 5 号展示了"火箭的突破性进展"，可以把大型空间站送入轨道，或将太空探测器发射到"太阳系深处"；阿波罗飞船是未来空间站的前身；登月旅行舱则是一个试验台，可以用来"评估可行性，并演示长期太空探索所需大量操作的解决方案"。但由于太空计划实施过程过于漫长，他补充道："很难让大众时刻记得国家在 1961 年启动阿波罗计划时的初心。"他还谈到了 1964 年 10 月苏联的上升 1 号宇宙飞船搭载 3 名宇航员在太空飞行了 24 小时，指出苏联是在美国水星计划和双子星计划的间隔期取得了这项成就，这引发了"整个国家的艳羡之情"。他有些担心苏联的下一步行动，认为他们可能会尝试绕月任务，"因为他们具备这个能力"。

穆勒不止一次和人们提及行星探索任务。据载人航天办公室的工作人员杰伊·霍姆斯（Jay Holmes）说："穆勒是火星探索的倡导者，一直都是……在我们思考后阿波罗时代时，穆勒曾说'火星是我们想去的地方'，如果登月很成功，或许我们真的有机会去火星。""他（穆勒）的眼睛被热情点亮了。"当有人建议在 20 世纪 70 年代开展载人火星任务后，穆勒委托贝尔通信公司进行研究。除此之外，他还让下属设想了数百种后阿波罗时代可能的情景。

11 月初，穆勒在几次讲话中指出，他观察到太空计划将培养"美国探索太空的能力……但必须明确，无人太空探索是不可能的，唯一的问题是人在哪儿"。他称宇航员为"具有判断能力的轻量级、多功能、移动式智慧计算机"，能够预测和决策。人可以将数据转化为信息，并进行关联、系统化和模式识别；人还可以识别所需信息；此外，人的评估能力也至关重要，这有助于处理突发事件；在最高层次上，人类能进行科学调查，"创造性地应对意外状况，提出理论和假设，设计和启动系统性观测"。宇航员"具有自主操作能力，能够实现载人航行真正的目标，即探索未知"。因此，他提出，"从宇航员的传感器职能来看，无人值守的仪器在大多数情况下都能令人满意；在操作仪器方面，自动化机器虽然较难制造，也并非不可能；但如果需要评估，人脑是无可替代的；如果是调查研究，那么必须有科学家参与"。虽然科学调查并不是人类探索太空的唯一理由，但人在太空中的作用还包括协助实践活动，如评估和调查设备故障。况且，在近地空间适合用机器传感和操控，但随着探索活动深入太阳系，距离引起的滞延会限制远程实时操控的效力。他引述了美国科学院空间科学委员会的一项研究，称"远距离控制存在明显的技术问题，包括接收指令信号上漫长的延迟，因此不可能在不载人的情况下顺利完成行星实验"。此外，穆勒还预见到了未来围绕卫星维护爆发的争论，因为把人送往太空的成本相当高，所以将宇航员送入太空维修卫星是否值得也是个问题。

穆勒说："美国有机会在 20 世纪 60 年代实现载人登月和安全返回，如果资金充裕的话，很可能先于苏联成功。"预计基础任务会持续两周，而将其延长到几个月也是可行的，并且"通过对登月旅行舱进行改造，使人在月球上停留的时间超过早期计划的一两天并不困难"。他驳斥了载人航天项目使工程师和科学家远离了更具生产力的工作的说法，认为反而是 NASA 接收了被不断缩减的导弹项目抛弃的人员。太空计划与其他需要工程师和科学家的事业并不冲突，恰恰相反，"载人航天工程促进了经济和技术的蓬勃发展，为人们带来了开展新型经济活动的机会，有助于从根本上解决这些问题"。

在 1964 年后期，穆勒继续强调宇航员安全的重要性，他说，这一点从我们将双子星计划中火箭载人飞行的成本提高到泰坦 2 号飞行成本的 4 倍中可见一斑。此时阿波罗飞船、土星 1B 号和土星 5 号正在测试和生产。登月旅行舱的设计已基本完成，正处于生产试验阶段。他仍在宣扬"虽然阿波罗计划进展很快，但不是'速成'计划"，并坚称与其他大型国家研发项目相比，阿波罗计划的进度是偏保守的。当前 NASA 有 28 名训练中的宇航员，NASA 还计划与美国科学院共同选拔一批科学家 - 宇航员。面对医学界一直以来的顾虑，穆勒宣称，没有证据显示状态良好、训练有素的宇航员会在不到两周的飞行中出现不良反应。但他警告："我们可能终将面对载人飞行任务中出现人员伤亡的悲惨遭遇……因为整个计划是公开的，我们每一天的行动、每取得一点进展都有人报道，我们的困难、失败和成功一样备受瞩目，甚至受关注更多。"

1964 年底，NASA 已经在努力控制成本了，但政府考虑到其他重要事项，要求 NASA 进一步削减预算。在规划 1966 财年预算时，韦布估计 NASA 获得的资金将比 1965 年少 1.5 亿到 2.5 亿美元。穆勒设想了几个激进的方案，包括在首次载人飞行后砍掉双子星计划、取消土星 1B 号甚至登月旅行舱项目，还研究了首次登月日期被推迟的影响。他也觉得这些方案有些极端了，但提前为极端意外事件做预案已成为 NASA 的常规工作。随着 1964 年走向尾声，看起来太空计划在 1965 年不会很顺利。穆勒回忆说："当时华盛顿发生了各种各样的事情，整个阿波罗计划都在被人们指责……它是一个颇受欢迎的替罪羊。"然而，随着 NASA 开始显露其控制成本和推进进度的能力，这种不确定性开始逐渐消失。正如穆勒回忆的那样："那些精打细算的人总是想推迟或以其他方式改变计划，但幸运的是，我们已故的总统曾对此有过承诺。因此，在关键时刻，他们最终决定要做这件事。"在寻求支持的过程中，穆勒利用肯尼迪总统的登月期望来提高人们对载人航天的重视程度，并拿"明确的登月日期和已投入的资金"增强说服力。

由于天气和机械故障原因，双子星－泰坦 2 号（GT-2 号）的发射被延迟到了 1964 年 12 月 8 日。倒计时过程很顺利，就在中午前，第一级发动机点火，但仅仅一秒后就熄火了，留下整装待发并装有燃料的助推器伫立在发射台上，情况非常危险。工作人员经过谨慎操作后确保了发射场地的安全。之后经调查，发现是故障检测系统检测到液压压力下降而关闭了发动机，而液压压力下降是由一个不必要的改进造成的——在开发过程中，为了稍稍减少重量将发动机伺服阀壳壁变薄，最终导致了发动机故障。此外，泰坦 2 号在制造过程中遇到了异常高压，不过没有引起事故，这也印证了之前穆勒在对休斯敦载人航天飞行器中心高层的讲话中批评他们觉得改变"总是好事"的观点。NASA 随后解决了异常高压问题。

　　穆勒经常谈及载人航天工程在国防中的作用，尤其是在 1965 年初，他说："我们的国家安全、领导世界的能力以及未来的经济增长都取决于我们在获取新的科学知识和发展新技术方面所付出的努力。"对 NASA 的拨款也是国家安全计划的一部分，和原子能委员会（Atomic Energy Commission）、国防部一样，NASA 为保卫国家安全提供了必要的技术支持。虽然用于国防硬件设施和部队维护的资金有所下降，但相关的研发资金（这里面也包含 NASA 的预算）却有所增加。"从这些方面看"，投资太空项目"并没有增加联邦支出，而是对国防资金的重新分配"。他继续为 NASA 争取资金，并引用了温斯顿·丘吉尔在不列颠之战说过的话——"给我们工具，我们就能完成任务。"经过一场激烈的预算战后，国会在 1965 年春天决定在 1966 财年为 NASA 拨款 51.75 亿美元，只比要求的少 1.6%，比 1965 年少 1.4%。预算只削减了 7500 万美元，对阿波罗计划影响不大。

第四章 重回飞行

　　1965 年，阿波罗计划还处于飞行前的准备阶段，水星计划即将落幕，NASA 已经做好了让宇航员乘坐双子星 – 泰坦号重回太空的准备。1965 年前 9 个月，NASA 共开展了 3 次双子星载人飞行任务，证明了飞船的机动性，爱德华·怀特（Edward H. White）成为第一个在太空执行舱外活动[1]（Extra-vehicular Activity，EVA）的美国人。但苏联好几次恰好赶在 NASA 前组织了非公开飞行，阿波罗计划也正面临严重的进度延误和成本超支问题。此外，穆勒仍没放弃推销后阿波罗计划，他认为这将是保存阿波罗计划创造的技术价值的手段之一。

　　1965 年 1 月，在谈到阿波罗计划的测试理念时，穆勒指出：航天器越大，试验成本越高。为了节省资金，NASA 将不得不减少发射次数。自他在空间技术实验室管理 Able 宇宙飞船项目（1958—1960 年）以来，增强地面试验一直是他的理念，正是那时他了解到在飞行试验前开展全面的地面试验的重要性。他倾向于将地面试验

1　舱外活动：是指宇航员离开地球大气层后在航天器外所做的工作，有时也被称作太空行走。

与全机试验相结合，以在试验中获取尽可能多的信息。地面试验应从单个零件开始，随后扩展到部件、子系统和全系统，然后是最大限度的飞行器整体试验，并且可靠性和质量保障贯穿始终。1964 年，NASA 在地面上测试了阿波罗飞船的子系统，并预计在 1965 年进行完整的系统测试，在 1966 年试飞，1967 年开展土星 1B 号载人飞行，1968 年开展土星 5 号载人飞行。他说，在国会的支持下，"我们会遵循该进度表，并实现在 20 世纪 60 年代载人登月的目标"。

北美航空公司太空部门在承包的两个项目（阿波罗飞船指令服务舱和土星 5 号火箭 S-Ⅱ级）中都持续受挫。洛克达因公司的火箭发动机项目则进展顺利，虽然 F-1 发动机的研发进度仍然缓慢，但克服了早期的燃烧不稳定性问题后，工作一切正常，没再出现大的问题。况且，与北美航空公司相比，洛克达因公司制造发动机时的延误就显得微不足道了。进度问题引发了人们对北美航空公司的质疑；此外，飞船的造价也在不断升高，因此穆勒准备在 1965 年 1 月再次与该公司 CEO 阿特伍德会面。约瑟夫·谢伊道出了问题所在：虽然 NASA 和北美航空公司一向合作良好，且戴尔·迈尔斯对飞船项目"管理得不错"，但这无法掩盖大量的测试问题。

阿波罗计划尚未到试飞阶段，但穆勒的目光已经越过了测试和登月，投向后阿波罗时代。他与韦布和西曼斯对后阿波罗计划的看法一致，但 NASA 还需让国会、政府和科学界明白其重要性，尤其是在国家有其他迫在眉睫的优先事项需要考虑的时候，这绝非易事。关于阿波罗计划和土星计划，穆勒声称可以在无须追加大量投资的前提下，对月球和其他行星展开进一步的科学探索，从而增加载人航天投资的回报。然而阿波罗扩展系统招致了攻击，甚至一些曾支持载人航天工程的科学家也批评其缺乏想象力，他们认为只有兼具科学家和宇航员身份的人，即科学家 - 宇航员才能在太空从事真正的科学工作，仅受过基本科学训练的宇航员是无法替代的。即使支持者不多，穆勒仍对后阿波罗计划抱有很高的期望，他明白太空探索的下一步安排取决于 NASA 在这一阶段的成就，双子星计划和阿波罗计划将为轨道研究实验室（Orbiting Research Laboratory）打下基础，轨道研究实验室又是轨道工作站[1]（Orbital Workshop）的前身。他还设想了未来的航天活动，如安排更多的月球探索

1　即轨道空间站的雏形。

任务、提高近地轨道上的飞行能力或"前往其他行星"。阿波罗扩展系统还能够利用当前生产的硬件设施，因为已经有研究表明阿波罗计划中制造的设备适用于多样化任务；进一步的月球探索包括月球轨道飞行，NASA 有一长串想要在月球轨道上进行的实验；贝尔通信公司则对月面调查更感兴趣，他们认为月球可能成为研究地球的基地。穆勒说，这一切都表明，通过阿波罗计划获得"额外回报"是可行的。

1965 年 1 月 14 日，发动机维修完毕，GT-2 号完成了飞行前测试，并为接下来的发射做好了准备。这次没有再出现问题，1 月 19 日早上，在近乎完美的倒计时过程后，GT-2 号成功发射。这是一次亚轨道任务，目的是在重返南大西洋上空时测试飞船的结构和防热层性能。由于此次任务成功，NASA 宣布双子星飞船已进入运营阶段，他们计划在春季的下一次飞行中搭载宇航员，并在之后的夏季再安排一次更长时间的飞行。随着 GT-2 号任务结束，发射团队也完成了双子星 3 号的测试，并将其与泰坦助推器配对。到 2 月中旬，双子星 – 泰坦 3 号（GT-3 号）组装完成，准备进行最后的测试。

3 月，NASA 正在为重启载人航天做准备，穆勒说"全世界的眼睛"都在盯着卡纳维拉尔角"新太空发现之旅的启航"。NASA 计划在接下来的 2 年里以每 2 到 3 个月一次的频率发射 10 艘双子星飞船，下一次任务将持续一周左右，以测试交会技术以及评估宇航员出舱工作的能力。在政府、工业界和大学中，大约有 30 万人参与到了美国的太空计划中，其中大部分都与阿波罗计划相关。穆勒说："协调所有活动，并最终凝聚成发射台上的航天器，把探险者送上月球，这可能是人类有史以来最伟大的一项工程和管理任务。"但要庆祝胜利还得等到 5 年后。他说："在全世界的瞩目之下推动如此伟大的工程向前发展是一件令人兴奋的事情。"他把肯尼迪航天中心称为"新命运港"，它"必须是一个开放的港口，足以讲述自由的人类渴望进入太空并利用太空资源的故事……'作为通往和平的道路'"。

在 3 月末，穆勒在参议院太空委员会作证，玛格丽特·蔡斯·史密斯（Margaret Chase Smith）参议员向他询问载人轨道实验室和阿波罗扩展系统的区别。穆勒解释区别主要体现在实验类型上：国防部关心的是军事应用，而 NASA 对科学和技术更感兴趣。尽管 NASA 与国防部在密切合作并共享信息，但两者的目标大相径庭。载人轨道实验室在穆勒看来也很重要，他没有从竞争的角度看待它，而是支持将其作为一个独立的国家计划，但媒体质疑它会与 NASA 的后阿波罗计划重叠。另一方面，国家侦察委员会（National Reconnaissance Committee）主席埃德温·兰德（Edwin H. Land）认为，"没有什么是你只能用载人轨道实验室而不能用卫星做到的"。穆勒反驳说："但利用卫星，你只能做你考虑好并已经着手在做的事情。所以载人轨道实验室的优势……在于开放和自由，从长远来看，你试图用太空平台建立的侦察系统也会因此发生重大变化。"他在载人飞船和无人飞船的比较中也提出了类似的观点，他提到了纽厄尔的一句话——"我们的卫星可以做你想做的任何事情，包括登月以及你打算在月球上做的一切。"穆勒说，在某种意义上"纽厄尔是对的，但在另一种意义上，他错了……你可以做任何想做的事，但你不能做任何没想过要做的事。在载人航天领域，需要去做意想不到的事，发掘我们以前从未设想过的东西"。

与此同时，双子星 3 号在 3 月中旬进行了最终的地面模拟试验，在飞行准备评审后，查尔斯·马修斯同意发射 GT-3 号。接着，修复了一些小的技术问题后，3 月 23 日，泰坦 2 号成功将宇航员弗吉尔·格里索姆（Virgil I. Grissom）和约翰·扬（John W. Young）送入地球轨道。格里索姆根据从水星计划传下来的惯例给飞船起名为玛莉·布朗号，宇航员们都觉得这个名字很可爱，穆勒倒没觉得有趣，他下令未来的双子星飞船只能通过序列编号命名（在阿波罗计划期间，如需使用单独的无线电呼号则仍由宇航员为飞船命名）。进入轨道后，格里索姆尝试了一项生物实验，但他由于用力过猛扭断了手柄，所以没能完成实验。而扬成功完成了一项测试。然后他们进行了首次太空变轨演练，证明了能够进行微小而精确的变速，这正是轨道交会和对接所需要的。

绕轨道飞行 3 圈后，飞船返回。因为在再入过程中理论升力计算有误，飞船没有溅落在预定地点。着陆后不久穆勒说："导致飞船没有在指定点着陆的技术原因已经确定，我们将进行改善。"NASA 称这次任务是成功的，并宣布双子星 - 泰坦号可用。穆勒写道："尽管空气动力异常导致了一次着陆问题，但 GT-3 号在落入大西洋仅 9 分钟后就被救援飞机发现了。"他后来说："前 3 次双子星飞船飞行的主要目标都已实现，已经证明双子星计划能够推进美国载人航天事业的发展。"他认为，太空飞行中人的因素十分重要，也是最有可能出现问题的地方，因为"人类对长时间太空飞行的反应是未知的"。一个关键目标是要确定宇航员能否在太空中坚持两周，此外为了验证登月所需的月球轨道交会的可行性，继续验证交会和对接能力仍然是有必要的。

然而苏联给正沉浸在双子星 3 号成功发射的喜悦中的人们浇了一盆冷水，早在 5 天前，苏联就发射了上升 2 号，阿列克谢·列昂诺夫（Aleksey A. Leonov）成为第一个在太空进行舱外活动的人。"这是一个惊人的壮举，"休斯敦载人航天飞行器中心的小克里斯托弗·克拉夫特回忆，"新闻媒体和美国政客们对苏联再次证明了苏联在太空中的领先地位感到震惊和沮丧。"媒体们就列昂诺夫的舱外活动开始抱怨美国在登月竞赛中处于下风。然而，就像苏联发射第一颗人造地球卫星 Sputnik 那次一样，NASA 官员们无法理解公众的反应，苏联宇航员进行舱外活动确实让他们感到惊讶，然而正如杰伊·霍姆斯所说："那些较为了解 NASA 计划的人都知道舱外活动算不上什么重大突破，意义并不大。"但是媒体和公众却非常关注苏联的这一举动。穆勒后来说，苏联似乎总喜欢在 NASA 执行任务前爆出一个惊喜，但"我们并非茫然无知，我们有足够的信息知道他们要做什么，只是我们无法向公众解释。当时美国整个卫星监视系统的管理极其严密，知道它存在的人不多，更不用说知道它在做什么了。但 NASA 的人确实知道……我们能看到他们建造了什么设施，很容易就猜到他们要做什么"。"他们的确冒了更多的风险……这给他们带来了宣传价值，"穆勒又补充道，"其实我们的计划也有很大的风险。"

1965 年 4 月初，穆勒在可可海滩的一次太空会议上发表演讲，称双子星 3 号取得了成功，太空计划已经"进入了一个新阶段，在这个阶段成功的表现……是理所当然的……我们完全有理由相信美国在空间科学方面能保持领先地位……"，而应用方面的领先优势已经很清楚了，与苏联的上升号火箭相比，土星 1 号的升力大约是其两倍。尽管苏联在载人航天领域仍具有领先优势，不过双子星 3 号已经完成了第一次飞船演习，展现了变轨能力，这是核心目标之一，也是阿波罗计划的关键。苏联可能还会有意外动作，但美国终将通过阿波罗计划在载人航天领域夺得领导地位。此外，阿波罗计划不会是载人航天的终点，而只是一个"中间目标"。在演讲结束后的新闻发布会上，他特意提到美国应该"做好在太空任务中因为意外事故而失去宇航员的准备"。出乎意料的是，媒体并没在意穆勒的这句话，不过他们后来引用了他关于太空救援的类似言论。

在关于 GT-3 号的另一场新闻发布会上，一名记者问到了被格里索姆搞砸的实验，穆勒称 NASA 需提高飞行前检查和整合实验的能力，"我们的教训是，必须同样重视科学实验装置的设计、检查，以及与飞船和太空环境的兼容性"。NASA 应该更早明确实验目的和所需工具。他告诉大家，预计在今年第三季度开展双子星 - 泰坦 4 号（GT-4 号）载人飞行任务，并且"我们正在全力工作以尽可能提前"。有人好奇，想知道双子星 4 号中的宇航员是否会执行舱外活动，穆勒称预计这将发生在双子星 6 号上，但"我们正研究能否加速"。由于可能有舱外活动，记者们问了许多关于宇航员的问题。当被问及是否有可能在 GT-4 号任务中实施交会时，穆勒斩钉截铁地否认了。

回顾近 50 年的经历，穆勒抱怨道："不管报道什么事情，媒体几乎总是把时间花在挑毛病上，才能有东西可写……媒体最关心的是我们做错了什么，他们几乎不愿意花一丁点时间……在我们做对的事情上。""我们相处不是特别愉快"，记者常挖空心思提问，试图诱使他说出能成为头条新闻的话。他形容自己和媒体的关系是敌对的："我们从来没有……与媒体建立良好的合作关系，也许这是不可能的。""官员与媒体本质上是一种共存关系，你需要尽可能地远离他们，也尽可能地让他们远离你。"NASA 公共信息办公室（Public Information Office）主任朱利安·希尔（Julian W. Scheer）派艾尔弗雷德·阿利布兰多（Alfred P. Alibrando）代表载人航天办公室与媒体打交道，穆勒对此感到满意，他说"越少……与媒体接触，我们遇到的问题就越少"。阿波罗计划是一个公开的计划，NASA 几乎没有机密文件，媒体可以接触所有信息，并且 NASA 的管理层也经常与记者交流。穆勒也会与记者见面，接受采访，并在新闻发布会上发言。尽管他从不宣传自己，但在 1963 至 1969 年，除了韦布和一些知名宇航员，他在媒体中被提到的次数是所有 NASA 官员中最多的。

1965 年 4 月下旬，穆勒来到 NASA 组织的探月研讨会，与科学家们交流。NASA 正为策划一个长期的科学探月项目征求建议，并为此成立了阿波罗计划期间的工作小组。工作小组将就月球表面的最佳地质路线、月球样本的分析方法、分析地点、分析人员等向 NASA 提供建议。当穆勒谈到初步探索月球时，他一如既往地超越了当前的阿波罗计划，并预测不久将有更高级的任务加入计划中。他说研究表明阿波罗扩展系统是"扩展阿波罗计划获得的能力的合理手段"，并指出 1966 财年预算中将有 4800 万美元用于进阶研究。另外，有了专为阿波罗计划设计的实验装置，"不仅数周，在持续几个月的任务中安排多种类型的实验是完全有可能的"。研讨会过后，该工作小组还在美国科学院空间科学委员会的赞助下在马萨诸塞州伍兹霍尔举办了夏季研讨会。

  大约同一时间，穆勒成立了载人航天实验委员会（Manned Space Flight Experiments Board），用来筛选兼具研究价值和可行性的实验，并进行总体协调。这一新委员会将在项目管理办公室审查实验可行性并给出建议。一旦实验被选中，将由一位首席科学家负责开发并将其整合到飞船任务中，包括培训宇航员。实验委员会重点关注的是实验的可行性，其科学价值则由实验的赞助者决定。作为委员会主席，穆勒只有在意见难以统一时才会给出留下或淘汰的决定。然而太空历史学家戴维·康普顿写道："不是每个人都对新成立的实验委员会满意。一些负责空间科学的官员抗议穆勒夺走了他们选择和评估实验的特权。"但穆勒认为，确保每次任务成功以及顺利开展实验本就是自己的职责。

  会议结束几天后，穆勒与航天医学协会（Aerospace Medical Association）的太空医学分会（Space Medicine Branch）进行了交流。穆勒询问了人类在太空中的生存和工作能力，并反问对方有没有可能维持或增强宇航员对"人机系统"的贡献，并向他们保证他"在所有方面都很乐观"。随着载人航天事业步伐加快，双子星计划期间会安排更多实验，包括关键医学领域（涉及心血管和骨骼／肌肉系统）内的初步评估。载人航天实验委员会已经批准了 16 项医学实验，这些实验旨在进一步了解长时间失重对人体的影响并评估应对措施。双子星 4 号任务中预计进行的 11 项实验有 3 项会测量宇航员心脏、肌肉和骨骼所受的影响，NASA 也还计划在随后的飞行期间对其进行反复测量，以获得更广泛的数据。NASA 和空军都在研究如何拓展载人航天活动，许多研究本质上是生物医学或行为科学方面的。最后，穆勒告诉医生们："太空研究已经为地球上的医学发展提供了有价值的成果，而且有证据明确表明，这些成果的数量和重要性在迅速增加。"

1965 年 5 月中旬，菲利普斯派人审查各个中心内部配置管理的实施情况。他收到了一份详细报告，报告称：休斯敦载人航天飞行器中心没有配备全职人员，只有几个负责配置管理的兼职人员。由于合同规范不在配置管理范畴内，因此承包商免于提交材料，并且休斯敦载人航天飞行器中心也没有为此雇用全职人员的打算。马歇尔航天中心也有类似的问题，但冯·布劳恩至少意识到了问题并在寻求支援，他计划招募有这方面能力的人。肯尼迪航天中心尚未实施配置管理，只有一名半专业的中心人员从事这项工作，但库尔特·德布斯说他不需要总部的帮助。因为各中心都不重视配置管理，所以他们的承包商也并不上心。该报告预测："在整个阿波罗计划中实施配置管理大约需要 6 个月的时间，之后还需要 12 到 18 个月才能充分发挥作用。"换句话说，配置管理直到 1965 年底才能在阿波罗计划中完全实施，也许到 1967 年中期才能达到非常好的效果。

与此同时，一场关于是否安排双子星 4 号舱外活动的争论开始了。当穆勒得知休斯敦载人航天飞行器中心策划了一次舱外活动时，他的反应很平淡，没有鼓励，但也没有叫停策划和相关的训练。5 月中旬，吉尔鲁思向西曼斯证明了舱外活动的可行性，查尔斯·马修斯飞到总部，劝说穆勒将其加入任务中。穆勒质疑他们为什么把原本安排在双子星 6 号上的舱外活动提前到双子星 4 号。马修斯则告诉穆勒他们已经准备好了，"所有设备都已制造完成，全部是合格或接近合格的，相关人员也通过了培训"。看起来没有理由否定，于是穆勒和西曼斯同意了，经过多轮内部讨论后韦布也批准了。但德赖登认为，提前舱外活动的意义仅仅是在苏联执行舱外活动后美国也需要有所行动而已。

GT-4 号任务的准备工作正在进行，但燃料电池的开发遇到了问题——除非开发出新的电力系统，否则任务的持续时间将受到蓄电池容量的制约，被限制在 4 天左右。双子星 4 号原定于第三季度发射，然而穆勒宣布，鉴于双子星 3 号的成功，再加上地面实验进展顺利，"种种迹象表明我们可以提前发射双子星 4 号"。对于交会对接和舱外活动，他认为前者更重要，因为如果宇航员做不到前者，那么很有可能做不到后者。当然，穆勒的理念还是目标完成的越多越好，既然宇航员们还没有为交会做好准备，那么尝试一下舱外活动还是有意义的。随后在 5 月 25 日，NASA 宣布"怀特将乘坐下一艘双子星飞船进入太空，并手持一把'喷枪[1]'（zip gun）出舱移动"。正如德赖登所料，媒体和公众普遍认为 NASA 增加舱外活动只是为了和苏联保持一致。

1965 年 5 月底，在和一群材料工程师交流时，穆勒称 NASA 在 1965 年的试验包括对主要飞行部件进行约 4300 次"严格"的质量检测，必须全部通过后才能进行航天器的系统试验。NASA 计划对土星号火箭的部件进行约 1600 次质量检测，对阿波罗飞船进行约 1000 次质量检测。此外，"任何地方出现问题都有可能导致进度延迟"，因此最终的进度取决于什么时候成功完成对材料、部件和组件的数千次独立试验与测定，之后才是子系统和地面支持设备的质量检测。

6 月 3 日上午，在全世界数百万人的注视下，GT-4 号从肯尼迪航天中心的发射台上升起。这是人们首次通过直播观看航天发射，得益于几周前刚刚被放置在大西洋上空的地球静止轨道通信卫星——"晨鸟"（Early Bird）。因为有舱外活动，媒体和公众都对此次任务兴致勃勃，记者登记人数甚至超过了休斯敦载人航天飞行器中心新开放的新闻中心的最大容量。在进入轨道后，宇航员操作双子星 4 号靠近泰坦助推器第二级，以模拟交会的最后阶段。但是，使用推进器"捕捉"助推器需要"反直觉"操作，给人的感觉像是要分离而不是靠近，因为加大推力能将航天器送入更高因而速度更慢的轨道上。尽管之前在地面上进行了大量的模拟训练，不熟悉轨道力学的宇航员们在用完一半燃料后还是放弃了。穆勒随后表示："当使用新工具时，人们收到的反馈和以往不同是很正常的，你必须学会校准你的感觉……显然这往往需要一点时间。"

1　即手持式机动装置，其构型类似于手枪，有前喷及后喷推力器，宇航员通过操纵喷枪使其向前或向后喷气来辅助移动。

随后宇航员开始舱外活动。打开舱门后，爱德华·怀特开始了他的冒险（见图4-1）。他由一根带供氧软管的约8米长的安全索束缚着，在离飞船约5米的地方漂浮。他忘我地讲述着眼前的壮观景象，甚至没有注意时间。由于当时的通信系统不允许休斯敦载人航天飞行器中心在怀特的搭档詹姆斯·麦克迪维特（James A. McDivitt）和他通话时插入，因此16分钟后，麦克迪维特才与任务控制中心取得联系，他们要他告诉怀特返回太空舱，7分钟后怀特开始返回。在没有特定任务要完成的情况下，在失重状态下移动似乎很容易。但随后宇航员们发现舱门很难关闭，他们费了很大力气，最后怀特精疲力竭地回到了座位上。NASA后来推断是舱内材料逸出的气体产生的压力使舱门难以关闭，并通过为阿波罗飞船开发了一个复杂的双舱门系统解决了这一问题。

图4-1　1965年6月3日，双子星4号宇航员爱德华·怀特执行美国历史上第一次舱外活动任务（NASA照片）

由于机载计算机故障，宇航员需要手动控制飞船再入地球大气层。最后，飞船成功溅落，飞行时间共计 98 小时。两位宇航员接受了体检，虽然他们的体重、骨量和血浆都有所减少，但失重环境并没有造成严重的后遗症。在飞行后的新闻发布会上，穆勒称双子星 4 号任务是"这个国家最成功的任务"。《圣路易斯环球民主报》写道："在欢乐的会议结束时，穆勒博士宣布，他始终相信美国可以在 1969 年将人送上月球……虽然是不是第一还得看其他国家的行动。"在双子星 4 号任务完成后，韦布给"亲爱的乔治"写了一封信，信中写道："我们看到了越来越多的证据，这表示你关于双子星计划、尤其是 GT-4 号任务的决定是正确的，德赖登、西曼斯和我都非常欣赏你看待问题的全面性、你的奉献精神，以及你为团队增添的力量。"这封信也显示了局长对任用穆勒的决定感到满意。

回到华盛顿后，穆勒对国家航天俱乐部（National Space Club）坦言，"要想在太空领域拔得头筹，国家需要付出大量的努力和数年的时间"，双子星 4 号并没有使我们超越苏联这几年来的领先地位。虽然此次任务取得了成功，但要将登月提前还为时过早。然而，《纽约时报》引用了约瑟夫·谢伊的话："如果从现在开始每一次地面及飞行试验都很完美，我们最早能在 1968 年中期实现载人登月。但参考历史经验，最好还是不要抱什么期待。"然而，针对 NASA 会加快登月进度的猜测还是越来越多。

穆勒在南卡罗来纳州默特尔比奇空军基地举行了一次场外会议，菲利普斯在会上描述了苏联在太空领域的最新成就。菲利普斯说："苏联一直在太空领域处处抢先，在国际舞台上大出风头，看起来他们会一直如此。"他建议重新检查各项目，以确保 NASA 能利用其成功经验，并建议寻求像阿瑟·克拉克（Arthur C. Clarke）这类国际知名专家的建议和帮助，来赢得这场和苏联的公关大战。收到建议后，穆勒邀请阿瑟·克拉克前往华盛顿，讨论如何为太空计划争取更广泛的公众支持。阿瑟·克拉克告诫他要避免给人留下"太空计划或太空事业是为了迎合大众热情"的印象——就像过去的航海家一样，在太空中开拓新大陆应被解释为一项重大成就，这同样适用于开发可重复使用的助推器和建立永久轨道实验室或月球基地；作为宇航员登陆火星的前奏，执行远距离飞越 / 捕获任务，或在火星的某颗或某几颗卫星上登陆也将很受欢迎。他们还讨论了如何激发公众对太空计划的关注，比如从太空中同步播送电视图像。穆勒后来称阿瑟·克拉克"不仅仅是科幻作家……在你根据现实的需求开展项目之前，他早已生动地描绘出可能和理应发生的事情了——他是一个未来学家"。穆勒聘请阿瑟·克拉克为顾问，多年来他们建立了深厚的友谊，一直到 2008 年克拉克去世。

在将所有双子星合同转换为成本加奖励费用的类型后，穆勒也给阿波罗计划的每个承包商写了一封关于合同转变的信。6 月底，在与各中心主任和他们的采购人员讨论时，穆勒谈到了转变双子星合同时遇到的问题。他说："变成奖励合同并不容易，除非你已经深入、详细地理解了你要做的事情。"他希望在年底前将重要的固定费用合同都转换成奖励合同，如果到时候有些条款始终无法确定，那"应该由我们进行定义"。而且，像双子星合同一样，他打算对进度和成本进行奖励。他观察到"虽然我们正在不断改进，但比起从一开始就采取正确的行动，时间还是浪费了不少（实际上性能上也是如此）"。问题不在于我们的子系统不够好，"而在于子系统要进行整合……这就是为什么我们要强调进度表"。

1965 年夏，穆勒成立了一个新的办公室来管理后阿波罗计划，即土星 / 阿波罗应用管理办公室（Saturn/Apollo Applications Office），并任命约翰·迪舍为办公室副主管，他在这个岗位上一待就是 8 年。穆勒打算让查尔斯·马修斯担任主管，但要在双子星任务结束之后，中间则由穆勒的副手戴维·琼斯任代理主管。该办公室于 8 月 6 日正式成立，这是一个小小的里程碑，其背后是多年以来对空间站的研究和对后阿波罗时代的规划。虽然该办公室能发挥的作用还有待观察，出于对阿波罗扩展系统的重视，穆勒还是给予了大量支持。摆在迪舍和琼斯面前的问题颇多，根据迪舍的说法，在办公室成立之初他们有一段紧迫期，"我们试图找到一个可以用于推销的主题"。"对于阿波罗应用计划，我们肯定考虑过 250 条不同的道路。"在 NASA 内部，每个人都同意应该有一个后阿波罗计划，但很少有人支持过于冒险的新目标（比如载人火星任务），所以他们要寻找介于两者之间的想法。到 1965 年秋天，迪舍和琼斯拿出了一个他们认为韦布和西曼斯都会支持的计划，并向穆勒申请了 2.6 亿美元的预算，结果只收到 4000 万美元，只够再支持一年。他们用 NASA 之前剩下的钱开启了这个计划，并打算后续从 NASA 收到的 1967 财年拨款中拿一些，以维持计划并开展实验。他们的工作促进了气闸装置的研发，使得宇航员能够在阿波罗飞船和充当轨道工作站的一个空的土星号火箭级燃料箱之间移动，他们还资助了一项名为阿波罗望远镜装置（Apollo Telescope Mount）的重大实验。

　　6 月下旬，在会见教育工作者时，穆勒称"GT-4 号任务取得的最重要的成就是宇航员麦克迪维特和怀特以极佳状态"在太空中度过了 4 天，而且失重环境没有引发长期不良反应。他还宣布双子星 5 号将与一个公文包大小的目标吊舱交会——在吊舱弹出后，宇航员会等它漂移到约 100 千米外，再利用机载雷达交会。要想实现交会，"需要为保证控制精度做大量准备，需要有非常精确的制导和导航系统，还要有反应快速有效的在轨机动系统"，并由受过良好训练的宇航员进行操作。尽管 NASA 在 GT-3 和 GT-4 号飞行任务上延迟了两个季度，但 GT-5 号仍被要求在第三季度发射，这意味着 NASA 将被推迟的计划缩短了整整一个季度。因此，他们极有可能获得更多的时间，能在 1967 年初完成全部 10 次双子星飞船载人飞行，这样就更接近原计划了。

6 月底，穆勒在一次讲话中对 GT-4 号任务做了更详尽的报告，称其为"美国太空计划在多个方面的转折点"。因为宇航员在长达 4 天的失重状态下没有产生不良反应，所以穆勒相信人体能够承受更长时间的失重。双子星 4 号任务还展示了宇航员使用手持机动装置出舱活动的能力，证明了宇航服能提供有效保护，而爱德华·怀特不但没有遭遇空间迷失，还完成了自己的任务。穆勒认为，双子星 4 号任务标志着一项重大改变：在水星计划中宇航员其实只是太空旅客，而现在有了"新一代可操控的飞行器，可以让人类进入太空并从事有意义的工作"。双子星飞船已经完全投入运营，并为更长时间的任务做好了准备。双子星 5 号任务计划为期 8 天，大约相当于往返月球轨道而不作任何停留，将证明宇航员能承受长期失重并有效完成任务。

穆勒曾在公开讲话中给出了许多理由，解释为何美国必须在太空领域占据领先地位，他称这对于"国家安全、国家自豪感和国际声望"至关重要，其他收益则涉及新科学知识的发现、经济刺激、社会进步、新技术的产生，以及"人类探索和发现的强烈欲望"。NASA 会与国防部密切合作，让军方应用 NASA 的成果。他说，综合来看民用航天计划产生了"具有持久价值的国家资源"，能使美国人进入太空，执行"符合国家利益需求的各种各样的任务"。

尽管双子星 4 号任务取得了成功，但还是留下了两个重要问题：如何在交会的最后阶段保持站位，以及为什么在飞行接近尾声时机载计算机会出现故障。西曼斯要求兰利研究中心研究任务涉及的轨道力学，"特别是在有、无计算机的情况下，关于姿态、速度变化，以及燃料使用的复杂决策"。在分析了飞行数据后，兰利的工程师们得出结论，双子星 4 号有充足的燃料来保持站位，但是机组人员没受过足够的训练，这是失败的原因。其中一位工程师写道："没有人受过'足够的训练'，因为地球上和轨道上的运动差异并不是人类能够凭直觉感知到的，这无法成为任何人的'第二天性'。"太空舱被送回圣路易斯后，工程师们卸下了计算机，但在之后的数百次测试中它都表现良好，即使是制造商国际商业机器（International Business Machine，IBM）公司[1]也无法在地面上重现故障。由于无法给出明确诊断，工程师们增加了一个

1　创立于 1911 年，最初名叫计算制表记录公司，1925 年改名为国际商业机器公司。

手动开关来绕过被认为导致故障的内存区域。

由于 NASA 没有必要重复已在双子星 4 号上开展的舱外活动，穆勒把舱外活动从接下来的 3 次飞行中取消了，以使宇航员专注其他任务。NASA 选择了小戈登·库珀和小查尔斯·康拉德（Charles "Pete" Conrad, Jr.）为 GT-5 号的机组人员，他们的任务包括：评估交会的制导和导航系统；证明他们能够在轨道上停留 8 天，并衡量失重的影响。NASA 将发射日期定在了 1965 年 8 月 9 日，由于训练时间预留不足，NASA 首席宇航员唐纳德·斯莱顿（Donald K. "Deke" Slayton）专程飞往华盛顿，在他的说服下穆勒"不情不愿地"多给了 10 天时间。

从穆勒到 NASA 的那天起，他就在极力推行后阿波罗计划。为此他委托他人进行了相关研究，并设想了一个后续的阿波罗扩展系统，然而国会一直对投资后阿波罗计划举棋不定。8 月，韦布批准了阿波罗扩展系统，包括将在 1968 至 1971 年执行的 29 项任务。NASA 计划以大约每年 8 次的频率把航天器发射到近地轨道和月球表面，其中三分之二将搭载宇航员。然而，正如康普顿所写的，"如此大规模的载人项目似乎不太可能实现，但直到外界迫使穆勒放弃之前，他一直给各中心施加压力，要求他们将其提上日程"。

6 月下旬，NASA 公开了首批科学家–宇航员名单，包括 2 名医学博士和 4 名拥有物理学、工程学和地质学博士学位的人。1 名男子因个人原因在开始训练后不久就退出了，最后只有地质学家哈里森·施米特（Harrison H. Schmitt）留下。由于阿波罗计划的飞行次数较多，NASA 需要更多宇航员，因此，9 月穆勒批准再招募一批新的宇航员，最终名单将于 1966 年 4 月公布。

休斯敦载人航天飞行器中心的飞船开发工作仍在继续，而马歇尔航天中心的土星 5 号项目已接近尾声。穆勒和冯·布劳恩担心，如果没有后续活动，那么在土星计划中积累的专业知识将归于沉寂，于是他们一起讨论了后阿波罗计划，以最大限度发挥马歇尔航天中心的能力。建造轨道空间站的想法应运而生，这也是冯·布劳恩最初的梦想之一。穆勒认为空间站将是人类火星之旅的开端，他将阿波罗扩展系统视为开发行星探索专业知识的一种手段，同时能够助力国家的基础产业。当时在 NASA 工作的迈克尔·雅里莫维奇（Michael I. Yarymovych，后来成为空军载人轨道实验室的技术主管）称穆勒是后阿波罗计划的主要推动者，"他预测，等到阿波罗飞船载人登月成功的第二天，人们就会问他接下来要做什么，我们开始意识到……虽然把人送上月球是一件了不起的事情，但这只是一次孤立的、后续乏力的行动"。然而，美国预算局却反对阿波罗扩展系统，认为它构思不周，过于雄心勃勃，其中的实验设计也不合理。雅里莫维奇说，预算局提出"如果找不到足够多相匹配的任务，我们如何证明建立大型空间站的必要性"。尽管如此，穆勒还是希望在阿波罗计划之后能继续安排飞行，以保持科学界对载人航天的兴趣。

1965 年 8 月，穆勒在《航天与航空》杂志上发表了一篇文章，他写道："通过各种科学、生物医学、技术和操作实验，能够扩大阿波罗计划的成果，为人类深入探索地月系统带来机遇。"他说，NASA 已经确定了近 200 项"有意义的"实验，"随着我们在太空的收获和对太空的兴趣与日俱增，我们将实施更多实验，这也得益于有效载荷能力的提升"。后阿波罗时代的月球轨道和月球表面探索都将帮助我们获得新的科学知识。但是穆勒没能听到出征的号角，国会反对在阿波罗计划结束后再把大笔资金投入载人航天领域。8 月下旬，在众议院太空委员会作证时，穆勒描述了阿波罗扩展系统，比起工程角度，他更强调从科学角度看为什么这项投资是值得的。他描述了将来的任务，展现出巨大的热情。韦布和西曼斯也在听证会上作证，但淡化了成本问题。众议院在听证会后发表的报告也指出，NASA 的证词没有说明预期成本。

8 月 21 日上午，小查尔斯·康拉德和小戈登·库珀乘坐双子星 5 号进入地球轨道，开始执行为期 8 天的任务。当时燃料电池引发了一点担忧，不过没有发生具体问题。进入太空两小时后，库珀执行操作，弹出目标测试舱，打开了交会雷达。但是燃料电池又出现了别的问题，休斯敦载人航天飞行器中心于是命令库珀推迟交会，并关掉所有非必要设备。地球上的工程师开始研究下一步行动，在故障消除前宇航员只好在太空中等待。因为没有找到解决方案，NASA 取消了交会任务，让宇航员开始做实验，直到地面人员想出了"幻影交会"的主意，即宇航员让双子星 5 号飞往太空中的一个移动点，来测试飞船的操纵系统。他们执行了一次假想的交会，结果很不错。燃料电池在有故障的情况下依然可以维持双子星 5 号环绕地球飞行 8 天。之后宇航员回到地球，休斯敦载人航天飞行器中心的医学主任查尔斯·贝里（Charles A. Berry）很担心失重会影响宇航员的健康，但两天后宇航员身体恢复了正常。穆勒当时说，这次任务"提供了长时间飞行对人体生理影响的大量宝贵信息"，证明了登月任务中失重不会对宇航员的健康构成威胁。

总统派小戈登·库珀和小查尔斯·康拉德前往欧洲和非洲，对 6 个国家进行了友好访问，穆勒参与了部分行程。他们受到了热情接待，"看得出美国在太空取得的成就点燃了全世界的激情"。在雅典，穆勒说："希腊皇室、科技组织，以及街上的群众都热情地欢迎我们，渴望了解双子星 5 号的每一个飞行细节。"因此，"我们的成就……从国际角度来看，是非常重要的，可以被视为衡量我们在强大竞争对手面前实力的尺度……可以以此判断我们是否能保持值得效仿的技术优势"。在雅典，宇航员们参加了国际宇航大会（International Astronautical Congress，IAC），在那里他们见到了上升 2 号的机组人员[1]。

穆勒对阿波罗扩展系统最深入的公开言论是在雅典的国际航天大会上，他说，到 1970 年美国将拥有 3 个用于载人航天的助推器。土星 5 号可以将 3 名宇航员送入近地轨道 10 ~ 14 天，或者环绕月球 4 ~ 6 天，或者让 2 名宇航员在月球上停留 24 ~ 36 小时。他还提到将月球轨道任务延长到 28 天，在月球表面的停留时间延长到 2 周——相当于月球上的一个白天。阿波罗计划的基础任务对月球探索关注有限，但后续的任务可以持续深入，并有助于回答有关月球起源、演化和成分的问题。在轨道任务中，可以使用遥感技术探测月球，或者将探测器发射到月球表面。他还说，未来的月球表面任务是阿波罗计划基础任务的合理扩展，因为它们可以增加在月球表面停留的时间，使用更多的科学仪器，并提高宇航员的机动性。但是，"任何长期的、全面的国家太空计划，其基础都是强大的载人地球轨道飞行"。后阿波罗时代的任务可以"证明人类在太空中执行有价值的工作的能力"，我们需要把重点放在使飞船更好地适应长时间飞行上。然后他预言："只有当人可以在太空中运用智慧的头脑时，才能对太空做出最大的贡献。人具有创造力和判断力，是太空中的探索者、科学家，同时也是传感器、过滤器、数据处理器、模式识别器和操纵者。"总之，"阿波罗飞船和土星号火箭提供了一种手段……以实现人类在太空中的长期生存和对月球的早期探索"。

---

1 1965 年 3 月 18 日，苏联发射上升 2 号宇宙飞船，宇航员列昂诺夫实现了人类历史上首次太空行走。

穆勒还在欧洲的时候，载人航天办公室负责工程研究的助理主任威廉·泰勒（William B. Taylor）向韦布和西曼斯简要介绍了阿波罗扩展系统。西曼斯表示支持，但韦布反对将阿波罗计划描述为"首次登月"。他不希望后阿波罗计划与任何特定的日期或登月节点挂钩，因为"存在一种极小的可能性，即我们永远不能或至少在目前宣称的日期前实现登月"。韦布也支持阿波罗扩展系统，但他始终觉得，说不定等到1968年国家就不把登月视为目标了，而是改成诸如在越南上空放置一颗同步卫星之类的，他这种所谓"灵活安排"遭到了西曼斯的反对。韦布还建议把后阿波罗计划的费用从阿波罗计划的预算中拿出来，自成一体，甚至该计划的名字也不应带有"阿波罗"3个字。作为杜鲁门政府的原预算主管，韦布知道"如果和'阿波罗'3个字绑到一起，预算局的会计就会把扩展计划的费用算到目前的阿波罗计划上，然后指责阿波罗计划的成本远超预期"。威廉·泰勒提出给阿波罗扩展系统4.08亿美元的预算，尽管韦布和西曼斯心里也没有一个明确的门槛，但还是觉得4.08亿美元太多了，不过他们也认可应该至少有1亿美元。随后韦布批准了1967财年给予阿波罗扩展系统项目2.5亿美元。但预算局认为2.5亿美元过高，提出只能拨付1亿美元，不过他们也表示愿意听取需要更多资金的根本原因。

　　穆勒从欧洲回来后表示，1亿美元和2.5亿美元都不够，他需要最初所说的4.08亿美元。他的理由如下：首先，如果没有充足的资金，美国将在太空竞赛中跌回第二的位置，而2.5亿美元甚至不足以支付后阿波罗计划中一半的实验费用；其次，资金不足会影响士气，并且国家投入过低代表了糟糕的经济政策，可能导致失业率上升，并使对阿波罗计划的投资在1968至1971年颗粒无收；最后，无法提供充足的资金也代表了糟糕的政治策略，可能会成为1968年总统大选中的政治隐患。但这些论点没能成功说服西曼斯和韦布，他们仍然将预算定为2.5亿美元。穆勒后来指出，真正的问题通常出在预算局，他们"有一个非常简单的原则，那就是保证今年的预算不超支，并找出有哪些是可以削减的"。他们有那么多要花钱的地方，但可削减的部分有限，太空计划是首选。穆勒说，"我记得，几乎每次韦布都不得不去找总统，耗费口舌与他达成协议"，每次最终的预算都超出了预算局的建议。他补充道："我不知道哪次是在做戏，哪次是真实的，但每当我参与进来时这种情况都会发生。"

到 1965 年秋天，双子星计划如期开展。随着 3 月、6 月和 8 月任务的成功完成，载人航天的新闻再次登上美国报纸头版，NASA 打算在当年再安排 2 次飞行。在 9 个月里 NASA 一共执行了 5 次任务，平均每 2 个月 1 次以上，每次都延长了宇航员在太空中的停留时间，或者为日后的阿波罗飞船任务进行了某些演练。接受双子星 6 号和 7 号任务的宇航员后来都名声大噪。因为修复不良设备和开发燃料电池进展缓慢，可能影响进度，所以 NASA 调整了飞行安排，重新设置任务目标。当时最大的问题涉及交会对接测试所需的阿金纳号目标飞行器，虽然阿金纳号一向可靠，但早在查尔斯·马修斯接管休斯敦载人航天飞行器中心双子星项目管理办公室前，研发就遇到了问题，因此马修斯正努力解决问题以赶上任务进度。NASA 为双子星 6 号任务的全体成员安排了交会演习的操作训练。小埃德温·奥尔德林 [1]（Edwin E. "Buzz" Aldrin Jr.）是 NASA 的宇航员，曾于麻省理工学院（Massachusetts Institute of Technology，MIT）获得航空航天工程博士学位，他的论文是关于宇航员在轨道交会中发挥的作用的。他与休斯敦载人航天飞行器中心机组人员支持部门的迪安·格里姆（Dean F. Grimm）合作研究了轨道和机动操作，使宇航员能够"抓住"目标飞行器。沃尔特·斯基拉（Walter M. Schirra）和托马斯·斯塔福德（Thomas P. Stafford）将登上双子星 6 号，他们进行了模拟交会练习，并与奥尔德林和格里姆一起确定了将在预计 10 月 25 日发射的双子星 - 泰坦 6 号上使用的最佳程序。在 2 天的飞行中穆勒给斯基拉和斯塔福德安排了 7 项科学实验。但斯基拉说："我的任务不允许一直玩实验。"他认为完成交会对接就足够了，但最后他还是在轨道上进行了几次辐射和摄影实验。斯基拉的表现也反映了休斯敦载人航天飞行器中心对太空科学研究的负面看法。

1965 年 10 月 4 日，在地球首颗人造卫星 Sputnik 发射 8 周年之际，穆勒谈到

1　小埃德温·奥尔德林（Edwin E Aldrin, Jr.）后更名为巴兹·奥尔德林（Buzz Aldrin），他就是我们熟悉的第二个登上月球的人。

了"人类探索和发现太空的强烈欲望",再次详述了 NASA 的民用太空计划在国防中的作用。他说,他和空军的施里弗已经研究了 NASA 是如何帮助空军的载人轨道实验室发展的。他展望未来,为国家的太空行动赋予目标:"对太空、月球和行星的探索将回答有关太阳系和整个宇宙的起点、早期历史和演变的重要问题,它将使我们能够调查其他星球上是否存在生命,并有可能……让我们了解宇宙生命的起源。"如果科学发展和探索生命起源仍不能引起人们足够的兴趣来支持太空计划,他就转而描述太空探索的附带收益,他补充道,同等重要的是,"作为太空工作的一部分,它可以改进生产方式和质量控制"。双子星 6 号是第一次尝试与目标飞行器交会对接的任务,这将是"我们太空计划中最重要和最有意义的里程碑之一"。在此之后,双子星 7 号宇航员弗兰克·博尔曼(Frank F. Borman)和小詹姆斯·洛弗尔(James A. Lovell, Jr.)将执行长达 14 天的任务,尼尔·阿姆斯特朗则将于 1966 年在双子星 8 号上进行另一次交会对接,而戴维·斯科特(David R. Scott)将进行约 95 分钟的舱外活动。随着阿波罗计划的迅速开展,穆勒称 1965 年为关键的一年,"前景看起来很光明"。他预测,后续的月球探索可能会"不断在月球上建立前哨站",就像在南极一样。后阿波罗时代的其他可能性包括"无限期的地球轨道载人空间站……和外太空探索,最终到载人行星探索,而火星是第一个可能的目标"。

地球轨道工作站的设计几经变化,其雏形是在亨茨维尔相关研究的基础上诞生的"级实验室"(Spent Stage Laboratory),可追溯到 1959 年。它被命名为轨道工作站,预计将使用土星火箭 S-IVB 级的上面级。马歇尔航天中心获得了研发主导权,主要是因为穆勒想争取冯·布劳恩的支持。然而,将项目交给马歇尔航天中心指挥造成了其与休斯敦载人航天飞行器中心的冲突,并打乱了两个中心一直以来的责任划分。过去,休斯敦载人航天飞行器中心负责载人宇宙飞船,马歇尔航天中心负责火箭和发动机;而现在,两个中心由各司其职变成了竞争对手。S-IVB 级的开发商道格拉斯飞行器公司早在 NASA 做出决定前就一直推行将 S-IVB 级用作轨道工作站的想法,穆勒回忆:"他们手里有 S-IVB 级,正绞尽脑汁设想如何在未来使用它。"冯·布劳恩一向支持改造火箭级的想法,他同意道格拉斯飞行器公司的提议,并认为土星号火箭上面级具有尺寸优势且易于送入轨道。

与此同时,阿波罗计划的基础任务也并非一帆风顺。1965 年 9 月底,土星 5 号

S-Ⅱ级的开发商北美航空公司生产了第一个飞件，并模拟飞行载荷进行了静态测试。NASA 的设计标准要求 S-Ⅱ级能够承受 150% 的最大计算飞行载荷，并要求在测试中达到或超过这个水平。但在持续一夜的静态测试中，因为仅能承受最大飞行载荷的 144%，S-Ⅱ级出现了 NASA 所说的"灾难性故障"。"灾难性故障"，在外行人听来代表着不幸或灾难，它确实可能带来不幸或灾难，但对结构工程师来说其含义却大相径庭，它意味着可能在毫无预兆的情况下突然发生故障，并最终摧毁火箭级。这是 NASA 的定义：灾难性故障是二元的，即要么引发灾难，要么不会。谈到此事，穆勒称北美航空公司的态度"令人吃惊"，穆勒认为应该继续测试，至少应满足 150% 的标准；而北美航空公司管理层认为达到 1.5 倍最大计算飞行载荷的情况太特殊了，在真实飞行中是不会遇到的，因此测试失败算不了什么。但是正如穆勒之后指出的，在土星 5 号的第二次试飞中，火箭经受了远高于设计极限的振动仍能正常运行，正是马歇尔航天中心的保守设计理念才使其免于灾难性故障。

S-Ⅱ级的测试失败使时间更加紧张，阿特伍德说："我认为这确实使公司和 NASA 站到了对立面。"据他所说，NASA 批评了北美航空公司，每个人都担心这"可能成为整个计划的'阿喀琉斯之踵'"。但他认为 NASA 的设计理念过于保守，没有必要测试到最大计算飞行载荷的 150%，因为"S-Ⅱ级在设计过程中从未被要求过这么大的强度、安全和重量余量"。在测试失败后，马歇尔航天中心的工程师们指出了制造问题，并指责北美航空公司粗制滥造。于是冯·布劳恩让埃伯哈德·里斯来监督北美航空公司，由于里斯和斯托姆斯在人员和技术问题上意见不一，他们很快就开始"互相打架"。据负责该项目的北美航空公司工程师乔·戈斯（Joe Goss）说，"德国人在设计上傲慢自大……他们自认为对助推器的设计了如指掌"，而当我们"引入航空器设计元素时……他们认为我们并不知道自己在做什么"。

1965 年 10 月 4 日，在亨茨维尔进行的项目审查会揭露了北美航空公司大幅增加的成本和变本加厉的进度延迟。之后，冯·布劳恩组建了一个审查小组，预计于 10 月底在位于加利福尼亚州唐尼市的太空部门总部开会，决定下一步安排。他还会见了阿特伍德，阿特伍德于 10 月 14 日亲自飞往亨茨维尔参加现场审查。由于现实情况始终严峻，马歇尔航天中心的埃德蒙·奥康纳请穆勒给阿特伍德写信，告诉他"必须强制重组以改善当前状况"，而奥康纳本人则于 10 月 18 日致信斯托姆斯称："太空部门始终无法准确判断资源需求，无法及时预判问题，以至于无法将资源需求、生产缺陷和进度影响进行联系和评估，这只能让我得出一个结论——太空部门已经失去了对土星号火箭 S-II 级项目的掌控。"埃伯哈德·里斯 10 月 21 日写信给菲利普斯称，据他个人观察：太空部门的管理人员存在不良行为，工作态度也有问题，再加上内部的人事问题导致了成本过高和进度延误；公司的成本估算系统不完善，管理机构臃肿、效率低下；他们没有很好地管理分包商，没有严格履行合同，并有严重的质量、规划、控制和报告问题，所有这些都因内部管理不善而变得更加严重。

　　穆勒说，北美航空公司在他们参与的所有设备的"生产和交付方面都有问题"。此外，"他们根本无法充分控制生产过程，他们应付进度要求的手段是把工作留出一部分"，然后直接将零件运到肯尼迪航天中心并试图在那里完成工作，这个方法非常糟糕。他补充说，"我们在 S-II 级上遇到了问题，在发动机上遇到了问题，在指令舱上也遇到了问题"，此外质量问题也很突出。其实 NASA 与其他承包商也算不上配合完美，但因为北美航空公司得到了阿波罗计划的大量合同，所以他们成了整个计划的瓶颈。"出于某种原因"，穆勒认为北美航空公司管理层没有向员工传达好正确和及时完成任务的重要性。他们在"飞机模式"而不是"太空模式"下工作，后者的要求要严格得多。虽然其他承包商在进度方面也有类似的困难，但"在某种程度上，他们的问题更简单"，穆勒说。

　　10 月 27 日，饱受困扰的穆勒给阿特伍德写信，说自己"越来越担心 S-II 级和指令服务舱项目的进展无法满足阿波罗计划的要求……这两个项目最近的延误和大幅度调整，以及北美航空公司最近提出的 S-II 级项目成本大幅增加，再加上指令服务舱项目持续过高的成本率，使我确信，除非你们的业务得到实质改进，否则我们将无法实现阿波罗计划的预期目标"。他补充道："我知道你也很担心……尽管我对尽快将我们的合同转化为奖励合同持乐观态度，这是朝正确方向迈出的一大步，但我们不能只依靠这一点。"他告诉阿特伍德，菲利普斯将领导一个小组来审查北美航空公司。阿特伍德在回信中表示支持，并说他正在等待菲利普斯的回信。随后菲利普斯写信给他，称将带领包括约瑟夫·谢伊、埃伯哈德·里斯在内的"老虎小组"，评估北美航空公司在所有阿波罗合同上的表现。

　　菲利普斯领导了一个由大约 150 名 NASA 和空军人员组成的"主要任务小组"，

他们对北美航空公司太空部门承包的项目进行了详细检查，找出问题并确定应对措施。在阿特伍德的配合下，北美航空公司积极参与了调查。小组发现斯托姆斯"是问题的主要来源……因为他在很大程度上是一个以成功为导向的人，他不愿意承认可能有其他更好的方法来完成项目"。正如穆勒所说："从某种意义上说，只要管理层在正确的时间做正确的事情，那么任何一个计划都可以完美运行，但人就是这样……你必须偶尔施加外部力量来促进内部的管理审查。"穆勒认为太空部门存在管理漏洞，因为该部门的每个项目都出现了相同的问题。而一旦项目进度落后于计划进度，他们就会走捷径，导致进一步偏离计划，之后又会用更多的捷径或过度加班来弥补，这就变成了一个恶性循环。质量会恶化，出现的问题也会增多。穆勒认为太空部门需要停下来总结，问问自己"我们真正的问题是什么？我们将如何解决？……通常这种后退和重组需要外力来促成，因为……你离问题如此之近，以至于你无法看清哪些是可以改变的，哪些是应该改变的"。但斯托姆斯坚信他"已经选择了自己的道路"，并想要继续前行，他不会停下来思考是否有更好的选择。穆勒后来说，"这也是北美航空公司的问题之一"，他们不太清楚一个好的技术经理是什么样的，我不能理解他们认为斯托姆斯是一个好的技术经理，他是个不错的牛仔，很健谈，但在技术上并不出色，也不愿意为了开发好的技术而深挖细节。与北美航空公司常见的运作方式不同，NASA 在阿波罗计划中扮演了系统整合的角色，NASA 不会直接购买已有的成品，而是购买服务来生产产品，产品是在过程中被定义的。基于 NASA 的运作方式，穆勒说："除非双方共同努力，否则我们无法顺利取得成功。"并且"从北美航空公司的事例可以看出，对 NASA 来说，至少要认识到产品的设计、设计标准和局限性的重要意义……因为 NASA 是整合承包商，它必须把所有部分拼在一起，并让其飞起来"。

1965 年第四季度，穆勒正忙于管理 3 个载人航天计划，而媒体和公众仍将目光聚焦在双子星计划上。尽管双子星飞船成功飞行，但除了已知的问题，他还怀疑存在某些"未知的变数"会影响剩余的任务。与此同时，阿波罗计划遇到了重大的开发问题，它的两个主要承包商——北美航空公司和格鲁曼公司都落后于预期进度，成本也出现了意料之外的增长。他也试图为阿波罗扩展系统争取资金，不仅要说服国会，还有预算局和 NASA 的管理层。因此，在年底之前他还有许多工作要做。

第五章 学习、发展和规划

> "把潜在的失败转变为最终的成功。"
>
> ——穆勒，1966 年 1 月 26 日

　　1965 年 10 月，双子星 6 号发射前夕，穆勒对一家报社的记者说："我想应该没什么遗漏之处了。"虽然这话说的有点冒险，但是最近的模拟发射堪称完美，穆勒认为 NASA 已经考虑到了各个方面，包括如果双子星 6 号不能与阿金纳号目标飞行器分离该怎么办（阿金纳号将连接在飞船头部，随飞船一起返回）。他预测对接会比较容易，当然实际情况还有待验证。虽然每次飞行都能带来新知识，但他将此次任务描述为"在探索太空的过程中，为了了解人类在太空中工作和生活的能力而迈出的一大步"。最后，他说未来一年大约会进行 10 次发射，以完成双子星计划，启动阿波罗计划。

　　阿金纳号目标飞行器被放置在宇宙神火箭发射台上，宇航员沃尔特·斯基拉和托马斯·斯塔福德会从附近的发射台进入双子星 6 号。预计阿金纳 6 号首先发射升空，约 90 分钟后完成第一次轨道飞行，随后双子星－泰坦 6 号（GT-6 号）发射。在这次飞行前，阿金纳号已经成功将 140 个有效载荷送入了轨道。然而那天当宇宙神火箭在高空释放阿金纳号后，后者在启动发动机时莫名其妙地爆炸了，因此 NASA 不得不重新安排 GT-6 号任务。穆勒立即打电话向韦布汇报，说他需要 10 天时间进行调查，但这段时间 NASA 可以将另一次飞行任务提前。在发射前穆勒曾告诉《圣路

易斯邮报》：“即使我们这次失败了，也不意味着彻底失败。我们已经对计划进行了深入的设计，这足以包容任何一次失败。”现在，他必须向公众展示 NASA 如何应对失败。第二天韦布打电话询问阿金纳号的可靠性时，穆勒向他保证，无论是 NASA、空军还是它的制造商洛克希德导弹和航天公司[1]（Lockheed Missiles and Space Company），都十分认可其性能。

在失去阿金纳号后，工程师们立即开始考虑让两艘飞船——双子星 6 号和 7 号——交会对接。最初讨论过后，马修斯和穆勒认为这不太可行，这个想法之前就被提出来过，因为 14 天内完成两次发射是不可能的。然而，马丁·玛丽埃塔公司和空军想出了在一周内发射 2 枚泰坦 2 号的办法，而且机组人员也具备相关实力。马丁·玛丽埃塔公司的工程师向其他承包商简要介绍了相关情况，麦克唐奈飞行器公司的双子星项目经理乔姆·亚德利（Jolm F. Yardley）成为这项新任务的倡导者。然而，正如马修斯所言，那时他、穆勒和吉尔鲁思还在“用带有偏见的眼光看待这项提议”。尽管如此，是否要在 GT-6 号前发射 GT-7 号还是引发了广泛的讨论。仍在发射台上的泰坦 2 号火箭是否适配双子星 7 号飞船？任务时间更长的双子星 7 号比双子星 6 号更重，这可能是一个问题。尽管穆勒仍不支持这项提议，但马修斯还是召集了 NASA 和马丁·玛丽埃塔公司的工程师进行快速研究。之后，他们断定可行，甚至成功的可能性还相当大。

回到华盛顿后，穆勒与韦布和西曼斯见面，讨论能否将双子星 7 号放在双子星 6 号预计使用的运载火箭上。他们没有讨论双子星 6 号与双子星 7 号交会的可能性，而是更关注如何挽救进度。然而承包商们没有放弃交会的想法。与此同时，在佛罗里达州，一开始工程师们判断双子星 7 号不能通过双子星 6 号预计使用的火箭发射，但两周后，经过进一步调查，他们认为这是可行的，肯尼迪航天中心随后通知了休斯敦载人航天飞行器中心和 NASA 总部。接下来，休斯敦载人航天飞行器中心找出了同时控制两艘飞船的方法，吉尔鲁思给穆勒打电话，穆勒对这个想法很感兴趣，但表示还想“再考虑一下”。

1　1995 年，洛克希德公司与马丁·玛丽埃塔公司合并，更名为洛克希德·马丁空间系统公司（Lockheed Martin Space Systems Company，LMT），即洛马公司。

几小时过后，乔治·洛找到穆勒，提醒他这些讨论内容已经被泄露给了媒体。当晚穆勒就给西曼斯打了电话，第二天他找到西曼斯和韦布，一起讨论双子星 - 泰坦 6 号任务，以及 NASA 能做些什么。当被问及为什么之前没有单独先测试一次阿金纳号时，穆勒提醒韦布，全机试验的理念在于根据给定的时间去测试尽可能多的配置。他们讨论了进度限制，以及双子星 6 号与 7 号交会的提议。韦布喜欢这个想法，他询问穆勒是否认为可行，穆勒想再确认一下，于是打电话给马修斯，告诉他"韦布喜欢这个想法，并且认为它很重要，可能会由总统来宣布"。他警告马修斯不允许失误，因为一旦约翰逊宣布了，就变成了对整个国家的承诺，并问马修斯是否还觉得有可能。马修斯想和乔治·洛以及吉尔鲁思核实一下，穆勒给了他 15 分钟。吉尔鲁思"核实了信息"，然后马修斯报告说这是休斯敦载人航天飞行器中心的一致意见，于是穆勒告诉韦布"就这么决定了"。NASA 将这次任务命名为双子星 - 泰坦 6A 号，以区别于被取消的双子星 - 泰坦 6 号任务。在韦布向总统汇报后，1965 年 10 月 28 日，也就是阿金纳 6 号发射失败 3 天后，白宫宣布了交会的消息。紧接着媒体开始以"76 号任务"为名报道合并后的任务。总统的新闻秘书说它将在明年 1 月进行，但是 NASA 希望能提前到今年 12 月。正如马修斯回忆，找到可行的解决方案来推进计划非常重要，如果等待重新生产另一个阿金纳号，"我们就会浪费 5 个月的时间"。

　　肯尼迪航天中心的工程师们将 GT-6 号收起来，为 GT-7 号发射做准备，同时安排了 GT-6A 号的准备工作，只待 GT-7 号一离开发射台就开始。两个机组的宇航员都受过良好的训练，人员方面没有问题。NASA 可以通过建立通信网络来同时处理两个任务。宇航员们想增加一项舱外活动，将宇航员从一个太空舱转移到另一个太空舱。因为这需要断开生命维持管，穆勒以风险太大为由否决了。76 号任务预计会让第一组宇航员（弗兰克·博尔曼和小詹姆斯·洛弗尔）先在太空中度过 9 天，然后第二组宇航员（沃尔特·斯基拉和托马斯·斯塔福德）将与他们交会。

　　准备工作仍在继续，1965 年 11 月 10 日，穆勒在俄亥俄州哥伦布市的一次教育大会上发表了讲话。这位俄亥俄州立大学的前电气工程教授谈到了自他 1956 年离开学术界以来科技领域的变化。他说，最初我们自豪于能够用火箭将核武器发射到各大洲，然而随着第一颗人造卫星成功发射，太空时代以"严重打击我们民族自豪感"的姿态来临了，苏联制造了越来越大、越来越复杂的航天器。但现在，美国也在空间技术与空间应用方面取得了重大进展。和过去的演讲一样，他仍宣称对民用航天项目的投资保障了国家安全。NASA 与军方密切合作，在过去的 10 年中开发了技术、积累了操作技能和经验，这对"在太空领域取得成绩并保持世界领先地位"至关重要。虽然双子星 6 号推迟发射令人略感失望，但 NASA 将于 12 月 4 日发射双子星 7 号，9 天后双子星 6A 号将尝试与其交会。他称双子星计划中积累的经验和技能是朝着 10 年内探月目标迈出的重要一步，未来的航天项目也能从中受益。他还将国家西部边界的敲定与探索太空新疆域进行比较，并称这是"惊人的平行"事件，新太空边界的划定会为"和平时期科学的发展带来空前的惊心动魄"。他赞扬了学术界在应对这些挑战方面发挥的作用，但为了继续太空探索，还需要更多训练有素的科学家和工程师。为了增加人才供给，NASA 正在制订计划向学生提供科技教育，并增强大学的研究能力，因为这"是国家福利、经济增长和国防安全未来进步的基础"。他认为太空计划"在以非常具象的方式创造知识"，能让科学家更多地了解宇宙。为了实现国家目标，保持国家强大，他解释说"专业人才是至关重要的因素。学校是一种基础资源，必须在广泛的基础上加强建设和提高参与度"。然后，他引用总统的话说："在外太空不存在国家主权这一说。那些冒险前进的人充当了全人类使者的角色。因此，他们的追求必须是全人类的——他们的发现也应该属于全人类。"

12 月 4 日，在近乎完美的发射后，博尔曼和洛弗尔乘坐双子星 7 号进入地球轨道。他们的工作并不多，除了做一些实验，就是等待双子星 6A 号与其交会。宇航员在此次任务中有了特制的"柔软款"宇航服，为了在狭窄的飞船里更舒适一点儿，他们请求暂时脱下宇航服，出于安全考虑，穆勒要求必须有一个人始终身着宇航服，他可以在不执行关键操作（发射、交会和再入）的时候摘下手套和密封头盔。在漫长的飞行中，一直身着宇航服很是令人难受，因此机组人员再次向休斯敦载人航天飞行器中心提出申请。吉尔鲁思表示认可并请穆勒放宽要求。经查尔斯·贝里核实，不穿宇航服的宇航员脉搏和血压比另一名宇航员更正常，所以为了宇航员的健康，穆勒勉强同意他们在大部分时间内不穿宇航服。事后，休斯敦载人航天飞行器中心议论纷纷，谴责穆勒缺乏对宇航员长途飞行之辛苦的"同情心"，尽管穆勒显然十分关心宇航员的健康和安全。

让我们回到肯尼迪航天中心，在那里，发射小组有 9 天的时间为 GT-6A 号发

迎难而上：乔治·穆勒与 NASA 载人航天计划的管理

射做准备。这通常需要两个月。但因为飞船和助推器都已通过整体测试，因此 9 天内有希望完成。而技术人员在一天之内就使泰坦 2 号重新站立，并与飞船匹配。进展非常顺利，12 月 12 日他们就完成了 GT-6A 号的全部发射准备，提前了一天。但等到发射时，点火仅 1 秒多后故障检测系统就检测到问题并关闭了火箭发动机。因为可能发生爆炸，宇航员本应弹离航天器，但由于没观察到任何异常，斯基拉判断火箭并未离开地面，所以没有拉动弹射 D 型环。在确定助推器安全后，宇航员在技术人员的指示下离开了太空舱。穆勒后来称斯基拉的决定是"明智的"。他说"如果你能不动，就别动"，因为"弹射系统并不是世界上最安全的东西"。斯基拉的决定拯救了航天器。在总统来电表示对 76 号任务如此明显的失败感到失望后，韦布找到了西曼斯，后者指出：此时距双子星 7 号任务结束还剩下 6 天，或许 NASA 能够发现并解决问题，仍有希望及时开展 GT-6A 号任务并完成交会。

马丁·玛丽埃塔公司和空军开始准备第三次发射。他们发现一个在地面上用于火箭供电的尾部插头过早脱落，并解决了该问题。当媒体争相挖掘更多细节时，他们透露了斯基拉的反应、故障检测系统能够正常工作的事实以及一些看似简单的问题，暂时满足了媒体的好奇心。在对火箭进一步检查时，他们发现发动机中有一个更严重的问题——一个防尘帽被留在了一根供气管线中，看来即使插头没有过早脱落，发动机仍会关闭。发射小组在距离第二次发射后仅 3 天就再次做好了 GT-6A 号发射准备。12 月 15 日上午，GT-6A 号终于升空，计划经过 4 次变轨追上双子星 7 号，并由斯基拉发起交会。5 个多小时后斯基拉看到了双子星 7 号，他操纵飞船缓慢向其靠近。等到距离它大约 300 千米的时候，斯基拉形容双子星 7 号"像一个碳弧光灯"，飞船表面反射的阳光让他几乎什么也看不清。然后，双子星 6A 号来到了距双子星 7 号 60 千米范围内。这次交会只使用了不到一半的推进剂，因此还有很多富余。随后，双子星 6A 号飞行了 3 圈，并一度距双子星 7 号只有几十厘米。显然，如果有阿金纳号的帮助，真正的对接不会有什么问题。第二天，双子星 6A 号在太空飞行大约 25 小时后返回地球。《圣路易斯环球民主报》刊登了头版通栏标题"美国在太空的眼对眼"，并引用穆勒的话"发射小组完成了一项非常专业的工作"。

《航空周刊与太空技术》的一篇社论说："乔治·穆勒博士瘦小的身材和框架眼镜常使人们忽视了他内心钢铁般的勇气。他能够从阿金纳号爆炸这一突发灾难中振作起来，面对 10 月 25 日第一次双子星 6 号任务的失利仍能及时有效地做出反应，非常值得称赞。若他是一个缺乏勇气、对团队和技术信心不足的人，会很容易陷入拖延之中，而不是重新安排任务，在阿金纳号消失在大西洋西南部仅 45 天后就取得成功。穆勒博士代表了这个国家最优秀的技术领导者，国家需要这样的人才来充分发挥技术潜力。穆勒在双子星危机中的行动完全证明了这一点。"

1965 年 12 月中旬，菲利普斯将老虎小组[1]对北美航空公司的评估结果向穆勒反馈，告诉他当前形势危急。菲利普斯写道，这次审查"充分证实了我们以前看到的所有蛛丝马迹，该公司严重影响了阿波罗计划的进度"。北美航空公司无法履行承诺，不由得让人们质疑它是否有"意向和决心……把工作做好"。菲利普斯认为北美航空公司太空部门管理薄弱且效率低下，"已到了无法挽回的地步"，他对对方是否有能力满足 NASA 的要求感到担忧。自 1964 年中期以来，NASA 一直忧心于指令服务舱及 S-Ⅱ 级项目的成本和进度，尽管飞船方面有了些许改进，但导致进度延误和成本持续上升的问题依然严重。该公司的进度报告一直是乐观的，他们掩盖了飞船性能不尽如人意和 S-Ⅱ 级项目完全失控的真实情况。菲利普斯调查发现，这些项目的进度比 NASA 最悲观的预期还要晚几个月，这使整个飞行试验进展堪忧。太空部门人员过多，需要精简；他们的工程实力也不及格，产品质量低于标准要求，但质量保障部门的员工却高达 3000 多人；此外，他们还没有正确运用当前的管理系统，计划管理功能失调；北美航空公司在管理该部门的过程中也很被动。

　　菲利普斯建议，将太空部门中与阿波罗计划关系不大的人转到公司其他部门，并解除斯托姆斯的主管一职，由一个"能够迅速展现有效且无可置疑的领导力的人接任，带领太空部门摆脱困境，实现他们对计划的承诺"。但是阿特伍德保护了斯托姆斯，穆勒知道"斯托姆斯为阿特伍德工作了很多年，阿特伍德对他很有信心，斯托姆斯在制造飞机上很成功，但这并不意味着他能造好太空飞船"。尽管如此，穆勒觉得命令阿特伍德辞掉斯托姆斯也不太合适，这是一个有待解决的技术性问题，他可以采取迂回的解决方式。所以，如果阿特伍德自己不下命令，没人能赶走斯托姆斯。12 月 19 日，菲利普斯与斯托姆斯见面，把自己的想法坦白告知对方。不出所料，这位北美航空公司的管理者持不同看法，他认为菲利普斯才是大错特错。斯托姆斯抱怨审

1　关于该"老虎小组"的描述可见第 103 页。

查小组不了解所有情况，只检查了"书面记录，而很少关注硬件本身"。然而，结果摆在眼前——北美航空公司错过了最后交付期限，并出现了严重的成本超支。但斯托姆斯仍称：NASA 的"团队中没有人清楚 S-Ⅱ级的结构设计问题，还有他们自己在工程中制造的混乱"。

菲利普斯敦促穆勒写信给阿特伍德，说明事态的严重性，他起草了一封信让穆勒签名，同时以自己的名义给阿特伍德写了一封信。两封信都于 12 月 19 日寄出（在国会调查阿波罗 1 号火灾事故期间，菲利普斯的信以及信中附的审查小组未修订的笔记作为"菲利普斯报告"重新出现，见第六章）。穆勒说，寄这些信是因为"我们很沮丧"以及"我们想引起他的重视"。两封信都意在说明老虎小组的评估结果表明北美航空公司必须采取行动来改善现状。穆勒在信中称："我不确定你我二人对太空部门的表现是否看法一致。"他提到了指令服务舱的延误等问题，并写道："我可以继续列出别的问题，因为我们还有其他的因素需要考虑，例如成本，但我相信，这份清单可以让你对我在飞船项目中的绩效评价方式有所了解。"对于 S-Ⅱ级，他详细说明了成本和进度问题，以及"我很难理解，像贵公司这样公认有背景、有能力的公司，怎么会在 S-Ⅱ级项目上花费 4 年半时间和 5 亿多美元，却还没有达到投入运营的程度？"他说："结果是由管理能力和技术能力两部分组成的函数。我认为这两个项目的情况清楚地表明我们没能做好工作。根据我目前所看到的，我对你们未来能否兑现承诺完全没有信心。"在汇总了一系列建议后，他说："我认为目前的局势是不可容忍的，我的结论是只有大刀阔斧地改革才最符合国家利益。"

阿特伍德在与 NASA 打交道时非常谨慎。当时他正考虑把北美航空公司卖给罗克韦尔公司，因为 NASA 是公司最大的客户，所以他必须迎合 NASA 的要求。他从不争辩，但是后来他称菲利普斯关于北美航空公司未能有效规划和管控项目的指控是错误的。"我不承认这一点，"阿特伍德说，"北美航空公司的规划和控制系统是合理的。"他把菲利普斯和穆勒抱怨的许多事情归咎于 NASA 经常无法确定需求。他指出，北美航空公司在指令服务舱上使用了最先进的技术。"我们已不需要开发新技术"，但是由于 NASA 一直在变更需求，"所以内部构造、器件和线路以及其他所有东西在相当长的一段时间里都处于持续变化的状态"。NASA 没能提供"给制造商协调一致的指示。一直以来，来自 NASA 多方技术人员的各种要求都混杂在一起"。他指出，马歇尔航天中心拥有强大的配置管理措施，但休斯敦载人航天飞行器中心很少强调配置管理。斯托姆斯也对阿特伍德说："休斯敦载人航天飞行器中心尽可能不给出详细规范，这样他们可以很容易地要求更改……如果没有书面文件，就可以通过非正式的口头交流直接提出变更。"他坚持认为问题在于休斯敦载人航天飞行器中心想掌管一切。北美航空公司发现很难适应该中心的管理方式，因为他们在以往的飞机开发过程中是以规范为导向进行工作、以性能为导向进行设计。在飞船项目中，合同双方的不协调使他们之间产生了摩擦。

S-Ⅱ级项目已经到了关键节点。穆勒亲自前往北美航空公司，劝说斯托姆斯"让真正的人才参与到项目中来"，因为斯托姆斯部门的问题已经影响了整个阿波罗计划的进展。他们讨论了很多，直到阿特伍德指派某些高层人员接管 S-Ⅱ级项目的管理。问题比较严重而无法短期解决，因此，阿特伍德指派了公司副总裁拉尔夫·鲁德（Ralph Ruud）监管 S-Ⅱ级项目进展。鲁德是设计方面的专家，和斯托姆斯同级。阿特伍德还从马丁·玛丽埃塔公司聘请了退役空军将军罗伯特·格里尔（Robert E. Greer）参与管理工作。慢慢地，管理上的变化开始起作用。拉尔夫·鲁德用穆勒所说的"技术、管理和激励型领导的结合"解决了 S-Ⅱ级的生产问题。通过"选择拥有合适背景的合适的人"，北美航空公司最终完成了这项任务。鲁德应用了新的制造技术，并克服了危及登月进度的生产问题。因为进度紧张，穆勒也亲自参与进来，他说："我们没有太多时间去重复……多次解决问题。"

NASA 最初认为土星 5 号是阿波罗计划中的关键。然而，谢伊指出，"起决定作用的不是火箭，因为……现在看来我们在飞船上走错了路"。他想"停止制造那些只有微小区别的飞船，逐步实现登月配置"。尽管如此，直到阿波罗 1 号火灾事故发生，休斯敦载人航天飞行器中心才开始重新设计飞船。和穆勒一样，谢伊将休斯敦载人航天飞行器中心的渐进式风格归因于以往国家航空咨询委员会飞机制造模式的惯性，这也类似于马歇尔航天中心最初生产火箭的方式。1963 年秋天，也就是决定采用月球轨道交会方式一年后，谢伊来到休斯敦载人航天飞行器中心。这时登月舱还无法被放置在阿波罗飞船中。"他们还在讨论"，休斯敦载人航天飞行器中心进行了一系列设计方面的研究，但还没有确定最终配置。由于原始设计存在不足，谢伊将阿波罗飞船项目分成两部分：Block Ⅰ，主要用于不需要对接的地球轨道飞行试验；Block Ⅱ，用于在飞行中测试日后登月使用的登月舱。这允许北美航空公司在改进 Block Ⅱ飞船的同时完成 Block Ⅰ，这里谢伊汲取了双子星计划中的经验。穆勒回忆："我永远不会忘记我在休斯敦载人航天飞行器中心举行的有关 Block Ⅱ飞船的第一次会议。我的第一个问题是，我们为什么需要 Block Ⅱ？"当时已经是 1964 年了，穆勒说："我们对月球轨道交会进行了超过一年的研究。休斯敦载人航天飞行器中心的人则向我解释说……现在的通道不够大，宇航员没法通过，并且还没有做好与登月舱的对接准备。"其实，首批飞船从未满足计划需求，因为这批飞船是在 NASA 决定实行月球轨道交会前设计的，当时人们认为整艘飞船将会直接在月球登陆。穆勒说，休斯敦载人航天飞行器中心内部的混乱局面使情况更加复杂，阿波罗飞船项目管理办公室在一栋楼里，管理中心在另一栋楼里，双子星项目管理办公室又在另一栋楼里，人们分散在休斯敦载人航天飞行器中心的"各个地方"。更可怕的是，他说，管理层中居然没有人知道"这条通道毫无用处"。

穆勒认为，飞船的问题要比火箭 S-Ⅱ级更难解决，因为"斯托姆斯根本无法想象自己的手下有问题，几乎是在阿波罗 1 号火灾之后我们才说服他必须有所改变"。穆勒回忆，NASA 最终让北美航空公司在太空部门引入更多的管理手段，"但这花了很长时间"。除了拉尔夫·鲁德和罗伯特·格里尔之外，阿特伍德还指派公司工程主管乔治·杰夫斯（George W. Jeffs），一位后起之秀，担任戴尔·迈尔斯的副手兼总工程师。杰夫斯记得，"我们有太多问题需要处理……太多的地方需要深入基础，放弃那些华而不实的东西"。他将参与飞船项目的工程师人数削减了近半，大约有2000 人。

时间来到 1965 年底，《美国新闻与世界报》对穆勒进行了一次采访。虽然记者反复询问风险问题，穆勒还是坚持详细描述了登月任务的细节。然后记者直接问他："对宇航员来说登月中最大的风险是什么？"穆勒回应道："计划的每个阶段都存在固有风险。其中有一个阶段的风险可能比其他阶段更大，那就是地球上的发射阶段，这涉及非常复杂的设备。另外就是在月球表面着陆的时候。"然后记者问道："美国应该为自己的宇航员可能遭遇的灾难做好准备吗？"在给出会采取一切措施防止灾难发生的例行回答后，穆勒说："人们必须做好准备接受这样一个事实，即有一天，以某些目前无法描述的方式，我们可能会失去一名甚至一组宇航员。"

1965 年即将结束，NASA 已经成功完成了 5 次双子星载人飞行任务，包括一次交会对接。阿波罗 – 土星 5 号也离它的首次试飞越来越近了。一些人主张缩减双子星计划，但穆勒支持完成它。他告诉查尔斯·马修斯，将在 1966 年继续推进双子星计划。NASA 在对接测试中需要阿金纳号，然而经过 4 个月夜以继日的工作，工程师们也没能找到上次阿金纳 6 号爆炸的原因。NASA 不知该如何解决问题，也不知道何时才可以继续使用阿金纳号执行任务。穆勒成立了一个双子星 – 阿金纳号目标飞行器审查委员会（Gemini-Agena Target Vehicle Review Board），由吉尔鲁思和施里弗的副手奥斯蒙德·里特兰将军共同担任主席来监督这项工作，同时由多个委员会和任务组负责技术问题。在穆勒忙于自己的工作时，马修斯则管理着双子星计划的日常事务，并通过大量的电话和面对面会议让他的老板了解最新情况。由于太想要证明双子星飞船太空对接的可行性，麦克唐奈飞行器公司的乔姆·亚德利提出了他的所谓"穷人目标"，即开发一个由宇宙神火箭直接搭载的加力目标对接接合器（Augmented Target Docking Adapter，ATDA），这样就可以不使用阿金纳号了。穆勒对此予以批准，这一临时备用装置预计在 1966 年 2 月初就可投入使用。与此同时，对阿金纳号分析、测试和修改的压力也增大了。虽然阿金纳号的问题始终没有解决，但马修斯没有放弃，他说服了穆勒在执行备用方案前给他更多的时间，看他能不能完成工作并获得双子星 – 阿金纳号目标飞行器审查委员会的批准。在施里弗的帮助下，马修斯争取到了阿金纳号在阿诺德工程发展中心（Arnold Engineering Development Center）的优先测试机会。3 月 4 日，经过 22 次成功的测试，审查委员会终于批准了阿金纳号的飞行。NASA 随后决定在 3 月 16 日为双子星 8 号 – 阿金纳 8 号的对接试验进行发射。

1966 年初，NASA 在载人航天方面的投资依然可观，高峰时期工作人员约 30 万人，95% 来自产业界或大学。阿波罗计划已经进展过半，NASA 需要决定如何将积累的资源应用于后阿波罗时代，而阿波罗扩展系统需要的某些长周期部件现在就要考虑订购了。穆勒说："我们必须继续，否则就只能看着它们的价值消失……苏联的太空计划正在不断扩张，如果我们不乘胜追击，当年美国面对苏联发射第一颗人造卫星时的恐慌很可能会再次上演。"财政紧缩意味着美国无法发展所需的科技知识。穆勒指出，其实相较于原始成本，只需要追加一小部分投资，就可以继续并在未来几十年内壮大人类的太空事业，这对美国的国防能力和世界地位影响重大。他认为，继续投资载人航天计划将是在安全方面"美国能买到的最便宜的保险",因为它代表了"这个国家在科学和生产方面最具说服力和最引人注目的成就"。由于政府仍然支持空军的载人轨道实验室项目,为了避免与空军发生冲突,韦布提出了一个比先前更保守的后阿波罗计划。

1966 年 2 月,当韦布在国会争取 1967 财年预算时,他表示后阿波罗计划"能反映总统的决心,即在做出关乎未来计划的重大决策前再观察一年,然后决定是要充分利用我们努力的结晶——空间操作系统、空间技术和设施,还是放弃并清理掉"。约翰·霍奇(John D. Hodge)是原 NASA 太空任务小组的成员,也是休斯敦载人航天飞行器中心飞行控制部门的负责人。霍奇说阿波罗扩展系统是"穆勒的宝贝",他会把相关想法"强加给每一个人"。穆勒认为有必要继续载人飞行,也"确实达到了目标"。但太空计划的人员正在流失,虽然来自国家航空咨询委员会和军方的骨干人员还在,不过许多原来从产业界招聘的人离开了 NASA。穆勒知道,要想留住优秀的人才,需要让他们参与到有吸引力的项目中去。

NASA 宣布了双子星 8 号的机组人员，指令长是尼尔·阿姆斯特朗（他曾是双子星 5 号的备份宇航员），副驾驶员是新人戴维·斯科特。这次飞行的主要目标是与阿金纳号目标飞行器进行交会对接，NASA 还打算测试新设备，包括舱外生命保障系统和一个带油箱的背包，并进一步测试怀特在太空行走中使用过的喷枪。斯科特将进行双子星 4 号任务后的第一次太空行走，在他训练的时候，NASA 对于失重环境中工作的难度还没什么头绪。斯科特被要求背上背包走出飞船，来到飞船后部。这项任务并不容易完成，后来的实际操作也证明了这一点，但是斯科特花了大量时间进行训练，这增添了他的信心。穆勒则更专注于交会对接，这是计划的关键目标。接下来的 5 次双子星任务将比前 7 次更先进，因此会增加宇航员的训练时间以熟悉新设备。此外，燃料电池中存在的问题将飞行时间限制在了 2 到 3 天。双子星 8 号的发射可能与阿波罗 – 土星 1B 号首次发射的日期重叠，由于双子星 8 号将继续测试交会对接，而 AS-201 任务只是早期载人飞行发射评估的一次不载人任务，所以穆勒给予了 GT-8 号任务优先权。随着发射日期的临近，虽然有设备问题的困扰，但最终没有造成延误。

在阿波罗 – 土星 1B 号首次发射前约一个月，穆勒在一次可靠性研讨会上汇报了阿波罗计划取得的"卓越进步"。计划正如期开展，但是 NASA"必须进一步了解在宇航服的帮助下宇航员能在舱外做什么；必须将交会对接简化为一种常规操作；必须提高飞船在再入大气层时进行飞行控制的能力，将飞船落点控制在机场大小的区域内"。虽然已经取得了部分成功，但载人航天项目仍存在风险，因此宇航员面对各种设备进行决策和调整的能力至关重要，这"能够把潜在的失败转变为最终的成功"，他还赞扬了斯基拉在 GT-6 号发射中止期间展现出的"冷静的勇气和沉着的判断"。

穆勒还引用了一些数据，这些数据引起了可靠性工程师们的共鸣。他说，用来发射水星号的宇宙神火箭在执行载人飞行任务前已经进行了 100 多次发射，泰坦火箭在双子星计划前也有过 30 多次发射经历。但土星号火箭在第一次载人飞行任务之前只进行了有限的几次飞行试验，因此它需要更全面的地面试验，在制造、装配和测试过程中对每个部件进行持续监测。通过"对每一次测试失败或性能差异进行研究和纠正，我们相信可以达到要求的高可靠性"，这能使 NASA 在土星 5 号仅飞行过几次后就对它委以重任，而不是像双子星计划和水星计划那样到第三十或第一百次飞行才能去执行任务。他解释道，阿波罗计划中的试验是通过在地面测试硬件质量，将"统计可信度"替换为"固有可信度"。作为阿波罗－土星 5 号首次飞行试验，AS-501 任务将是一个重要的里程碑，它将测试用于登月任务的航天器飞行件，在测试中火箭的 3 个级都保持可用状态。火箭试射在 1965 年开始，而飞行件的测试和检验将一直持续到发射前。

随着联邦预算紧缩越来越明显，穆勒开始在公开讲话中逐渐淡化阿波罗扩展系统。1966 年 2 月，他说："根据 NASA 目前的预算安排，我们对将阿波罗计划中的硬件和成果用于 1971 年后的扩展计划持怀疑态度。"他之前常说，后阿波罗计划将包括地球轨道、月球轨道和月球表面飞行任务。现在他仍在谈论地球和月球轨道上的长期任务，但已暂时不再提起将 1969 年登月作为中期目标，以及在 20 世纪 80 年代探索火星和金星。他开始更加强调太空技术的实际应用，并指出"在从应用中获益之前，首先要学会在太空中工作"，接下来的双子星任务和早期的阿波罗任务都将服务于这一目标。尽管如此，当他和工作人员及顾问在一起时，他就开始大谈后阿波罗计划。在载人航天科技咨询委员会 2 月的会议之前，他给委员会写信概述了将在 1980 年让宇航员登陆火星这一新的国家目标。新计划不仅包括计划于 1968 年开始的载人金星轨道任务，还包括将充分利用对阿波罗计划的投资，努力实现尽可能多的中间目标。为了提高火星任务成功的可能性，NASA 需要可以在近地轨道上测试的核动力推进系统，以及可以在月球上测试的火星着陆器。载人航天办公室进行了概念研究，穆勒提出了一系列火星任务的步骤。从在近地轨道建立空间站开始，通过这个前哨站，宇航员可以建立一个月球基地，进行近地和月球探索，并组织火星和金星的飞行探测任务。他描述了在接下来的 15 到 20 年里，从阿波罗－土星号过渡到新的航天器所必需的步骤，但这需要类似肯尼迪对登月的承诺：使人类在附近的行星着陆并安全返回地球。载人航天科技咨询委员会在 2 月的会议上没有接纳这一提议，而是将重点放在月球着陆点的选择上，并想用一个更温和的计划来取代阿波罗扩展系统以及载人航天实验。不过，他们同意在 5 月的会议上就更广泛的议题展开讨论。

对轨道工作站的早期研究集中在是否要使用一个废弃的土星号火箭 S-Ⅱ 级（后来改为 S-IVB 级）上，这引发了后续讨论，即应选择一个废火箭级（被称为"湿"工作站概念），还是选择一个未使用过的 S-IVB 级（即"干"工作站概念）[1]。无论做何种选择，轨道工作站都将成为 NASA 的第一个空间站，就像穆勒所说的那样，"它可以测试在真实空间站中需要做的事情"。穆勒一直不确定湿工作站的可行性，他担心"只要把它放入轨道，你将不得不尽你所能使它工作"；况且他们还缺乏失重环境中的操作经验，能否在太空中成功组装湿工作站也有待验证。

在执行 AS-201 任务前一周，面对一群知名商业领袖，穆勒发表了讲话。他警告说，阿波罗计划拥有的人力资源已经达到顶峰并开始下降，"整个团队必须团结起来，以解决阿波罗计划中尚存的问题"。由于资金减少，NASA 可能在第一架飞行器投入运营前就得"歇业"——土星 1B 号首飞还没准备好，而用它进行载人飞行还需要一年时间。这就引出了一个问题：该如何处理为登月建立的组织和积累的资源？他说，1967 财年的预算允许 NASA "保留在计划外采购飞行器的选项"，并一直持续到 1971 年。但是，如果政府在 1968 财年无法兑现承诺，NASA 将不得不逐步缩减太空计划并停用部分设施。他后来指出："我们的太空成就不能被封存，我们必须使用它们，否则只能眼睁睁地看着它们失去价值。"决定载人航天未来的时刻即将到来，我们必须做出决定。他将太空计划与和苏联的竞争联系起来，告诉听众：苏联刚刚"将自动探测器平稳地降落在月球上，向世界宣告了他们在太空领域的竞争力"。但这也替 NASA 向人们证明了登月的可能性，表明月球表面至少可以支撑一个小型探测器的重量，而非像有些人担心的那样，任何着陆在月球表面的设备都将被厚厚的灰尘吞没。穆勒指出，德国和法国已经制造了自己的卫星，而苏联在过去一年里速度几乎加快了一倍，他担心这会造成美国与欧洲的技术差距。不过令人欣喜的是，预定在一周内发射的土星 1B 号火箭将是近地轨道火箭中有效载荷最大的火箭，其运载能力比苏联头号火箭质子号的大得多。

---

1 "湿"工作站（"wet" workshop）方案使用的是火箭废弃级，预计设置多个停靠点，用于与飞船、阿波罗望远镜装置等对接。宇航员来到后，先排出燃料箱中的废弃推进剂，用氧气填充，再进入燃料箱内部，完成后续建设工作。"干"工作站（"dry" workshop）则是指直接发射一个装备齐全的火箭级。显然后者更简便，但成本也更高。

穆勒说："在充分利用太空资源前，人类将不得不在太空环境中工作和生活一段时间。"阿波罗计划将使美国收获多年的飞行经验，并开发出可用于未来太空计划的技术。因此，现在国家是时候就未来的太空探索做出决定了，而且"与已投入的成本相比，只需要追加一小部分投资，我们就可以继续前进，并在未来10年或更长时间内壮大太空事业"。他指出，持续的载人航天计划能实现的远比现在的短期目标要多，因为它能影响国家安全、世界领导地位和科学进步。自莱特兄弟在基蒂霍克[1]打开了人类飞行的大门起，人类过了许多年才从特技表演发展到商业航空，航天事业亦是如此。他告诫人们，以美国的其他发明史为鉴，我们应该不断挖掘潜力，"充分利用我们投入如此巨大的资源开发的这些机器"，从而充分发挥美国在太空中的全部实力。

AS-201任务预计飞船上升到地球上方500千米高度，并进行一次约9000千米的亚轨道飞行，这也是S-IVB级的首次试飞。由于天气原因和最后一刻发现的技术故障，执行AS-201任务的飞行器直到1966年2月26日才从肯尼迪航天中心发射，起飞后土星1B号的两级火箭都运行良好。此次发射测试了飞船与火箭的分离，同时隔热层经受住了再入大气层时的热量。最终，由定序器控制的Block I飞船返回舱溅落在南大西洋。整个飞行几乎没遇到什么问题，就像航天历史学家罗格·比尔施泰因说的，"综合来看，土星1B号两级火箭的首次试飞引人注目"。

《圣路易斯邮报》引用穆勒的话说："这次飞行取得了圆满成功，也是我们朝着载人登月目标迈出的重要一步。"尽管穆勒指出"唯一的偏差是飞船发动机的性能略低于预期"，该报依然称这次任务"完美无缺"。正如穆勒后来对国会说的那样，在AS-201任务中"我们在飞行测试程序里引入了一个新概念——全机试验"，包括对飞船服务舱推进系统[2]（Service Propulsion System, SPS）和土星J-2发动机的首次飞行试验。虽然全机试验会增加风险，但NASA最终接受了这种测试方法，因为这样能在一次测试中获得更多信息。NASA计划在1966年开展3次额外的阿波罗 –

1　1903年12月17日，美国的莱特兄弟设计制造的飞行者号飞机在北卡罗来纳州基蒂霍克试飞成功，这是公认的世界上第一架飞上天空的可操纵载人动力飞机。

2　SPS发动机挂载在服务舱上。在土星5号用完燃料并分离后，这一系统提供飞船的主要推力。

土星 1B 号飞行试验任务，分别命名为 AS-202、AS-203 和 AS-204，并把首次载人飞行安排于 1967 年初，这将推动在近地轨道上为登月舱及指令舱的部署、对接进行的预演 [大约在这个时候，穆勒将登月旅行舱改名为登月舱（Lunar Module，LM），因为他认为"旅行"这个词太随意了]。

随后，3 月，在众议院太空委员会作证时，穆勒提到苏联的一个太空探测器已于 2 月 3 日在月球着陆，另一个于 3 月 1 日在金星着陆；日本正在打算发射他们的第一颗卫星；而欧洲人正对美国的技术领先地位虎视眈眈，他们在努力缩小与美国的技术差距，2 月 17 日发射的第二颗法国卫星就表明了欧洲的决心。而苏联人对太空领导地位的追求使他们过去一年里在太空计划上的支出翻了一番。穆勒认为，将成本和进度保持在可控范围内是另一种成功，他将其归功于将双子星计划的主要合同转换为成本加奖励费用的类型。他说："通过采取新的管理方法，以及在新的合同中将承包商的利润与他们的总体表现挂钩，可以使进度加快，成本得到控制。"他提醒委员会，现在已经到了为初次登月后如何发挥我们的能力做出决定的时候了，并反问："接下来会发生什么？"接着，他提到了 NASA 可以在地球轨道、月球轨道和月球表面完成各种各样的飞行，并描述了一系列任务，这些任务将通过土星号火箭的超强运载能力实现。但是在执行这些任务之前，他说我们"只有在太空投入足够多时间才能实现太空中的有效运营"。在阿波罗计划之后，一项重要的任务是积累经验和开发未来任务所需的先进运营技术。1967 财年的预算包括在 1968 年启动阿波罗应用计划 [阿波罗扩展系统已于 1966 年更名为阿波罗应用计划（Apollo Applications Program，AAP）] 的费用，但如果未获批准，就必须削减和封存太空设施。

穆勒计划于 1968 年春天用土星 5 号执行阿波罗应用计划的首次任务（土星 5 号于 1966 年首次亮相，参见图 5-1）。阿波罗应用计划有一系列具体的目标，包括轨道装配、操作和再补给，轨道上的人员转移演练，长达 3 个月的太空飞行，以及进一步探索月球和相关实验。穆勒说，从成本的角度考虑，该计划的要求将"在这几年里逐步细化到一个成本不足 20 亿美元的小规模原型空间站（Prototype Space Station）"，同时为了进一步减少后阿波罗计划的预算，NASA 将把最初想纳入阿波罗扩展系统的月球轨道和月球表面实验作为阿波罗计划本身的核心部分，取消额外的硬件，同时放弃地球同步轨道任务。韦布支持开展阿波罗应用计划，但不支持穆勒对该计划的宏大构想。他认为利用从阿波罗计划中学到的知识和经验是可取的，但警告说美国在太空规划方面正面临一场危机。此外，在这一年必须就阿波罗计划的后续行动做出决定，因此韦布告诉国会："最关键的一点就是不再拖延决策，当务之急是在全国范围内对我们是否要开展阿波罗应用计划展开讨论，因为一旦决定就很难改变。"由于陆续有工作人员离职，人才的缺口填补起来并不容易。不过，在几个月内，工业界也将释放成千上万的人。

图 5-1　1966 年 5 月 26 日，土星 5 号首次展示时的乔治·穆勒和韦恩赫尔·冯·布劳恩（NASA 照片）

　　　　　　　　　迎难而上：乔治·穆勒与 NASA 载人航天计划的管理

工程师在肯尼迪航天中心检查了执行 AS-202 任务的飞行器，为 1966 年 6 月的飞行做准备。此次飞行任务的目的在于进一步检验 J-2 发动机，并使阿波罗太空舱再入时模拟从月球返回时的速度。AS-203 任务的目的是在轨道滑行时评估 S-IVB 级推进剂的性能，此次发射不搭载飞船。AS-204 任务是长期轨道飞行任务，将在 1966 年下半年进行。NASA 还为首次阿波罗－土星 1B 号载人飞行挑选了机组人员——曾参与过双子星飞行任务的弗吉尔·格里索姆、爱德华·怀特，以及新人罗杰·查菲（Roger B. Chaffee）。此次载人飞行原计划被安排在 1967 年的第一季度，如果测试一切顺利，预计飞行能够提前并成为 AS-204 任务。该任务的主要目标仍然是验证航天器、机组人员和地面支持系统的兼容性，但还没有进行详细规划。穆勒说，要想在 1969 年底前成功地将宇航员送上月球，必须"从现在开始，确保那些为数众多又极其困难的地面和飞行试验都百分之百成功"。他警告说，日程安排仍然很紧张，没有出错的余地。在被他称为"艰苦的预算水平"下，任何大的挫折都可能破坏登月的目标。

1966 年 3 月 16 日，NASA 成功发射了阿金纳 8 号，随后是阿姆斯特朗和斯科特乘坐的 GT-8 号。在追赶阿金纳 8 号的过程中，宇航员们遇到了小问题，但 3 小时后，他们已经用雷达与约 350 千米外绕轨道飞行的目标飞行器取得了联系。双子星 8 号移动至距目标 50 米内，经过半小时停留，在不足 1 米处开展对接。尽管是头一次操作，但他们很轻松地完成了对接并且飞船也没有发生异常振动。然而，当宇航员着手一系列测试，以研究对接后这一组合体对不同操作的反应时，飞船开始出现不受控制的滚动。斯科特和阿姆斯特朗怀疑原因在阿金纳 8 号上，于是他们将二者分离。然而异常滚动并没有停止，显然问题出在飞船上。他们怎么都无法阻止，飞船不停翻滚。问题刚出现时他们还与地球断了联系。接着，翻滚速度达到了每秒一周，通信时断时续。斯科特和阿姆斯特朗头晕目眩，视野缩小，逐渐逼近生理极限。阿姆斯特朗意识到是其中一个推进器失灵了，但他无法确定是哪一个。为了稳定飞船，他关闭了主系统，激活再入控制系统，依次重启主推进器，直到找到有故障的那一个推进器，然后他永久关闭了系统。按照手册规定，一旦激活再入控制系统就必须立即返回地球，因此，此次飞行时长被缩短了。

像往常一样，穆勒去卡纳维拉尔角观看了发射过程，然后他乘坐 NASA 的飞机返回华盛顿，参加国家航天俱乐部的年度罗伯特·戈达德纪念晚宴，晚宴上副总统休伯特·汉弗莱（Hubert H. Humphrey）将作为嘉宾发表演讲。得知异常情况后，穆勒立即返回肯尼迪航天中心，梅里特·普雷斯顿（G. Merritt Preston）在飞机旁迎接他。普雷斯顿是休斯敦载人航天飞行器中心在卡纳维拉尔角的运营主管，后来成了库尔特·德布斯的副手。在他们开车前往此次任务的控制中心（也是曾经的水星任务控制中心）途中，他向穆勒简要介绍了相关情况，他们于双子星 8 号再入大气层时到达。西曼斯也参加了戈达德晚宴，他在接到电话后向在场人士透露了将提前结束此次飞行任务的消息。接着，就在休伯特·汉弗莱发表讲话时，西曼斯向他示意一切正常，于是副总统当场宣布机组人员已经安全着陆。

迎难而上：乔治·穆勒与 NASA 载人航天计划的管理

飞船在太平洋溅落后，宇航员们在休斯敦载人航天飞行器中心受到了英雄归来般的欢迎，而飞船被送去麦克唐奈飞行器公司位于圣路易斯的工厂检查推进器故障。但人们一直没弄清到底出了什么问题，工程师们推断是电路短路导致一个推进器阀门一直敞开。为了防止再次出现问题，他们安装了一个开关，只要关闭开关就不会向推进器供电。尽管差点发生灾难，这次任务还是实现了两个飞行器在太空中的首次对接，这成为了阿波罗计划做准备的一个里程碑事件。穆勒称双子星8号的遭遇是"我们离危险最近的一次"，NASA很可能在几秒内失去这两位宇航员。虽然宇航员及时发现了问题，但飞船的推进剂几乎用完。后来穆勒说："我必须承认我捏了一把汗，阿姆斯特朗很幸运。如果这发生在第一次双子星载人任务中，也许会导致整个计划的中止。"

穆勒还在继续推动阿波罗应用计划。1966年4月下旬，他在与加州大学洛杉矶分校（University of California at Los Angeles，UCLA）的一群天文学家交谈时说"把天文学家带到他在太空中的仪器旁是有可能的"。他谈到要建立一个空间观测站，利用月球开展天文观测，并告诉他们，由美国科学院空间科学委员会赞助的伍兹霍尔夏季研讨会"建议研究应尽快开始，以探索如何在天文领域利用月球"，其中可能包括基于地球的工程研究、月球环境研究以及在月球上测试小型望远镜。但是这些想法能否变成现实仍然取决于科学界。阿波罗应用计划的第一阶段将使用多余的阿波罗设备（当然这些硬件的优先使用权还是归登月任务所有）。更多的任务尚在考虑之中，当进入第二阶段，将需要更多的设备，这意味着更多的资金需求。他建议伍兹霍尔夏季研讨会规划的一些实验可以在阿波罗应用计划的第二阶段进行，这至少将飞行任务延长到了1971年。与他在私下里和人讨论的相比，穆勒公开提及任务设想并不多，这并不是说他放弃了这些想法，他只是不再公开谈论它们了。

菲利普斯领导的老虎小组的评估报告出来后，在1966年1月底北美航空公司拿出了补救方案。菲利普斯认为该公司的回复是"客观的"，并肯定了他们采取行动来解决问题的做法。菲利普斯写道，北美航空公司对报告的每一点都做出了回应，他和穆勒认为该公司采取的第一步行动令人满意，但最终评价还取决于他们在1966年的表现。当北美航空公司实施补救方案时，阿特伍德问菲利普斯情况是否有所改善，菲利普斯则回答："情况好多了，好多了。"穆勒则向菲利普斯表示，北美航空公司已经取得了较大进步，该公司有希望达到更"正常"的管理水平。

1966年5月初，穆勒向总统科学顾问委员会描述了未来载人航天的目标和任务。他指出，载人航天办公室1967财年的预算比1966财年少了3亿美元，政府和业界因此流失了一批训练有素的人才，资金问题也将阿波罗应用计划局限在了初步定义阶段。他告诉顾问委员会："如果要保证飞船和火箭的发展前景，就需要对阿波罗应用计划做出重大承诺。"由于该计划需要较长的准备时间，所以"不能过分拖延新计划的启动，这会导致我们在太空领域的努力付诸东流，遏制国家的发展势头"。几年后，穆勒在回顾关于阿波罗应用计划的辩论时说："韦布支持它……我想其实每个人都是，但无法让它强行通过。没人有这个能力。老虎·蒂格支持它，克林顿·安德森也支持它，每个人都想为它做点什么，但相比越南战争和街头骚乱，它没有那么引人注目，也不擅长吸引注意力或金钱。"他补充说："我们为阿波罗计划做了那么多工作，我想挖掘其中的回报，并将成果应用到未来。然而令我吃惊的是，没人对未来感兴趣。"

穆勒继续呼吁制订新的国家太空目标，以充分利用为阿波罗计划建造的基础设施。在1966年5月的一次演讲中，他引用了1958年的《美国航空航天法案》（National Aeronautics and Space Act），请求继续在太空开展行动，并列出了一系列可能的目标。他告诫说，因为现在苏联和美国在太空领域保持着相同的发展速度，"从技术发展和国际竞争两个角度看，这都应该是我们迈出的重要一步"。他重新提起在过去的演讲中曾强调的更宏大的目标，即在20世纪80年代让宇航员登陆火星。他称在近地轨道建立空间站是一个合乎逻辑的子目标，并应该扩大月球探索。他还表示，实现在火星着陆只需适度增加预算，只要和经济增长速度同步即可，而如果不这样做的话，将导致已有的投资逐渐枯竭。尽管总统仍然支持太空计划，但政府还是更看重其他国家事项。在总统科学顾问委员会收集了制订后阿波罗时代目标所需的信息后，他们得出结论：在最初几次登月后，NASA应该通过阿波罗应用计划展开月球探索，每年执行一到两次任务，每次任务持续7到14天。

NASA计划在双子星－泰坦9号（GT-9号）任务中进行3次交会操作，这被穆勒视为第一要务，其次是舱外活动。5 月 17 日，搭载阿金纳号目标飞行器的宇宙神火箭发生了故障，NASA 应用了在阿金纳 6 号爆炸后提出的加力目标对接接合器解决方案，并将任务推迟到了 5 月 31 日，更名为 GT-9A。有了备用对接目标，双子星 9A 号仍可执行原计划由双子星 9 号执行的所有交会和对接测试，以及因双子星 8 号提前返航而没能展开的测试。穆勒说，即使接合器无法正常工作，宇航员仍将进行舱外活动，并测试由空军开发的宇航员机动装置（Astronaut Maneuvering Unit，AMU）。

　　1966 年 5 月 19 日至 20 日，载人航天科技咨询委员会召开会议，主要讨论了美国科学院空间科学委员会提出的月球及行星探索建议。继 2 月致信后，穆勒终于得以向载人航天科技咨询委员会介绍他的长期规划，在他简要汇报后，委员会再次将讨论推迟到下次会议。但是在空间科学委员会的干预下，载人航天科技咨询委员会还是发布了一份关于 1968—1975 年太空目标的报告，穆勒对此非常失望。报告建议维持 NASA 整体预算不变，通过减少载人航天飞行经费来增加空间科学研究经费。报告对空间科学方面的支出增长表示支持，但对于科研项目描述不多，而是把重点放在了实施细节上。穆勒写信给查尔斯·汤斯，称"这份报告没有用，根本假设就有问题，我确信他们给不出 NASA 真正需要的建议"。他们太关注资金了，以至于在"限制我们的行动，这只能……使太空计划在未来几年无法充分展开"。空间科学委员会的报告称："考虑到社会其他方面的需求，特别是越南战争造成的资金流失，我们希望 NASA 未来几年的预算保持不变。"此外，尽管空间科学委员会乐见太空科学计划进一步扩大，但他们还是认为阿波罗应用计划是"有问题的"，并问："是不是可以等一等，比如说 1975 年，再实施一个类似的但更雄心勃勃的计划？载人火星任务……在人员方面可能会产生严重问题，人们必须长时间在太空工作，这甚至会超出人类承受极限。"该报告声称在 1975 年前没有时间进行严格意义上的实验。此外，"考虑到已在阿波罗计划中投入的资金，继续月球探索无疑是可取的，但要在 1975 年前建立一个月球上的永久性载人空间站还需要巨大的努力和资源"。委员会同样反对将空间站发射到近地轨道。来自空间科学委员会的反对意见表明，如果想制订阿波罗计划之后更为雄心勃勃的太空计划，那么穆勒必须在科学界争取更多的支持。

1966 年 5 月底，技术人员做好了 GT-9A 号发射准备。6 月 1 日，宇宙神火箭成功将加力目标对接接合器送入轨道。然而，遥测显示对接接合器的整流罩没有完全打开。此外，GT-9A 号的发射也因为某个问题推迟了两天。由于整流罩始终无法打开，NASA 决定不再等待。最终 6 月 3 日 NASA 发射了 GT-9A 号。几分钟后，宇航员托马斯·斯塔福德和尤金·塞尔南（Eugene A. Ceman）开始追踪目标，大约 3 小时后在 100 千米外看到了它（见图 5-2）。靠近对接目标后，他们看到整流罩半开着，斯塔福德向任务控制中心描述道："它看起来像一只愤怒的、正在旋转的鳄鱼。"他建议驾驶飞船把整流罩撞开，但被休斯敦载人航天飞行器中心否决了。双子星 9A 号停在约 9 米开外，宇航员仔细查看对接接合器并拍摄照片。后来的调查确定是发射前的一个小错误导致了整流罩无法释放，那是一个有两个公司参与的临时变动，而且在工作时监管人员已缺席了。对接显然已经不可能，于是斯塔福德不再尝试，并开始用另一种技术演练预先安排的第二次交会。经过一整天的工作，双子星飞船离开了。第二天，他们进行了第三次交会，做了一些实验，然后进入休息状态。

　　6 月 5 日，宇航员开始舱外活动。舱门打开，塞尔南走出飞船，他发现辅助稳定体位的扶手和尼龙搭扣并不好用，而且穿着宇航服的他活动能力严重受限。穆勒回忆："宇航服是一个真正的挑战。"塞尔南"无法操作任何器械，他很难移动手臂，即使是返回太空舱看起来也相当困难"。塞尔南仅仅来到飞船的后部并把自己绑在机动装置上就耗费了不少体力。并且他发现稳定全身姿态非常困难，每个动作花费的时间都比预想的要长。他就这样做着慢动作，尽力按要求操作，但宇航服内的环境已无法支撑，头盔面窗上还起了一层雾。随后，他被通知宇航员机动装置试验取消，伴随着休斯敦载人航天飞行器中心的鼓励塞尔南返回了舱口。进入舱内的过程也十分困难，不过还好他成功了。显然，舱外活动比预想的累得多，而且只持续了两个多小时，比预期缩短了半个多小时。塞尔南的经历让大家都意识到身着宇航服在失重状态下工作有多困难。

　　　　　　　　　迎难而上：乔治·穆勒与 NASA 载人航天计划的管理

图 5-2 1966 年 6 月 3 日，"愤怒的鳄鱼"，双子星 9A 号拍摄（NASA 照片）

　　6 月 6 日，宇航员乘坐双子星 9A 号溅落在距回收船 1.6 千米内的地方，和返回舱一起被吊到甲板上。西曼斯称这次的发射和再入过程"完美无缺"，不过"在阿波罗飞船飞行前，我们仍需要积累更多的经验"。穆勒认为媒体只详细描述了任务的失败之处，即未能与目标飞行器对接、塞尔南的面窗起雾和没能测试机动装置，但以他看来，交会和对接一样重要。一向热情高涨的他后来称这次任务"实际上是一次巨大的成功"，因为宇航员完成了 3 种不同类型的交会，并且安全返回地球。

　　《奥兰多哨兵报》发表了一篇文章，称"官员们开始私下里谨慎地承认，地球轨道上的航天器对接出现了严重的问题"。文章还指出，"NASA 在双子星飞船与目标飞行器对接任务上的成功率很低，在他们口若悬河为双子星计划辩护的背后，其实到目前为止真正的对接时间仅有 27 分钟"。《圣路易斯邮报》写道，NASA "已经找到了消除计划中失败之处的万无一失的办法，那就是不提 '失败' 这个词"。他们指的是穆勒不再说什么事情是失败的，而是用 "不成功" 来描述所有的结果。但其实人们没意识到，穆勒之所以认为这些试验没有失败，是因为 NASA 在每一次飞行中都能有所收获。但西曼斯不像穆勒那样乐观，他希望成立一个任务审查委员会来调查这次飞行，于是穆勒任命副手詹姆斯·埃尔姆斯主持调查。双子星 10 号预计于 1966 年 7 月 18 日发射，除非飞行时间被推迟，否则无论任务审查委员会调查结果如何，都几乎没时间改变什么。穆勒拒绝延迟飞行，他后来称任务审查委员会的成立仅仅是出于 "形式主义"。

由于 AS-202 任务所需的改装 Block Ⅰ 飞船没能如期做好飞行准备，因此 1966 年 7 月的 AS-203 任务实际上是阿波罗－土星 1B 号的第二次飞行试验。AS-203 任务将测试火箭的轨道飞行性能，特别是使用摄像机记录推进剂在失重状态下的特性。由于未来阿波罗飞船前往月球的飞行需要在太空中二次启动 J-2 发动机，NASA 曾考虑在 AS-203 任务中试一下再次点火，但马歇尔航天中心反对将任务复杂化，菲利普斯和穆勒也表示同意。执行 AS-203 任务的飞行器于 7 月 7 日起飞，没有搭载阿波罗飞船，而是用一个头锥代替。在试验行至尾声，氢气罐中的压力会持续增加，以检验普通舱壁。此外，NASA 希望能在 8 月完成 AS-202 任务的发射准备。

双子星 10 号任务将是一项包含多个目标的复杂任务，预计与两个阿金纳号目标飞行器交会，首先是与阿金纳 10 号对接，然后利用它靠近阿金纳 8 号，后者此前已经进入了一个高停泊轨道。宇航员约翰·扬和迈克尔·科林斯（Michael Collins）对与阿金纳 8 号交会感到担忧，因为后者早就耗尽了能源，无法打开雷达应答机，只能进行目视交会。任务还包括由科林斯执行舱外活动，他将把一根管子连接到飞船外部的一个阀门上，为喷枪抽气，然后穿过停滞的阿金纳 8 号，取回戴维·斯科特的微流星收集装置。他还将使用新研发的防起雾头盔。NASA 打算让飞船在第四圈与阿金纳 10 号交会，交会后第二天用来做实验，第三天与阿金纳 8 号交会。他们在空军的帮助下，利用强大的地面雷达跟踪阿金纳 8 号的运动轨迹，因此 NASA 计算出了双子星 10 号第二次交会的操作信息并将其输入机载计算机。

1966 年 7 月 18 日，宇宙神火箭和 GT-10 号都准时起飞。当宇航员操纵飞船开始与阿金纳 10 号交会时，穆勒正举行发射后的新闻发布会，他说："这无疑是一个良好的开端……但我们还有很长的路要走，我们要实现一个雄心勃勃的飞行计划。"一切都很顺利，近 6 小时后，宇航员成功完成了飞船与阿金纳 10 号对接。但因为用了太多燃料，任务控制中心取消了之后的分离和再对接练习。随后宇航员们准备好阿金纳 10 号主发动机的启动程序，以使飞船与阿金纳 8 号对接。穆勒后来表示，这要求他们推进到一个最高点为 766 千米的调相轨道，这是"迄今为止人类在太空探险中到达的最高水平"。

第二天，发动机再一次点火，双子星 10 号与阿金纳 10 号一起进入预定轨道，随后二者分离，宇航员操纵双子星 10 号与阿金纳 8 号目视对接。宇航员先是将距离缩短到 21 千米内，让二者交会，并最终保持在约 3 米开外。科林斯打开舱门，来到舱外，插上气体供给管，并抓住双子星 10 号飞船。约翰·扬再将飞船移动到距阿金纳 8 号 2 米内。然后科林斯手持喷枪，开始太空行走。和塞尔南一样，他在失重环境下行动困难，不过他还是设法完成了取样任务并交给约翰·扬。原定于阿金纳 8 号上的新实验被取消了，任务控制中心通知科林斯返回飞船，但这时他的"脐带"出现了问题，在约翰·扬的帮助下才得以进入飞船。离开阿金纳 8 号后，二人又做了一些实验。他们在太空停留了 3 天后，在离回收船 6 千米处着陆。

双子星 9A 号和双子星 10 号都为阿波罗计划做出了贡献，证明了轨道机动和太空对接的能力，不过显然舱外活动仍存在问题。在飞行后的新闻发布会上，穆勒称这次任务"非常令人满意"，并表示与阿金纳 8 号的交会是一项重大成就。"这次飞行展示了与无动力飞行器交会的技术……这是未来太空活动一个小小的开端。"

1966 年 8 月 16 日，穆勒再次在国家航天俱乐部发表讲话，他向观众汇报：双子星计划已经实现了最初的 6 个目标。双子星 10 号证明了人类长时间太空飞行的可行性，测试了交会对接技术，演示了在不同轨道间的机动操作，练习了再入制导，进行了舱外活动，并完成了一系列科学实验。在 8 次载人飞行中，宇航员累积了 1600 多小时的飞行经验，不管是宇航员还是地勤人员都获得了交会、对接和对接后轨道机动方面的经验。他指出："也许我们在双子星计划中学到的最重要的是太空中什么是容易的，什么是困难的。"事实证明交会比预想的容易，但舱外活动"似乎要更困难"，因此仍需要进一步研究相关技术。他说："在剩下的两个双子星任务中，仍有其他重要试验有待完成。前两次双子星飞行都比进度表晚了6个月，但在首次载人飞行之后，进度已经开始追上计划，并且成本得到了控制。"从那时起，"他说，"除了最初的对接延迟了，我们已经提前或按计划完成了每个里程碑事件，我们确实期望在1966年提前完成双子星计划。"NASA给每个任务设置了主要和次要目标，穆勒想在不危及机组人员安全的前提下，在每次飞行中实现尽可能多的目标。虽然并不是所有双子星任务都能如双子星10号一样成功，但他说："我们对计划的规划一直允许我们利用成功经验，并从失败中吸取教训。"马修斯称穆勒总在他迟疑的时候说："去吧，去做吧。"穆勒一直在推动双子星飞船尽可能多地飞行，这也使计划加快很多，只在早期出现过延误。

第六章 高潮和低谷

1966 年 8 月，在国家航天俱乐部的演讲中，穆勒详细介绍了阿波罗计划的进展。他在问答环节中说，1969 年前登月的可能性很小，但"预测首次登月日期意义不大"。由于他还宣布晚于原定时间开始的双子星计划将提前结束，这使得人们开始猜想登月是否也能提前。在回答一名记者提问时，穆勒表示："考虑到成本、复杂性和不确定性，国家应该首先把钱和精力花在增强太空活动的安全性上。"所以美国可能永远用不着开发一套用于营救太空中被困宇航员的系统。据《奥兰多哨兵报》报道，穆勒"在公共场合一般不会太坦诚，事实上，他的慎重在业内是众所周知的。因此，在这个特别敏感的话题上，穆勒那天的直率令人惊讶"。《华盛顿明星报》的威廉·海因斯（William M. Hines）说："穆勒几乎是大手一挥，就打消了在可能的将来发展太空救援能力的希望。"然而，NASA 并非没有开发过太空救援技术，他们只是缺乏预算。由于穆勒的说法引发了公众的负面情绪，他收到蒂格的一封信，信中附有一些批评性的社论。蒂格说自己清楚"NASA 长期以来为应对飞行中的紧急情况所付出的努力"，因此担心穆勒的回答被人们曲解。穆勒则回复称，在当时有限的时间内无法全面解释这一复杂问题，并告诉蒂格"NASA 的确为保证宇航员在太空中的安全做出了巨大的努力"。事实上，在他来之前 NASA 就已经开始太空救援的相关研究了，1964 年贝尔通信公司还研究了使用阿波罗飞船作为备用救援系统的可行性。但 NASA 并未将此付诸实践。后来穆勒也曾表示发展太空救援能力的意义不大。

经过几次推迟后，执行 AS-202 任务的飞行器终于在 8 月 25 日开始亚轨道飞行。本次发射堪称完美。在返回地球时，为了模拟从月球返回的情况，指令舱进行了热负荷测试，并安全溅落在太平洋上。穆勒在飞船返回后的新闻发布会上说："飞行很顺利，完成了所有目标，所有系统都运行正常，飞行结果也很令人满意。"NASA 随后对土星 1B 号进行载人航天评估，并准备于 1967 年 2 月 21 日执行 AS-204 的发射任务，由弗吉尔·格里索姆、爱德华·怀特和罗杰·查菲 3 名宇航员驾驶一艘 Block Ⅰ飞船（后来被认可为阿波罗 1 号）。

到 1966 年夏天，NASA 一共拥有 49 名宇航员，其中 5 名还是科学家。吉尔鲁思和唐纳德·斯莱顿都觉得 NASA 的宇航员够多了，可以训练宇航员在月球上进行科学研究。但穆勒不这么认为，他推广阿波罗应用计划的前提就是它与基本的阿波罗计划相比会包含更多的科研项目，因此他催促休斯敦载人航天飞行器中心招募更多的科学家作为宇航员。吉尔鲁思一直表示反对，但穆勒认为争取科学家的认同有助于争取国会对后阿波罗计划的支持，在这方面穆勒占了上风。NASA 将于 1966 年 9 月开始接受科学家的申请，并与美国科学院一起筛选，预计于 1967 年 8 月公布第二组科学家 - 宇航员名单（但这批人最终都没能登上月球）。

阿波罗望远镜装置成为阿波罗应用计划的关键。因为望远镜必须与马歇尔航天中心正在建造的轨道工作站结合，所以穆勒希望这一块也由马歇尔航天中心负责。但霍默·纽厄尔更倾向于戈达德航天中心，他的实验设计理念也与穆勒不同。为解决这一分歧，两位助理局长一同去见了西曼斯。在德赖登去世后，西曼斯升任了 NASA 副局长。听了他们的争论，西曼斯说："好吧，我想我们应该选择马歇尔航天中心。"相较于"更加情绪化和缺乏逻辑"的纽厄尔，穆勒总是提前做好大量准备工作，因此西曼斯通常都支持穆勒。

穆勒将双子星计划的最后期限定为 1967 年 1 月，如果到那时还没能开展最后两次飞行，他打算就把它们取消。NASA 打算在 1966 年 9 月上旬发射双子星 11 号，在 1966 年 10 月下旬发射双子星 12 号，前后间隔不到两个月。小查尔斯·康拉德和小理查德·戈登（Richard F. Gordon, Jr.）是双子星 11 号的宇航员，小詹姆斯·洛弗尔和小埃德温·奥尔德林是双子星 12 号的宇航员。关于是否让双子星 11 号在第一圈交会，以模拟之后阿波罗登月舱从月球起飞后的交会情况的争论仍然没有停止。与此同时，有工程师提议将双子星飞船拴在阿金纳号上，保持相对位置不变，以研究太空中拴系物体的动力学（这是一种将旋转动能转化为速度的颇具潜力的推进方法）。此外，空军还希望在最后一次双子星飞行中测试宇航员机动装置。

作为一名科学家，穆勒对失重状态下宇航员的工作效率很感兴趣，他在 1965 年末召集了一个 NASA 工程师小组探讨如何抵消失重影响。据他说，"在早期阶段，对于能否产生人工重力人们一直存在争论"。穆勒考虑了人工引力场，甚至就一些想法申请了专利，兰利研究中心也基于他提出的概念做了某些研究。穆勒想模拟重力，以"在太空探索的同时维持人体生理健康"。他密切关注兰利研究中心的工作，并提出了一些实验方法来检验他的理论。受轨道工作站项目的影响，关于人工重力的问题越来越重要。当时的主流提议是旋转空间站，但兰利研究中心的研究结果让穆勒改变了想法。菲利普斯、吉尔鲁思和冯·布劳恩也更倾向于旋转轨道工作站，为了看看能否行得通，他们一起到位于佛罗里达州彭萨科拉的海军航天医学研究所（Naval Aerospace Medical Institute）参加了一项实验。穆勒回忆，起初大家并不反感坐在一个缓慢旋转的房间里，但大约半小时后就"不是那么想要人工重力了"。这不是穆勒唯一一次参加实验和训练，他曾乘坐一架飞行轨迹为抛物线的飞机来短暂体验失重，后来还为参加潜水训练课程（该课程中宇航员会借助水下的中性浮力来模拟失重状态）学习了水肺潜水。穆勒"想要切身体会失重状态下工作的难度"，并认为水下游泳比飞抛物线或坐在旋转的房间里更合他的胃口。

穆勒开始意识到，已经很难再为阿波罗计划以外的大规模载人航天项目募集资金了，但他决定载人航天办公室将继续投资行星探索相关的研究，并提议探索火星表面。鉴于阿波罗应用计划的第一步将在 1971 年结束，他通过一项研究规划了阿波罗应用计划的第二步，包括 1983 年的火星登陆任务、金星任务以及更大规模的月球探索。他通常不会公开谈论这些内部研究，但偶尔会在演讲和采访中透露某些想法。1966 年 8 月，他告诉《基督教科学箴言报》："我相信，就像我们现在的月球项目一样，对行星，特别是火星的载人探索将会到来……这样的判断不仅有科学依据，还包含技术上的、操作上的，以及社会政治方面的因素。"

随着双子星计划和阿波罗计划的继续推进,小埃德温·奥尔德林(现在他被分配到双子星12号任务中)为这两个计划做出了很大贡献。除了轨道交会,他还帮助开发了在水下身着加压宇航服进行失重训练的新技术(见图6-1)。吉尔鲁思对水下训练"感受复杂",他说:"我们中的部分人认为中性浮力模拟没什么用。"然而,尤金·塞尔南在休斯敦载人航天飞行器中心的一个游泳池中进行了尝试,发现这与他在太空中的感觉相似。穆勒回忆:"小埃德温·奥尔德林忙着研究如何在失重状态下适应宇航服。"他不是抱着克服这一装备带来的不便的心态来做这件事的,而是尝试用它来解决问题。但休斯敦载人航天飞行器中心没有在双子星11号任务的准备过程中使用这种训练方法,他们做了其他的改变来提高宇航员的机动性。

图6-1 小埃德温·奥尔德林进行双子星12号任务的水下模拟训练(NASA照片)

　　　　　　　　　　迎难而上:乔治·穆勒与NASA载人航天计划的管理

1966 年 9 月 12 日，一枚宇宙神火箭携带阿金纳 11 号升空，GT-11 号紧随其后。进入轨道后，小查尔斯·康拉德和小理查德·戈登打开了交会雷达，发现他们离目标不到 100 千米。一小时后，他们来到阿金纳 11 号旁，在第一圈就完成了交会，这对技术的要求不可谓不高[1]。随后，他们又练习了几遍对接和分离，并评价这比在休斯敦载人航天飞行器中心训练时更容易。然后，为了校准并维持圆形轨道，他们短暂地启动了阿金纳 11 号的发动机。紧接着是戈登的舱外活动，他拿着一条 30 米长的绳索，并将一端系在阿金纳 11 号上。在舱外他也遇到了之前宇航员遭遇的问题，并在 33 分钟后就返回了飞船，比原定时间缩短了一个多小时。因此，NASA 仍然不知道宇航员能否在太空做些有意义的工作。戈登后来表示："我知道要实现我们的想法会很难，但我也不清楚难度究竟有多大。"

第二天，宇航员们用阿金纳 11 号将飞船带至 1374 千米高度，他们的飞行上限是范艾伦辐射带[2]下 1600 千米处。在那里宇航员拍摄了彩色照片，并与同高度的气象卫星传送的黑白影像进行比较。之后，他们回到低轨道，由戈登进行第二次舱外活动，并做了一些实验。回到舱内后，宇航员们立即开始绳索实验。经过一番努力，康拉德终于让两艘飞船绕组合的重心旋转，每分钟旋转 55°，大约每 6 分半旋转一圈，产生了一种微弱的、但可以探测到的人工重力。这也证明了宇航员能够以比较经济的方式保持两艘飞船相对位置不变。这一实验持续了 3 小时，之后宇航员将系绳释放。因为燃料充足，他们又进行了另一项机动测试，在阿金纳 11 号后面练习远距离维持相对位置，再练习靠近阿金纳 11 号。最后用计算机设置了阿波罗计划中的首次飞船自动返回，结束了将近 3 天的任务。着陆后，穆勒接受媒体采访时表示对本次飞行感到满意，但他依然很担心在戈登的舱外活动中暴露的问题。

当月晚些时候，穆勒在宾夕法尼亚州一所小型学院的科学楼落成典礼上阐述了对广义太空探索的看法。他说，在国际舞台上，太空计划成了衡量国家"是否具有技术优势"的标准。苏联是一个强大的对手，太空竞赛是其与美国竞争的一个方面，而技术进步是"国家力量的基本来源"，已经成为"维系国际关系的重要工具"，因此，

1　这一载人快速交会对接的时间纪录（94 分钟）保持至今。

2　范艾伦辐射带是科学家詹姆斯·范艾伦于 1958 年发现的由高能粒子组成的辐射带。

美国绝不允许自己的太空技术落后于苏联，否则会危及国家利益。他说，与其称之为太空竞赛，NASA 更倾向于这是一个能够满足科研需求的计划，涉及多项复杂科技问题的解决方案。不过，NASA 在研究下一步行动时，仍会将苏联作为考虑因素。对国内而言，太空计划影响了国家的教育体系，为此很多学科和课程在各个层级上制订了新的标准。其附带收益也具有深远影响，太空探索将有助于回答关于太阳系乃至整个宇宙的问题。而且，除了在国家安全上立竿见影的贡献外，它还能刺激经济增长，因此他把载人航天计划称为"社会目标的催化剂"。

双子星计划的最后一项任务与之前不同，除继续为空军测试宇航员机动装置外，并没有其他具体目标。但由于测试机动装置需要出舱，穆勒不得不考虑前几次任务中宇航员执行舱外活动时遇到的困难。因为风险仍在，所以该测试最终被取消。就像一个即将赢得重要比赛的教练一样，穆勒不希望有任何危及计划声誉的变故，他选择浪费这次机会。正如他当时所写："我觉得必须在双子星计划的最后一次舱外活动中，通过重复那些易于监控和调整的基本任务进行基础研究。"在排除风险后，最终安排直到 1966 年 10 月 20 日——距离发射还有 3 周时——才确定。奥尔德林的水下训练发挥了作用，他让自己熟悉了失重的感觉。NASA 还另外设置了约束装置、扶手和腰部安全索，使他能够高效地移动到工作地点，然后把自己绑在适当的位置，腾出双手工作。

　　在最后一次执行双子星任务的几周前，穆勒在加州理工学院（California Institute of Technology，简称 Caltech）发表讲话，宣布第一艘载人的阿波罗－土星号将在几个月后起飞。他声称不仅美国在持续投资载人航天工程，苏联也把对该领域的投资在国内生产总值中所占的比例增加至"2 到 3 倍"。发展太空技术对美国的经济有积极影响，美国的欠发达地区，尤其是南方地区，在 NASA 带来的基础设施建设和工作岗位增加中获益最大。接着，他说"太空计划与消除贫困、改善生活并不冲突"，太空计划带来的挑战和机遇"几乎是无限的"，并且"对于所有能使地球人获益的飞行任务和科学调查，人是必不可少的要素"。在飞行前一周，穆勒还在讲话中称："人类将进驻太空。""太空探索是持续且重要的技术追求"，影响着所有美国人，无论他们身在何处。美国从 1957 年至今已发射了 420 颗卫星和探测器，是苏联的两倍多。自 1961 年底启动双子星计划以来，NASA 已经弄清了在太空中哪些工作是困难的，哪些是容易的。虽然太空行走本身就要求宇航员"高度集中注意力"，但他们在总计 6 小时的舱外活动中还是做了一些有价值的工作，再加上奥尔德林即将在双子星 12 号外进行的 3 次舱外活动，时间还会增加近一倍。他谨慎地总结道："我们希望这次飞行收集的数据将为阿波罗计划的舱外活动打下良好的基础。"

1966 年 11 月 11 日下午,宇宙神火箭将阿金纳 12 号送入近地轨道。大约 90 分钟后,GT-12 号发射,一进入轨道,飞船的雷达就锁定了阿金纳 12 号,但不久即失效。因为奥尔德林还开发了备用的手动程序,所以影响并不大。成功交会后,宇航员们练习了几遍对接和分离。由于在进入轨道的过程中阿金纳 12 号的发动机燃烧室产生了压力波动,休斯敦载人航天飞行器中心便放弃了用它将飞船带至更高轨道的想法,况且这在之前的任务中已经演练过了。

随后,奥尔德林进行了站立式舱外活动。他安装了一个横跨到阿金纳 12 号上的伸缩杆,完成了几次实验。第二天,他借助伸缩杆移动到阿金纳 12 号上,系上安全索并执行一些演示任务。太空环境曾带给其他宇航员的许多困难并没有在奥尔德林身上重现,这得益于本次飞行前在身体上、程序上和训练上所做的准备。离开阿金纳 12 号后,他来到双子星飞船后部的"工具箱"处,戴上足部约束装置,用工具转动螺栓、切割金属,展示这些工作可以在失重状态下完成。后来奥尔德林评价说:"有了该系统,我可以忽略我的身体,全身心投入手头的工作中。"两小时后奥尔德林返回座位。小詹姆斯·洛弗尔开始机动练习,包括测试重力梯度是否能使连接后的航天器保持稳定。第三天,奥尔德林进行了第二次站立式舱外活动,完成了实验。随后他们返回地球(见图 6-2)。交会雷达的失败也有好的一面,它给 NASA 提供了测试备用方案的机会,而奥尔德林舱外活动的成功将使人们铭记这次任务。

在白宫举行的庆祝仪式上,总统向双子星 12 号机组人员颁发了 NASA 突出贡献奖,穆勒和马修斯也因对双子星计划的贡献都获得了杰出服务奖。西曼斯后来写道:"有许多人值得肯定,尤其是在上任后很快重振了双子星计划的穆勒和日常管理计划的马修斯。"双子星计划于 1961 年 12 月获批,1966 年 11 月结束,总计约 1800 天。因为双子星计划和阿波罗计划是同时进行的,所以它没有为 Block Ⅰ飞船做出贡献,但它有助于开发阿波罗燃料电池和 Block Ⅱ飞船。双子星计划的许多经验都被应用于阿波罗计划中,大多数为双子星计划工作的 NASA 人员都被调到了阿波罗计划中,为后者带来了操作经验。此外,北美航空公司和格鲁曼公司沿用了麦克唐奈飞行器公司开发的一些制造和测试程序。穆勒的实验组织方法仍在继续使用,两个计划管理办公室之间也进行了信息交流,特别是在轨飞行方面。穆勒说,将双子星计划的合同转换为

图 6-2　双子星计划落幕，双子星 12 号宇航员詹姆斯·洛弗尔和
小埃德温·奥尔德林（NASA 照片）

成本加奖励费用的类型节省了数百万美元，尽管最终的账目显示双子星计划支出了 11.5 亿美元，是最初估计成本的两倍多，但这比穆勒 1963 年刚到 NASA 时人们预计的 13.5 亿美元要少。因此，在他的管理下，双子星计划至少节省了 2 亿美元。因为如果没有他的参与，很可能最后成本超过 13.5 亿美元。双子星计划有助于开发载人航天技术和操作程序，特别是多种交会方式。计划共开展了 52 项实验，27 项涉及新技术或新设备测试，17 项是科学实验，8 项是医学实验。宇航员们锻炼了在太空中生活和工作的能力，NASA 也获得了处理突发事件的经验，而且计划的用时还缩短了几个月。当被问及主要从双子星计划中学到了什么，穆勒说："也许最重要的是，它证明了我们可以把一个计划的方方面面组合在一起……并按进度表执行……但是，

如果没有计划管理办公室作保障，这两者都是不可能实现的。"

1966 年 12 月 8 日，副总统汉弗莱就双子星计划的巨大成功写信祝贺穆勒，称之为"最令人印象深刻的一次成功，从 1964 年 4 月 8 日的第一次飞行开始，到 1966 年 11 月 15 日的第十二次飞行，多么令人难忘的、有历史意义的日子"。穆勒自称与汉弗莱一直保持着友好关系。起初他并不经常与这位副总统交流（和约翰逊总统也是一样），自汉弗莱主持美国国家航空航天委员会以来他们才更频繁地见面。比起约翰逊，穆勒对汉弗莱更加了解。尽管汉弗莱不关注技术细节，穆勒仍不时向他汇报，但他也说汉弗莱似乎"并不特别关心"。穆勒不经常见到约翰逊，"一起参加重大活动时我会和他打招呼……要不就是他给我颁发这种或那种奖章"，他们互动很少，因为约翰逊喜欢联系"首长"们——在 NASA 主要是局长或局长的副手，穆勒曾听人说起如何和约翰逊打交道，所以他补充道："我很幸运。"

在双子星计划的 10 次载人飞行中，16 名宇航员累计飞行了近 2000 小时（其中有 2 次 4 人飞行）。他们学会了如何操纵飞船交会和对接，再入大气层，在目的地着陆。NASA 开发了用于舱外活动的技术并开展了一系列实验，穆勒认为这"对阿波罗登月任务和未来的其他太空行动至关重要"。他评论说："向阿波罗计划迈出的重要一步就是回顾水星号以来的全部经历。"双子星计划让 NASA 了解了在阿波罗计划中可能遇到的问题，并提供了技术和操作经验。回顾过去，穆勒说："尽管在早期我们曾多番讨论要不要执行双子星计划，但结果显示这是一个具有探索意义的伟大计划。"双子星计划使 NASA 学会了如何在太空中开展活动，尽管该计划没有带来多少先进的科学知识，但证明了宇航员可以"在失重环境中生存，并且可以做有意义的工作……这就是它的贡献"。

1967 年 2 月 1 日至 2 日，NASA 在休斯敦载人航天飞行器中心召开研讨会，总结了双子星计划，重点是它的成就。穆勒简述了计划的最初目标，然后说："每个目标的完成都清晰地展示了我们计划的成功。"双子星 7 号在太空成功飞行 14 天，消除了很多人对于宇航员和设备能否最终满足登月要求的质疑。"更引人注目的当数成功开发了多种载人航天器在轨交会技术。"他提醒观众，双子星计划的首要目标是交会，这也是阿波罗计划成功的根本。在双子星计划期间，11 名宇航员使用 7 种不同的模式、技术完成了 9 次独立交会，并与目标飞行器进行了 9 次独立对接。因此，"双子星计划在轨道交会方面积累了丰富的知识和经验，这将在未来几年带来丰厚的回报"。他还谈到了舱外活动的困难，但同时指出在双子星 12 号舱外的活动已经表明，借助适当的训练和装备，宇航员可以在失重状态下完成有意义的工作。此外，他以 76 号任务为例，说明了灵活应对意外情况以及执行替代方案能力的重要性，正是这些能力让 NASA 实现了全部目标。然后他指出，"太空事业实际上是一场研发竞赛，一种技术竞争，它需要并产生了对卓越成就的追求"。在呼吁开展下一步行动时，他总结道："现在必须以此为基础继续前进，美国人民不会允许其他国家比我们优秀，历史也不会允许。"

1966 年 12 月，在一次讲话中，穆勒重申了对未来 3 年的期望。他将阿波罗飞船称为"主力"——有能力在地球和月球之间航行 40 多万千米并返回地球。到 1970 年，美国将在太空中累计飞行 500 多"人类天"。宇航员将绕月飞行、着陆、采集样本，然后返回地球。阿波罗应用计划仍处于定义阶段，穆勒预计将于 1968 财年完成概要设计。经政府和国会批准，阿波罗计划之后的飞行计划最早可于 1968 年安排飞行，并持续到 1971 年，但这需要额外的资金来支持阿波罗飞船与一个空的 S-IVB 级对接并增压，这样机组人员就可以将其变成轨道工作站。他还谈到了可与轨道工作站结合的用于天文观测的阿波罗望远镜装置和使用遥感技术绕月并探测月球的月球测绘系统。这些实验可以以各种方式组合起来，并且在初次使用后，宇航员可以返回地球，而将轨道工作站留在地球轨道上。几个月后，另一个团队能够再次使用它。

在最初的阿波罗应用计划中，穆勒设想了两类任务：长时间飞行和空间实验，包括以空间科学研究和地球上的应用为重点的进一步月球探索。计划中的实验应该能吸引科学界的注意，而长时间的持续任务想必能让工程师满意。初级阶段过后，可使用改装后的阿波罗 - 土星号执行新一代任务，包括空间站任务、进一步月面探访任务，以及行星探索任务。并且穆勒还设想了阿波罗应用计划之后，从 20 世纪 70 年代开始的一系列以将宇航员送往其他行星为目标的任务，这些任务首先需要的就是近地轨道上的空间站。在建成空间站后，人类的太空活动应着眼于更长期的目标，扩展航天事业，并为地球观测和研究提供支持。对失重状态的研究可以用于科学和工程目的，太空中的真空环境也有助于科学观察和实验。所有这些都将为拓宽人类的知识面做出贡献，并带来多方面收益。空间站将是长期探索行星的第一步，也是太空行动的试验台。如果能够证明可以在近地轨道上建造服务期限长达数年的空间站，那么它将有力支撑人类星际探索，还可作为长期任务的发射平台。

1966 年 12 月，在肯尼迪航天中心年终会议上穆勒发表讲话称，NASA 有很多值得骄傲之处，因为"我们在努力工作，并且做得很好"。阿波罗计划正如期进行，成本得到了控制，也开始产生社会效益。他还谈到了双子星计划的成功，并提醒每个人，宇航员仍然是"首要考虑因素"。他补充道："我们不急于求成……也不能制订危及宇航员安全的任务目标。"然后，像在其他地方的公开演讲一样，他描述了阿波罗应用计划，同时也表示不管后阿波罗计划如何制订，空间站都会是早期需求，而这将直接增加肯尼迪航天中心的工作量。

1966 年过去了，双子星计划已成功落幕，现在穆勒需要解决的是阿波罗飞船及登月舱遇到的难题。1967 年初土星 1B 号项目看起来前景良好，可在不到两个月的时间内启动首次载人飞行。但是，正在开发的登月舱的主发动机、起落架和雷达系统都出现了问题。格鲁曼公司发现登月舱对重量很敏感，制造难度非常大。他们尽力满足 NASA 严苛的规范要求，但进度还是落后了，并影响到了计划的关键路径，因此 NASA 派工程师直接与格鲁曼公司对接。穆勒很是忧心登月舱单薄的舱壁，担心"失压会使其坍塌"。在他看来登月舱的开发是"一项绝技"，比指令服务舱开发要难得多，这是"我们第一次制造可降落在另一个星球上的设备"。因为第一次着陆测试将在月球表面进行，在此之前 NASA 无法真正确定登月舱是否可行。穆勒说这带来了"一种全新的奇妙体验，尤其是发生在距我们 3 天、4 天或 7 天航程的星球上的时候"。

1967 年 1 月初，穆勒参观了位于夏威夷和澳大利亚的阿波罗跟踪站。他在澳大利亚多次停留，并飞到离西澳大利亚洲 5500 千米左右的锡兰（现在的斯里兰卡）首都科伦坡拜访阿瑟·克拉克。穆勒还在悉尼大学发表了演讲，阐述了阿波罗计划完成后载人航天领域可能的目标，呼吁建立一个均衡的阿波罗应用计划，并强调了经济效益以及太空探索的价值。他还提到了进行中的关于何种空间站最能满足未来需求和成本方面的研究。然后，穆勒引用了美国作家威廉·福克纳（William C. Faulkner）的话——"我相信人类不仅需要生存，人类还需要胜利。人是不朽的，因为他有灵魂……他能够同情，能够牺牲，并且能够忍受"。就在阿波罗 1 号火灾事故发生前几天，他还在说："在太空探索中，我与福克纳一样相信人类必胜。"

1 月 22 日，《纽约时报》在头版刊登了科学作家约翰·威尔福德（John N.

Wilford）的文章。威尔福德撰文写道："越来越多的人相信美国有能力实现阿波罗计划的目标，即在 1970 年前让宇航员登月，这使得太空规划者们就下一步目标展开了紧急讨论。"他质疑阿波罗应用计划，指出"华盛顿的一些人在摇摆不定，他们关心的不是'在阿波罗计划之后应该做什么'，而是'在阿波罗计划之后为什么还要继续'"。这篇文章在总统向国会提交 1968 财年预算前不久见报，表明 NASA 正请求政府投资后阿波罗计划，而国会部分人员则希望削减太空开支，以应付战争和新的社会计划。该报还提到："在约翰逊总统向国会提交 1968 财年预算后，争论很可能会加剧。"威尔福德在文章中列举了多个方案，并引用穆勒的话"我们会做任何国家想要我们做的事情"，但"合理的下一步"就是建设轨道空间站。然后，威尔福德笔锋一转，也列举了反对者的意见，比如一位大学教授说："我们还没有着手解决贫民窟问题，相比之下我认为登月不应该作为优先项。"但不管怎么说，总体上社会公众对阿波罗计划的支持率仍居高不下。

接下来的一周，NASA 向媒体简要介绍了他们在 1968 财年的预算要求。穆勒表示，阿波罗应用计划将"保持"为阿波罗计划成立的团队的"势头"。《巴尔的摩太阳报》写道："最令人印象深刻的是今天下午穆勒对未来计划的阐述…… 他在公开场合通常言辞谨慎，不会随意预测未来的太空行动。然而今天，他满怀信心、热情洋溢地发表了讲话，这让不止一个人通过观察得出结论——NASA 对包括登月在内的载人航天计划已经准备就绪。"

在整个 1966 年，NASA 都在努力寻求对阿波罗应用计划的支持。尽管约翰逊总统支持太空项目，但他也有许多其他问题待解决。在约翰逊总统的授权下，美国预算局承担调整除越南战争外的事项预算的任务，NASA 想要说服预算主管查尔斯·舒尔策（Charles Schultze）增加对阿波罗计划的投入，以维持现有团队规模，避免人员流失，但效果不佳。到了 12 月，舒尔策同意必须就后阿波罗计划的资金问题做出决定，但他无法就数额与韦布达成一致。最后，约翰逊总统意识到，必须由自己做出决定，否则阿波罗计划将成为美国载人航天历程的终点。于是在 1967 年 1 月下旬，总统同意将 4.547 亿美元拨入 1968 财年的阿波罗应用计划预算中，这些资金将用于支付额外的火箭、飞船以及轨道工作站的费用。穆勒终于得偿所愿，并在执行 AS-204 任务的飞行器发射前几天对外公布。

"1967 年 1 月 27 日，"西曼斯写道，"我们没有迎来期待中的喜悦，对 NASA 来说这无疑是悲惨的一天。"

当天，约翰逊总统邀请了外交使团成员、国会领导人、副总统、NASA 官员、航天业界高管到白宫，共同见证《外层空间条约》的签署。签字仪式结束后，穆勒安排了以庆祝双子星计划圆满落幕为主题的晚宴。

与此同时，肯尼迪航天中心内，NASA 正进行模拟发射试验，为 AS-204 任务做准备。阿波罗飞船被放置在土星 1B 号顶部，所有系统都处于运行状态，只是出于安全考虑没有在火箭燃料箱里放燃料。下午 1 点，模拟试验开始。整个过程并不顺利，环境控制与通信系统陆续出现了问题，宇航员指令长弗吉尔·格里索姆对断断续续的通信很是不满。试验中还出现了其他小问题，但没有任何危险迹象。直到下午 6 点 31 分，也就是模拟发射前 10 分钟，密封的舱体内突然起火。只听一名宇航员喊道："驾驶舱着火了！"几秒后，又有人喊："喂，我们这里着火了！"第一次火灾信号出现 14 秒后，通信中断，内部压力增大使舱壁破裂，喷出火焰和烟雾。人们试图冲上去营救宇航员，但高温和浓烟使人无法靠近，他们一次次尝试，大约 5 分钟后才打开了舱门。

火灾发生几秒后，库尔特·德布斯就接到了罗科·佩特龙从肯尼迪航天中心打来的电话。此时在华盛顿的晚宴即将开始，人们正举杯畅饮。韦布来晚了，他正介绍国会议员和业界高管们认识。当他拉过阿特伍德要将其介绍给史密斯参议员时，这位已经接到消息的 CEO 告诉他："卡纳维拉尔角发生了严重的火灾。"NASA 高层迅速展开讨论，在向客人们公布了已知情况后，便前往总部安排下一步行动。他们下意识地认为 NASA 本身就是负责调查事故的最佳选择，不过也明白这得由总统决定。在此期间，所有人都同意由菲利普斯去火灾现场善后，收起所有材料，在调查清楚前对媒体封锁消息。穆勒回忆："我们立即成立了一个内部的审查委员会，以采取行动，降低媒体负面报道的影响。"事实上，肯尼迪航天中心的人掌握的情况也不多，根本无法向媒体提供太多信息。尽管如此记者们还是吵着要提问，并想进入太空舱拍照（见图6-3）。

图 6-3　执行 AS-204 任务的太空舱被烧焦（NASA 照片）

韦布并没有禁止穆勒或中心主任们在公开场合谈论火灾事故。但 2 月 2 日，穆勒和朱利安·希尔发布了一项指示，要求所有 NASA 员工不得就火灾事故或相关调查发表评论，并且"在讲话时必须避免谈及事故原因或可能的原因"。NASA 再三警告员工不要针对火灾发表评论，但他们没有限制员工发表技术文件，这引发了负面事件。那时美国航空航天学会正打算于 2 月 6 日至 8 日在可可海滩举行飞行试验会议，按照惯例，演讲者需要在会前提交论文以供出版。在火灾发生后，马歇尔航天中心两位工程师的论文引起了人们的注意。小丹尼尔·德里斯科尔（Daniel H. Driscoll, Jr.）在谈到土星号火箭的地面试验时写道："因为进度太重要了，所以测试工程师及其他工作人员更倾向于选择最显而易见的答案（即最快的解决方案）来解决问题。"显然，尽管事实确实如此，NASA 也不希望媒体挖掘这些东西。

韦布希望由 NASA 主持火灾事故调查，这要征得约翰逊总统的同意。他让总统相信了 NASA 内部有着最佳调查人选，此外，引入独立调查可能会损害总统的声誉，因为在 NASA 将阿波罗合同授予北美航空公司的过程中出现了总统前助手罗伯特·贝克（Robert G. "Bobby" Baker）的身影。韦布还保证 NASA 一定会彻底调查，找出事故原因和最好的解决方法。约翰逊总统同意由 NASA 进行调查，并称自己很担心公众对太空计划日益增长的"民族兴奋感"会被"民族沮丧感"取代。总统告诉白宫记者团，阿波罗计划不会被取消。然后韦布与国会的重要成员见面，说服他们在 NASA 完成调查前不举办听证会。穆勒后来说，让 NASA 来调查"显然是正确的做法"，虽然不是所有人都认同这一点，但当时无论采取什么行动都少不了批评者。

西曼斯、穆勒和中心主任们一致同意由兰利研究中心主任弗洛伊德·汤普森（Floyd L. Thompson）主持调查委员会。汤普森是 NASA 的"元老"级成员，还是一名优秀的技术管理者，深得众人信任。兰利研究中心约四分之一的资金都来自载人航天办公室，但汤普森本人与阿波罗计划几乎没有直接联系。调查委员会最初包含 6 名 NASA 专家、一名空军代表和一名来自美国矿务局（Bureau of Mines）的爆破专家（同时也是总统科学顾问委员会成员）。西曼斯觉得委员会还差一名宇航员，他考虑过沃尔特·斯基拉，但最终选择了弗兰克·博尔曼，后者是一位优秀的工程师，以聪明和善于表达为人称道。汤普森后来说，他很感谢 NASA 能让博尔曼加入，因为博尔曼"能清晰地说出自己的想法"。汤普森还需要一些"阿波罗 1 号事件消防员"，并最终从矿务局、联邦航空局（Federal Aviation Administration）、民用航空局（Civil Aeronautics Board）和海军请来了消防专家协助调查。在汤普森的领导下，委员会将重点放在引发火灾的技术原因上，避开了管理问题。当后来国会议员问及此事时，汤普森回答："我不打算公开 NASA 内部的运作方式。"

只睡了几小时后，西曼斯就到兰利研究中心接上汤普森，一起飞至肯尼迪航天中心。他们在卡纳维拉尔角与菲利普斯、吉尔鲁思、约瑟夫·谢伊等人交流火灾调查的进展情况。穆勒则留在总部主持阿波罗执行小组会议，联系在华盛顿的相关人员，试图"将损失降至最低"。他认为让政府和国会了解 NASA 在火灾后的行动是至关重要的。媒体闻风而动，开始寻找罪魁祸首，质问"是谁造成了火灾"。火灾发生后的一周，穆勒告诉中心主任们要"团结一致"，避免指责任何人或任何事。他说："这是我的问题，我对此负有责任，而你们要支持我，这是避免媒体分而治之的重点。"韦布想保护 NASA 的人，尤其是调查委员会的成员不受媒体影响。虽然记者们一直在要求获得更多的信息，但 NASA 拒绝了他们，并发布新闻稿，称"已经成立了一个委员会来调查火灾的相关情况，确定原因，形成相应的建议和改善措施"。西曼斯指示调查委员会记录"调查结果、决定和建议，形成最终报告后先向韦布提交，未经韦布同意不得发布"。

媒体开始将目光转向太空舱中的氧气，从而引发 NASA 对采用纯氧环境的原因进行调查，并准备了应对正式调查的背景文件。穆勒事后表示："火灾后我发现了许多之前关于氧气的讨论，但都没有真正上升到解决层面。他们只是在观察，而没有提出意见。"他同时承认："我们在氧气上太自大了，没有意识到潜在的灾难，幸运的是这个问题不是在太空中爆发的。"宇航员在太空舱中需要氧气，其压力与标准大气压环境中的氧气分压值相似，至少为 21 千帕，NASA 一般在太空中将氧气压力设置在 34 到 41 千帕。当进行地面试验时，为了平衡内外压力，太空舱内会充入与环境压力相当的纯氧。而在火灾发生前，为了检查舱壁性能，NASA 还将内部压力提高到大于环境压力。穆勒认为这是基本的设计错误，其实就连标准大气压下的纯氧环境也是错误的，"设计者完全没考虑过可能发生的灾难"。

调查还在进行中，人们为 3 名宇航员（生前均为现役军人）举行了军葬。1968年 5 月，曾在普渡大学（Purdue University）获电气工程硕士学位的穆勒来到校园，在参加格里索姆和查菲会堂落成典礼时表示："在与黑暗长期斗争的过程中，人类为每一次进步都付出了惨痛的代价，这个时代最高尚的人牺牲了生命，但正是少数人的牺牲才换来了全人类的发展……宇航员深知自己的职业风险，也把这些风险视作工作的一部分。他们珍惜生命，但如果命运使然，他们也做好了迎接死亡的准备。他们深切希望，即使发生意外，我们为到达月球和更远的地方所付出的努力也不应有任何停顿或松懈。正如格斯·格里索姆离世前不久所说的'征服太空值得冒生命危险'。"

在调查期间，汤普森会向穆勒和菲利普斯汇报，并借助载人航天办公室的资源支持调查委员会。穆勒评价汤普森非常聪明，是一位优秀的中心主任，并称他们在调查期间的互动具有"建设性"意义。然而，韦布后来声称穆勒和谢伊共同控制了调查，自己则在努力保护调查不受人操纵。没有证据证明穆勒干预了调查，后来穆勒自己也否认了这一指控："我没有……我认为韦布很擅长幻想别人在他背后做各种小动作。他的压力太大了，并且他的性格往往使他认为出现问题的是别人而不是自己。"穆勒推测，韦布之所以会这样想，是因为他不了解技术细节。"韦布就是这样，他必须找到一个替罪羊。"但调查委员会的工作是独立于载人航天办公室的，除了收到汤普森的报告外，穆勒本人与调查几乎没有直接联系。

韦布专注于消除政治方面的影响，西曼斯负责与汤普森对接，穆勒则继续推进阿波罗计划，并帮助大家克服心理创伤。有些人对火灾事故感到内疚，穆勒说："每个人都觉得我们本可以阻止这场事故发生。"穆勒试图帮他们减轻负罪感，恢复士气，避免阿波罗计划出现停滞，同时也对原计划做了必要的修正。但这是一个非常紧张的时期，人们的热情已经被浇灭，因此登月还是被推迟了一年甚至更长时间。

穆勒请阿波罗计划的试验操作主管——勒罗伊·戴（Leroy E. Day），审查NASA之前对飞船材料的易燃性测试。戴告诉穆勒，选材委员会发布的航天器机舱材料选用指南（Guidelines for Spacecraft Cabin Materials）要求材料在"纯氧环境中无法燃烧"，但在NASA测试并批准的400多种材料中，大多数是在34千帕的压力下进行测试的，只有少部分材料的测试环境达到了103千帕（略高于101千帕的标准大气压）。当火灾发生后，NASA才开始进行大规模的标准大气压下测试。穆勒说，他对火灾的蔓延速度非常"震撼"和"吃惊"，他承认"如果说哪儿出错了，那就是没能模拟所有可能的环境来测试设备"。为了模拟未来的太空环境，在34千帕的压力下测试材料没出问题，但放到标准大气压下的纯氧环境中就不一样了。他后来说："理想的做法是，你要模拟所有可能的环境，测试每一个部件，考虑所有极端情况……我们没有测试太空舱在标准大气压纯氧环境下的耐火性。"纯氧的使用源于水星计划，并在双子星计划、阿波罗计划中延续。穆勒说："这已经成为惯例，所以人们只有遇到问题才会想起来质疑。"NASA 根据以往的经验判断不会出错，既然"人们都没想过会发生火灾，那么当然不会去测试它"。这是在定义任何试验时都会遇到的问题，需要人们站在更高的层面上，客观地看待问题。你将不得不"进行大量的推理……用很多钱来测试那些实际上并不重要的东西，计划也会被无限期地推迟"。

韦布不想让调查委员会发布中期报告，他觉得应该等调查结束后再公布完整的报告。然而，总统、国会和媒体都不愿意等待，因此韦布让西曼斯每周与委员们见面，形成结论并编写书面报告。1967 年 2 月 3 日，西曼斯准备了一份初步报告，韦布看过后要他去掉所有带有感情色彩的东西，简化为最基本的事实陈述。一旦韦布认可，他会亲自把这份报告交给约翰逊总统，并把副本发给国会的太空委员会主席，然后再分发给新闻界。初步报告表明 NASA 记录了试验期间的大量遥测数据，并包含一个时间表，显示在查菲发现火情 14 秒后飞行控制人员与宇航员失去了联系，舱内压力不断上升，不久后太空舱破裂。西曼斯写道："宇航员的死因是吸入过量烟雾导致的窒息。"

　　与此同时，穆勒在 2 月 3 日发布了新闻稿，宣布即将启动预计于 1967 年飞行的3 次阿波罗－土星号任务：AS-206（后来被重新编号为 AS-204R，因为这次不载人试验将使用原定在首次载人飞行中使用的土星 1B 号）、AS-501 和 AS-502。他告诉 NASA 的承包商，预计第一次载人飞行将使用土星 1B 号和 Block Ⅱ 飞船。菲利普斯和谢伊在休斯敦载人航天飞行器中心会见了承包商，告诉他们飞行试验继续进行，谢伊说："我们的工作很简单，推进计划，找出问题，解决问题，并让全世界相信我们解决问题的方法是正确的，然后继续推进计划。"

　　尽管国会已经同意等待 NASA 的调查结果，一些国会成员仍然希望引入独立调查。蒂格安抚了众议院议员，请他们多给 NASA 一点时间。然而，在 1967 年 1 月31 日，安德森参议员写信向韦布询问调查情况，并邀请西曼斯、穆勒和查尔斯·贝里参加 2 月 7 日的内部听证会，韦布同意了。西曼斯在开场陈词中告诉参议员们："在委员会调查的同时，NASA 的计划管理办公室……正继续履行它在阿波罗计划中的职责……承担收集和分析事故数据的主要责任，以用于自身事故评定和采取纠正措施。"他向委员会保证，在调查完成前不会做任何重大决定，并且 NASA 的所有公开声明都会事先通知国会。这让安德森很满意，并告诉新闻界对 NASA 的调查充满信心。

《巴尔的摩太阳报》2月8日的头条是"参议院委员会称火灾事故可能不会延缓太空竞赛"。但是《纽约时报》强调"NASA的工程师批评了NASA，认为NASA拖延了试验进度"，并引用了小丹尼尔·德里斯科尔在美国航空航天学会发表的论文。在参议院太空委员会公布了NASA的证词后，《泰晤士报》发表了一篇文章，引用了穆勒否认NASA是为了加快进度在太空舱中使用纯氧环境的发言，称该指控是"严重"且"毫无根据"的。相反，穆勒说"计划的进度是经过深思熟虑的，它实际上是合理的、经济的，并且确实是安全的，它让我们得以生产出一套能够执行任务的设备"。

由于韦布喜欢长篇大论，因此人们不太愿意和他交流，罗伯特·谢罗德说韦布的这一特点"令人称奇"，并称他是"史上最多产的备忘录作家"。西曼斯、穆勒等人在与韦布打交道时会陷入两难境地：韦布想随时了解重大问题，尤其是与媒体相关的任何事情，但不想关注技术细节；尽管火灾过后他尝试了解技术问题，但由于缺乏技术背景而无法过多参与。在阿波罗1号火灾事故之前，西曼斯已经找到了与韦布共事的技巧，但事故发生后，局长却显示出不为人知的一面。西曼斯解释道："他很粗暴……除了霍姆斯在NASA最后的那段时间，我从没见过他这样……NASA每个人都感到了压力。"

火灾发生后，吉尔鲁思指责约瑟夫·谢伊没有及时汇报休斯敦载人航天飞行器中心阿波罗飞船项目管理办公室的情况，抱怨谢伊总是直接向穆勒报告。穆勒坚持认为"事实并非如此。吉尔鲁思总是认为他与火灾无关，但事实上他是知情且参与其中的"。吉尔鲁思签署了所有证明飞船已经做好飞行准备的关键文件。而谢伊说，尽管很难让吉尔鲁思"安静地坐在那儿倾听较长时间"，自己还是一直在及时汇报，并且充当了"穆勒和吉尔鲁思二者的中间人，虽然不是正式的，但至少事故发生前我可以和吉尔鲁思交谈并愉快相处。吉尔鲁思信任我。我既是吉尔鲁思的朋友，同时也是穆勒的朋友"。谢伊说，吉尔鲁思和穆勒完全不同——吉尔鲁思不善言辞，在争论中比较感性，而穆勒希望一切以合乎逻辑的方式展开，这导致了二人相处困难，缺乏有效沟通。吉尔鲁思会回避穆勒的问题，这使本该发挥作用的沟通"失去了基础"。而穆勒说，他感到困惑的是，像吉尔鲁思、纽厄尔和斯托姆斯这类人总是在做决定时"感性压倒理性"，他们的论点是情绪化的，而不是"推理过的"。但穆勒是讲逻辑的，并相信逻辑总会战胜情绪。"如果逻辑正确的话。"他补充道。

1967 年 2 月 14 日，西曼斯第二次提交中期报告。他介绍了调查委员会，指出约有 5000 名科学家、工程师和技术人员参与调查，并且汤普森设立了 21 个专门的调查小组。他还描述了火势是如何蔓延的，以及对火灾进行技术审查的步骤。报告说："起火原因尚未确定……3 套宇航服都被烧毁了。"弗吉尔·格里索姆受伤最重，全身 60% 以上被烧伤，但他的死因是吸入有毒烟雾。

火灾给 NASA 带来了挥之不去的阴影。2 月 20 日，在电气电子工程师学会（Institute of Electrical and Electronic Engineers，IEEE）会议上，穆勒说："我们正全力调查火灾起因，并根据调查结果在接下来的任务中采取充分的预防措施。"他重申了 NASA 的立场，表示阿波罗计划中的无人飞行任务将继续，而载人任务还需等调查结果出来后再行安排，并且所有涉及高压纯氧的试验都将受限。待一系列关键问题解决后，阿波罗 – 土星号试验也会继续。在调查委员会发布报告前，他不会对火灾事故进行评论。他强调了安全的重要性："在每一个关键事件前后，都要对重要的系统、部件和任务进行全面审查。"NASA 会等审查过后才做下一步决定。此外，尽管 NASA 已经取得了多项成就，但关于人类在太空中的能力和局限性还需要进一步探索，NASA 将运用阿波罗 – 土星号任务的成果，继续规划后阿波罗计划。虽然短期内仍存在诸多不确定性，但 NASA 仍在规划探索太阳系，"最终，寻找地外生命"。穆勒想通过这次讲话转移人们的关注点，因为在火灾之后，他唯一能谈论的就是未来。"你知道这不是那种容易解释的事情，尤其是对公众而言，任何火星都会引起火灾，但正是我们设计了让宇航员无法逃生的太空舱，这很难解释……我们真的从来没想过会失火。"

这次事故并未摧毁穆勒的信心，他真正认识到了自己所从事工作的风险，并将载人航天工程称为"严肃的事业"。穆勒希望人们能认识到，虽然美国在费心竭力去做的事情上一般都能成功，但阿波罗计划确实包含风险。他还向公众保证"我们将在 20 世纪 60 年代让人类登上月球"。他没有动摇，至少在公开场合没有。"没有任何理由这样做……当时我确实非常了解这个计划，也知道我们可能会遇到什么意外。虽然还做不到完全肯定能把人送上月球并安全带回，但我会抱有最乐观的心态。"他字斟句酌地说："这是理性的自信，而非盲目，因为它是合理的。"他认为，我们"确实"要将宇航员送上月球并使他们返回。阿波罗计划要实现的远不止他的个人目标，它还涉及一个国家的承诺。尽管反对声从未停息，但政府、国会和公众中都有数量呈压倒性的赞成者。当必须做出决定时，"继续该计划占了上风"。国家接受了这个目标，虽然失去了 AS-204 任务的宇航员，但人们对阿波罗计划的支持仍然强烈。穆勒补充道："如果因为火灾就放弃，那会是一场灾难，因为那将摧毁我们为了获得太空领导地位所做的一切努力，我们肯定会被苏联甩在身后。"

1967 年 2 月 25 日，西曼斯提交了第三份报告，也就是最终报告。报告指出，这不是第一次使用纯氧环境，基于之前的多次测试，所有人都觉得起火的可能性很小。"无论是宇航员、开发人员还是测试人员，都认为发生火灾的风险不大。"不同于韦布看过前两份报告后在公众面前保持的沉默，这次他发表了一份公开声明，说他已经见过调查委员会的弗洛伊德·汤普森、弗兰克·博尔曼和美国矿务局消防专家罗伯特·范多拉（Robert van Dolah），再加上西曼斯的报告，他得出结论：火灾的风险等级是无法预测的，NASA 也从未意识到地面试验中宇航员从加压的密封舱中逃生有多难；尼龙搭扣的大量使用带来了潜在的危险；氧气分配系统中的铝质接头熔化导致火势蔓延，使宇航员无法靠近舱门。环境控制系统从设计到性能都存在很多问题，需要检查和重新设计。博尔曼告诉韦布，如果当时他是 3 名宇航员之一，他也会毫无顾虑地进入太空舱，但现在他意识到"存在着 NASA 工程师和宇航员理解范围以外的风险"。作为对报告的回应，安德森打算在 2 月 27 日举行参议院太空委员会听证会（见图 6-4），而在调查委员会发布最终报告前一直按兵不动的众议院太空委员会则宣布蒂格的载人航天小组委员会将代表众议院太空委员会举行听证会。

西曼斯、韦布、穆勒和菲利普斯参加了参议院召开的听证会。穆勒第一个发言，他宣读了一份长篇声明，描述了事故情况以及 NASA 将根据调查委员会的初步调查结果采取的下一步行动。他解释说，1 月 27 日模拟发射试验的环境和程序都符合这 7 年来的操作经验，这使得他们认为飞船舱体起火的可能性微乎其微。当然，NASA 的火灾预防措施是不充分的，而尽管还不能完全消除风险，他们已经开始改进了。此外，NASA 还在寻找阻止火势蔓延的方法，并研究了万一火灾再次发生，如何将危害降到最低的对策。同时他强调，NASA 正全力配合调查，同时考虑修改设计或开发相应程序，来最大限度地减少火灾风险。为了深入分析该事故，NASA 刚刚发现问题就模拟了火灾的各个阶段，并打算重新审查飞船设计并加以改进。接着，他们将评估新设计和新程序以确保其合理性。

图 6-4　1967 年 2 月 27 日，参议院阿波罗 1 号火灾听证会，前排从左至右：罗伯特·西曼斯，詹姆斯·韦布、乔治·穆勒和塞缪尔·菲利普斯（NASA 照片）

穆勒还提出了多种灭火方法。他认为不可能完全消除太空舱中的意外起火风险，但 NASA 可以谨慎选择材料，尽可能避免起火或使火势不易蔓延。NASA 从紧急出口入手对飞船的设计进行了全面检查，也准备重新设计舱门。原起火舱门的设计受到了水星计划和双子星计划中一系列异常事件的影响，弗吉尔·格里索姆曾经乘坐的水星飞船在着陆后舱门被过早地打开，致使太空舱沉入大海。穆勒说格里索姆"在不恰当的时候开了门，所以后续 NASA 做了处理，使舱门更难打开……而且密封得更好"。事实证明这是错误的——因为一旦内部压力增大，就相当于封闭了太空舱，紧急出口也会被破坏。影响原舱门设计的情况还包括在双子星计划中执行舱外活动的宇航员发现打开舱门后很难关闭，这是因为曝露在真空中的材料会逸出气体，增大舱内压力。因此火灾前，飞船被设计有两个舱门，一个向内开，一个向外开。火灾后，最被看好的新设计，也是最终采用的设计是一体式舱门，可以在几秒内向外打开，不再像之前那样需要 90 秒。另外，在对环境控制系统进行重新检查后，他们用机械接头代替了会因起火熔化的焊接接头，并用钢管代替了铝管。

穆勒在总结证词时表示，NASA 将改进指令服务舱的第一个飞行件（即第一个配备了全部登月功能的 Block II 飞船）。在收到调查委员会的最终报告，并进行其他的研究和权衡后，NASA 会做出具体的改变。在发射前，这艘飞船会经过改装和数月的检验，之后被运往肯尼迪航天中心进行为期 4 个月的准备、测试和进一步检验。换句话说，载人航天飞行将至少推迟到 1968 年第一季度。在此期间，预计于 1967年开展的 3 次无人飞行试验将继续。这些试验将测试对飞船的改进是否影响飞行安全，从而确保在载人飞行前飞船的所有变动都符合要求。

待韦布结束作证后，听证会进入提问环节。沃尔特·蒙代尔（Walter F. Mondale）参议员提到了据说出自菲利普斯之手的一份涉及北美航空公司表现的报告[1]，韦布推托自己不清楚，把问题抛给了穆勒。穆勒解释道：政府和承包商之间常常存在矛盾，北美航空公司的表现说不上比其他承包商更好，也说不上更差，况且第一艘阿波罗飞船的质量事实上比第一艘双子星飞船还要高。蒙代尔追问他："你的意思是说菲利普斯没有写这样一份异常情况报告吗？你确定这是无根据的谣言吗？"穆勒则回答："我不知道有任何异常情况报告。"面对参议员的逼问，穆勒用不记得来应对。他后来解释说，他在回答中试图强调的是：关于太空计划，NASA 一直有审查关键承包商的传统，写报告则是例行公事，"没有哪一份报告是特别重要的"。

西曼斯也在会上发言，他告诉蒙代尔，NASA 会经常检查承包商进度，蒙代尔听到的消息可能源于这一类工作。他对参议员说："我们确实考察过每个承包商的表现，我记得我们甚至讨论过替换阿波罗计划中某些承包商的可能性。"韦布则觉得西曼斯的发言离题太远，并试图改变话题。韦布称汤普森委员会的初步调查结果并没有说火灾是哪个承包商的责任，然后暗示参议员可能把报告和其他东西混淆了。但蒙代尔坚持自己没有弄混，自己说的就是 1965 年的菲利普斯报告。

后来西曼斯写道："我知道穆勒的意思是并不存在这样一份正式报告。不过，我怀疑蒙代尔可能持有一份非正式的由菲利普斯牵头完成的'老虎小组调查结果'。"如果真如西曼斯所说，穆勒其实给出了一个非常严谨的回答。但是韦布在会后指责穆勒

1　关于该报告，可参考第五章第二节的内容。

在被问及菲利普斯报告时过于明哲保身，他说："他（穆勒）想确保自己不会受到责备。"该报告的主要作者之一埃伯哈德·里斯曾说过这只是一份笔记汇总。但读过它的人都能轻易在多个方面看出"报告"的样子。穆勒说："我认为它不存在。我真的这么认为。我曾经非常坚决地告诉菲利普斯把它处理掉。但是你必须意识到你永远也摆脱不了某些东西。"他又补充说："直到后来我才发现它真的存在……所以我不得不去告诉西曼斯和韦布，菲利普斯确实准备过这样一份报告……这让我们在这场战役中受挫。"

韦布自称对这份报告并不知情。但穆勒表示，自己曾私下里与韦布讨论过老虎小组对北美航空公司的评估结果，"不是整份报告，而是它的核心内容及建议"。他坚称他们二人都不知道有一份书面报告存在。早在阅读草稿时，穆勒就告诉过菲利普斯："别让其他人看到，我敢肯定这不是我们想在任何档案中出现的东西。"他以为如今除个别人有几份副本外，老虎小组的评估文件已经被处理掉了，但他后来了解到其实还有相当多份副本存在。穆勒承认，NASA当时确实希望老虎小组做一次有建设性的评估，否则对北美航空公司的考察还有什么意义？他不是想指责北美航空公司搞砸了什么，而是想让对方意识到必须改善现状，让对方明白问题所在，并给他们足够具体的指导。他声称："老实说，关于蒙代尔的质问，我并不清楚整件事的来龙去脉，也不知道他到底在说些什么。"

韦布在公开场合一直为NASA辩护，证明NASA并非愚蠢无能。但听证会后，他在NASA内部表达了对被蒙在鼓里的不满。他内心既失望，又痛苦，因此把西曼斯和穆勒当成了发泄愤怒的靶子。穆勒说从那时起，韦布开始想要"揪出犯人"，开除令自己失望的人，穆勒和西曼斯则成了主要目标。罗伯特·谢罗德认为，虽然"韦布对穆勒的反感已根深蒂固"，但从没试图赶走他。当韦布于1968年10月从NASA辞职，人们纷纷推举穆勒为新局长的时候，韦布自称会发表一些对穆勒不利的言论，不过后来他说："我知道他（穆勒）无论如何也不会得到约翰逊总统的任命的。"回到这个时候，韦布开始在背后抱怨穆勒和西曼斯，并绕过他们给他们的下属下达指示。西曼斯同时也是一名工程师，说韦布作为非技术人员不仅"认为技术人员让他失望了，而我作为与技术人员沟通的桥梁……也失败了，所以才会刻意规避我"。

当菲利普斯的报告最终摆在韦布眼前时，他把西曼斯、穆勒和菲利普斯叫到办公室，对他们大加指责。此时媒体正拿着放大镜寻找 NASA 的缺陷，批判其为了赢得太空竞赛不顾宇航员的生命安危。菲利普斯的报告让韦布更加焦虑，于是他让 NASA 的总法律顾问搜集菲利普斯的文件中有关北美航空公司的一切。穆勒回忆："我们正致力于保持北美航空公司的积极性，使计划朝正确的方向前进，而现在我们面对的是一团乱麻。显然有很多人为此担心。"但穆勒的根本目的是保护载人航天计划而非北美航空公司，如果可以更换承包商，他会换的。只是他认为"就完成该计划而言，这会带来一场灾难，因为在事已过半时更换承包商，在时间和金钱上的代价都非常高"。他称菲利普斯报告这一插曲令人痛苦，"它在错误的时间出现了，使听证会更加棘手"。同时，他指出，NASA 在国会中既有朋友又有敌人，因此没有把握国会最终会站在哪一边，"你永远不知道正在陷入什么样的困境"。

在穆勒看来，韦布格外擅长与政府打交道，因此尽管"国会仍不满意"，但"总统并没有特别恐慌和急于采取行动"。NASA"在国会中有非常坚定的朋友，不过一周左右后，关于菲利普斯报告的谣言四起"。因为官方说法肯定了不存在菲利普斯报告，所以 NASA 必须应对信任危机。穆勒坚称这份报告"与火灾本身几乎无关……主要是关于北美航空公司的管理能力"。另外，因为韦布在穆勒否认该报告时支持了他，这"造成了信任问题，尤其是在韦布和国会之间"。

第七章　　　　　　　　　　　　恢复

　　穆勒希望听证会能尽快结束，以继续推进阿波罗计划。然而，韦布认为 NASA
应该让听证会再持续几个月。因为如果结束得过早，而后续又有更多问题暴露出来，
NASA 将面临粉饰现状的指控。韦布希望听证会能持续足够长的时间，让所有事实浮
出水面，从结果来看他的策略可谓英明之举。关于菲利普斯的报告，穆勒和韦布都不
同意发布。穆勒想要维护与北美罗克韦尔（North American Rockwell）公司[1]的良
好关系，因此不想公开披露这份报告。他建议只向国会汇报相关情况，韦布则认为不
应该主动向外界提供任何信息。但报告仍遭泄露，媒体公开了部分内容，最终 NASA
不得不把整份报告交给国会。穆勒回忆，火灾发生后，韦布很难保持客观，他想"让
问题得到快速、直接、简单的回答"。这是一个充满压力的时期，蒙代尔指责 NASA
掩盖真相并与北美罗克韦尔公司串通一气，他对所谓丑闻背后的真相兴致勃勃。穆勒
说，就连通常被称为"中坚力量"的蒂格也开始有些担心了。

1　北美航空公司于 1967 年 3 月与罗克韦尔标准公司合并，更名为北美罗克韦尔公司。

实际上，菲利普斯的报告并不是什么不寻常的东西。载人航天办公室计划控制主管，同时也是华盛顿总部老员工的威廉·莉莉（William E. Lilly）说，NASA 有许多这样的报告。因为 NASA 签订了大量的合同，每当出现问题，他们都会派一个老虎小组进行调查，以尽可能地提供帮助，某些调查能起到关键作用。穆勒和菲利普斯会定期审查承包商，有时审查的结果会被打印出来，有时则不会。当时菲利普斯对北美罗克韦尔公司也是如此，因此编写一份老虎小组的报告是正常步骤，"菲利普斯和穆勒觉得报告可能被人滥用的想法特别幼稚"。莉莉认为菲利普斯报告里涉及的东西韦布是了解的，只是没人直接告诉他存在一份"菲利普斯报告"而已。韦布知道北美罗克韦尔公司有管理缺陷，也知道穆勒和菲利普斯在努力解决问题，即使穆勒从未与他讨论过"细枝末节"。

当时有传言说，菲利普斯威胁要离开 NASA，除非 NASA 为他与北美罗克韦尔公司的往来辩护，因为他的工作原则就是要对承包商以诚相待。依照菲利普斯的性格，他不像是能提出这种威胁的人，但人们知道如果他离开的意愿足够强烈，他可以请求调回空军。穆勒说过"当时大家压力都很大，都想过辞职"，但他认为菲利普斯不会直接辞职。韦布回忆说："军方的合同管理原则是对承包商严加管控，但不会向外界透露他们的业务细节。菲利普斯感到有责任坚持这一立场。有人告诉我，如果我们披露了整份报告，可能会导致菲利普斯的退出，不过他本人从未对我表露过这方面想法……如果我不站出来，可能会失去我的员工。"但事实上，菲利普斯在火灾过后非但没有辞职，反而更加积极主动了。在 1967 年 3 月下旬，他请吉尔鲁思考虑将一个工程师小组派往北美罗克韦尔公司，"以确保在有需要的时候能够快速行动"，这使得一大批 NASA 员工前往北美罗克韦尔公司太空部门现场工作。

按照 NASA 的一贯风格，应当针对火灾展开详细的工程项目审查，以明确事故问题和解决途径，这也是汤普森调查委员会的工作。然而，韦布不想进行工程审查，他只想知道是哪个人辜负了自己的信任。他觉得自己被出卖了，并开始私下与菲利普斯讨论。这倒没有给穆勒带来麻烦，因为菲利普斯能始终保持清醒，并及时告知每个人当前的情况。在穆勒看来，韦布已经变得"偏执"并且"对我失去了信任"，但穆勒还是尽最大努力坚持了下来。因为韦布并没有亲自找他对质，所以他需要自己弄清楚该如何和韦布打交道，但他觉得"韦布的所作所为真的都只是在浪费时间"。

关于韦布想赶走穆勒的传言四起。后来在韦布辞去局长一职后，罗伯特·谢罗德曾向他询问为什么没有解雇穆勒，韦布回答："我需要他。"穆勒在国会有强大的盟友，尤其是蒂格，并且众议院和参议院的太空委员会都很尊敬他。也正是在这个时候韦布开始依赖菲利普斯。"我不知道因为什么，"穆勒说，"但菲利普斯确实是一个很平和的人，可能和他比起来韦布更讨厌我。但我在 NASA 外有足够的支持……我知道他很想辞退我，但从未找到办法付诸实践。"韦布感觉下属向其隐瞒了重要信息，并担心再次出现预料之外的事故。当弗洛伊德·汤普森没有查出起火的确切原因时，情况更糟了。穆勒说韦布出现了一种"调查发现的越少，嫌疑就越大的精神状态"。二人的关系开始变得不稳定，时好时坏，并且再也没有回到火灾前的样子。不过在韦布离开 NASA 后还是有所改善。

火灾带给 NASA 的冲击是巨大的，韦布不再信任周围的人，他开始从计划管理办公室收回权力，以加强个人控制。他让人们都知道他对西曼斯和穆勒不满，并且敌意与日俱增。他从穆勒的手下中调走了威廉·莉莉，提拔他为行政助理局长。尽管穆勒对莉莉的评价很高，更愿意将其留在载人航天办公室，但他觉得局长办公室里多一个朋友对自己也没坏处。韦布任命了一个独立的管理工作组，由已退役的空军将军弗兰克·博加特（Frank A. Bogart）领导，以重新审查阿波罗计划。博加特是穆勒在载人航天办公室的副手，时任副助理局长，同时也是韦布那时候仍信任的人。韦布还要求局长秘书处负责人、陆军上校劳伦斯·沃格尔（Lawrence W. Vogel）带领另一个小组翻看载人航天办公室的档案，寻找其他对 NASA 不利的报告。他们并没有发现任何确凿的证据，韦布说："我们在这些文件中没有发现受贿的迹象。只看到北美罗克韦尔公司一直在说'别再管我们了，我们自己能做好'。"

火灾使约瑟夫·谢伊的精神一度异常紧张，穆勒开始考虑不再让他担任阿波罗飞船项目管理办公室的负责人。他同样想过换掉吉尔鲁思的中心主任一职，因为吉尔鲁思也正承受着巨大的压力，难以正常工作。然而，乔治·洛缓解了吉尔鲁思的压力，而穆勒也不想让吉尔鲁思成为替罪羊，他认为这将正中那些疯狂反对 NASA 的人和"我们在世界各地的敌人"的下怀。在帮助他人应对危机的同时，穆勒也在努力控制自己的情绪。火灾后的一个晚上，这位业余画家在画布上涂满了黑色颜料，又画了一个几乎看不见的人。在漫长的一生中，他一直保存着这幅画，以纪念那段黑暗时光。

他把这幅画拿给本书作者看，说："我总是不时画一幅小画。而在那个晚上，前景看起来一点也不美好，我面前越来越黑暗……通过绘画，我减轻了挫折感。""我们正处在浓密的、伸手不见五指的大雾中，不知该如何完成计划……我在画整个计划的黑暗面，然后我在里面放了一个人，让它的颜色亮一点，整幅画都在表达沮丧感。"这个人则代表"一个通向光明的领袖"。虽然不知道那个领袖是谁，但"如果有任何领袖可以把我们带出黑暗，那就是我。现在只是一时的沮丧而已"。

穆勒仍然在处理问题并继续工作，他说："你必须学会分开来看，把注意力集中在那些具有积极意义的、在能力范围之内的事情上，不要老是想着可能发生的事……当然，部分问题在于许多人陷入了对自我的指责中。"他认为这种情况不太合理。因此，从火灾中恢复意味着心理和物理两方面的恢复。"解决物理上的问题具有建设性意义，可以避免问题再次出现。""当然，你总是会问自己为什么之前没想到会出事，"他又补充道，但这并没有什么用，并且"实事求是地说，除了我们一直在做的事情外，那时我们也想不到还能做点儿别的什么"。

穆勒并不想立刻换掉谢伊，但他意识到这位朋友的精神状态已然影响了工作。于是他考虑了替代人选，包括查尔斯·马修斯。但马修斯自从12月和家人一起搬到华盛顿后，并没有再回休斯敦工作的打算。最终在征得所有人同意后，穆勒让乔治·洛管理阿波罗飞船项目管理办公室，并将谢伊调到华盛顿担任自己的技术副手。他在4月5日宣布这一消息时表示："这些变化也反映了我们在载人飞行工程管理方面不断拓展广度和深度的努力。"对于吉尔鲁思，他考虑了几种方案，比如由菲利普斯或自己亲自接替他的工作，然后给他在华盛顿安排一个岗位。但最后穆勒还是让吉尔鲁思留在了原来的位置上。

谢伊回到总部后，穆勒看得出他已经到了精神崩溃的边缘，但他"是个很优秀的人，不能让他消沉下去"。现在回想起来，穆勒说："我想任何事物都具有两面性，就谢伊而言，他的思想出了问题。因为他很聪明，大部分时间他都能处理好。但当压力过大时他就失控了。"谢伊回到华盛顿后，韦布和穆勒很快意识到，如果国会传唤他去作证，这对他们而言会非常不利，所以他们利用了在国会的所有政治资源阻止此事发生。而在NASA宣布管理层变化后，《纽约时报》发表了一篇文章，称"NASA官员承认这一调动'与火灾有关'，但坚决否认是出于掩盖火灾责任的目的"。谢伊对被调离飞船项目管理办公室感到不满，他只在总部待了一小段时间就去了工业界，最终他加入了雷神公司（Raytheon Technologies, Inc.）的布雷纳德·霍姆斯团队。

一天晚上，在离休斯敦载人航天飞行器中心不远的锡布鲁克国王湾酒店里，穆勒正一个人思考工作的意义，他亲笔写下了这段话：

> 太空计划是建立在信仰和信念之上的。我们怀有信仰，人类的未来一片光明，并相信未来世界能让所有个体、所有国家都感觉到幸福；我们怀有信仰，宇宙的其他地方存在生命和智慧，并相信发现、分享知识和经验对每个种族都大有裨益；我们怀有信仰，如果人类对群星和太阳系有更深入的了解，将有助于改善人类在地球上的生活状态，并相信如果掌握了太空旅行的奥秘，探险者将驾驶飞船远航，行星定居或星际旅行将不再是梦想。

接下来的几个月将决定 NASA 能否走出火灾的阴影，使阿波罗计划重回正轨。

火灾后，穆勒与韦布的关系趋于恶化。对陷入困境的韦布来说，穆勒的工作过于独立，因此韦布指责穆勒没有及时汇报。而当穆勒试图汇报最新进展时，由于韦布缺乏技术知识，他无法理解相关内容。正如查尔斯·马修斯所言，"如果载人航天办公室运行顺利，那么一切都好。但是当出错的时候……韦布总是会对为什么出错非常困惑"。韦布觉得穆勒应该为火灾承担更多的责任，穆勒坚称自己做到了这一点，"我确实这么做了……我的团队也是"。韦布还指责穆勒没有让自己了解载人航天办公室的情况，以及报告系统没有发挥作用。这在某方面与穆勒的个性有关。"穆勒比较冷漠，"罗伯特·弗赖塔格说，"他不是那种热情洋溢的人，一贯不露声色。"穆勒非常坚定和低调，一旦下定决心就会不懈前进。另外，火灾发生后，当韦布把全部注意力放在登月上时，穆勒继续把目光投向后阿波罗计划，这同样使他们产生了分歧。

　　这场事故带给 NASA 的压力是巨大的，穆勒很难让每个人保持冷静并按部就班地继续工作。他回忆说："国会在调查，媒体在调查，白宫在调查，每个人都在调查。"但他认为问题的答案简单明了，也很直接——如果仔细想过，就不会在封闭空间里使用纯氧，这很危险，而且随着压力的增加会更加危险。起火的原因与复杂系统的特征有关，在复杂系统中，你永远不知道最薄弱的环节在哪里。现在我们知道，最薄弱的环节是地面试验期间在太空舱中设置标准大气压纯氧环境。NASA 在计划早期就进行了类似的地面试验，那时他们没看出问题；而太空中的机舱压力较低，也不会有问题，只有在地面上才会出现问题。穆勒指出，"在这样一个复杂的系统中，我们很容易忽视显而易见的缺陷，并把所有时间都花在探寻隐藏的问题"，即"寻找未知的未知数"上。

　　1967 年 4 月 1 日，穆勒在纽约的探险者俱乐部发表讲话，这是他在火灾后的第二次公开演讲。他引用了阿瑟·克拉克的话："我们在太空中寻求的不仅有知识，还有奇迹、浪漫、新鲜事物——最重要的是冒险。"他无法谈论现在，只能展望未来。他说，20 世纪 70 年代末会开展第一次火星飞越任务，它会由带有核动力上面级的土星号火箭执行；20 世纪 80 年代初，第一批宇航员将登陆火星。他预测，只需将阿波罗计划使用的基础设备稍作改动，"从现在起 20 年后，我们就可以登陆火星，并且至少已经开启了对金星的探索"。行星探索将使用从 20 世纪 60 年代起开始研发的航天器，并且经过改装的阿波罗飞船可搭载多达 6 名宇航员。阿波罗应用计划预计于 1968 年开始，甚至早于首次登月，它的一个关键目标是利用现有技术降低航天成本。但是，后阿波罗计划的资金仍在等待国会批准。他声称"轨道空间站和永久月球基地显然在我们的掌握之中……它们是载人飞行下一个主要步骤的重要基础"。轨道工作站将对了解永久空间站的需求大有帮助，终有一天这些空间站将绕地球环行，第一个任务将是长达 4 周的飞行，并且随着 NASA 经验的增加，可增加在失重状态下的飞行时间。一些实验能够有效推动科学和医学的发展，使人们进一步了解长时间太空飞行对人体的影响。在人类首次登月后，阿波罗应用计划将实现在月球上停留两周或更长时间。在 20 世纪 80 年代末前，NASA 可能在月球上建立永久性设施，并安排宇航员定期往返于地球和月球之间。他补充说："毫无疑问，在离美国基地不远的地方，也将出现一个规模相近的苏联基地。"接着穆勒谈到了正在进行中的有明确目标的项目，并在最后告诉探险者俱乐部成员，阿波罗应用计划已由 NASA 向国会提交并得到总统的批准，而这一切都将依靠阿波罗计划打下的基础。

NASA 各中心为争取轨道工作站的管理权展开了竞争，这引起了韦布的担忧，他说："这种竞争一直是个问题。"吉尔鲁思担心在冯·布劳恩完成土星号火箭后，"马歇尔航天中心将承担部分原属于休斯敦载人航天飞行器中心的工作"。这正是穆勒的意图——将轨道工作站变成马歇尔航天中心新的重点项目，尤其是在航天器领域。马修斯说这成了穆勒"把鼻子伸进帐篷[1]"的方式。穆勒不关心工作站的确切配置，他只是想推动这个项目。马修斯回忆说："其整体实用性非常值得怀疑。"然而，马歇尔航天中心接受了这个饱受质疑但富有远见的想法，并开始做一些实际的事情。后来在 1967 年的春天和初夏，马修斯说："我想我们为阿波罗应用计划开发了 57 个独立的方案。"但不幸的是，预算状况"使计划摇摆不定"。

4 月 5 日，汤普森调查委员会发布了最终报告，韦布立即向白宫、国会和媒体公

---

1 俗语，即迈出第一步。

　迎难而上：乔治·穆勒与 NASA 载人航天计划的管理

布。他在正式收到报告前并没有完整读过里面的内容，但穆勒早在 2 月 24 日就向他简要汇报了初步调查结果和调查建议。根据这份报告，飞船机舱内为纯氧环境且存在可燃物，而且为了进行舱壁泄漏检查，工作人员将舱内气压升高至 115 千帕（比周围环境高了 14 千帕），因此"试验环境是极其危险的"。调查委员会的意见包括从减少太空舱中可燃物的数量到重新设计舱门并改善流程，他们还建议对多个系统和子系统进行改造和测试。审查结论为："阿波罗计划小组未能对涉及机组人员安全的某些不起眼但同样重要的问题给予足够的重视。"该报告没能指出起火的确切原因，但根据物证和机舱损坏情况，推测是电弧放电。总之，他们知道的只是一团火花点燃了格里索姆座椅附近的易燃物质，而加压的纯氧环境使火势迅速蔓延。虽然烧伤是宇航员死亡的原因之一，但尸检显示，他们在起火后不久就因窒息而失去了意识。

"仅仅浏览过"这份调查报告后，穆勒当即同意实施所有尚未在 Block II 飞船中体现的建议。NASA 把火灾当作一次重大的飞机事故来处理，所以他们仔细地对所有事件进行了梳理，努力重现起火场景。穆勒推测"要么有人扳动了一个带电弧的开关，要么是误拔了一根电线"从而产生了电弧。一旦在纯氧环境中出现电弧，你会看到可燃物以惊人的速度燃烧。他又补充说："没有任何一项可靠性分析真正考虑到了人的因素。"人总被假定是完美的。然而，当真正的事故发生时，你会看到总是因为有人犯错才引发了问题。虽然弗洛伊德·汤普森是调查委员会主席，但弗兰克·博尔曼充当了发言人和公共形象代言人，他能清楚地提供信息并回答与调查有关的问题。博尔曼说，如果调查结果能被采纳，他愿意继续作为宇航员走进太空舱，后来他确实做到了。报告将火灾归咎于有缺陷的工程判断[1]，而非管理或行政问题。西曼斯承认"我们都很内疚"，穆勒也一样。但同时他们都认为没必要对阿波罗计划的管理方式进行重大改革。

这份严厉的报告让韦布大为震惊，他对工业界感到失望。按汤普森的描述，韦布"永远也不会原谅他们"。但北美罗克韦尔公司的阿特伍德对调查结果极为不满，并强烈批评了 NASA 的调查方式。他后来说："我从未见过类似于阿波罗 1 号火灾的事故调查方式，也从未见过有人在基础层面敷衍了事，把责任归咎于工艺。制造商即

1　工程判断（engineering judgment）：指在工程项目中由专业技术人员所做的技术判断。

使在工艺上有责任，那也是微乎其微的。"他认为是在标准大气压下的纯氧环境中测试导致了火灾，NASA 在水星计划和双子星计划中也犯过同样的错误，幸运的是之前没出事而已。在双子星计划中也曾出现过电路短路，但 NASA 并没有在之后测试太空舱的易燃性，这意味着 NASA 为了避免出丑掩盖了某些问题。虽然调查委员会没有点名批评北美罗克韦尔公司，但穆勒这样做了，阿特伍德对这份报告的反应也说明他能感觉到被指责了。

穆勒说："斯托姆斯经常因为工艺受到批评。事实上，很多时候他们的做工确实很糟糕……因此很容易责怪他们，但难的是找到正确的问题和正确的责任人。在此次事件中，你必须去找那些实际布线的人，他们对大部分问题负有责任。"因此，他说："我们重现了一遍……做了所有的试验来查看在标准大气压的纯氧环境中起火会发生什么……现在回想起来，这是我们早就该做的事情，事实上还有很多事情我们早就该做，这只是我们错过的关键的一项。"

《华盛顿明星报》将调查委员会的结论称为"NASA 的愚人节报告"："现在，这场 NASA 对阿波罗 1 号火灾调查的闹剧即将结束，国会正准备接管此事，也许我们就要知道真相了。"《纽约时报》发表社论说："完整的调查不能只针对这场夺走 3 名宇航员生命的灾难本身，必须深入美国庞大航天工业的政治和经济领域。"此外，《航空周刊和空间技术》写道："AS-204 事故调查委员会所做的严厉、尖刻的报告，实际上平息了对于该委员会的指控，指控内容即委员会的成立是为了粉饰 1 月 27 日那场夺走 3 名宇航员生命的火灾。"蒂格说，这份报告是"对 NASA、北美航空公司和整个阿波罗计划的广泛控诉"，并安排在 4 月 10 日举行听证会。参议院太空委员会也打算在同一时段举行一系列听证会。弗洛伊德·汤普森想避免拷问阿波罗计划中的管理问题，因此他的报告中未明确 NASA 管理层的角色。穆勒同意火灾不是由管理缺陷引起的，并在后来反问道："汤普森对管理又懂什么呢？"穆勒将对 NASA 管理能力的质疑归因于某些谣言和人们正在讨论的"各种各样疯狂的事情"，他认为该计划不存在管理上的问题，"这不是管理问题，除非从某种意义上说，糟糕的生产工艺也属于管理问题"。他认为，那些把火灾归咎于管理缺陷的人并没有真正了解发生了什么。

韦布在众议院听证会上作证，他一上来就表示，NASA 将纠正调查中发现的错误，并继续登月工作，但委员会已不再不加批判地接受他的说法。众议院听证会持续了 3 天，委员们反复盘问 NASA 和北美罗克韦尔公司的管理人员。穆勒回忆说，委员会中大约一半人对阿波罗计划持怀疑态度，并考虑中止计划。尽管蒂格和穆勒最终控制住了局面，但穆勒说，"我们当时用尽了所有的善意"，使计划不至于被取消。后来，众议院的态度出现了转机。某天晚上，在众议院宇航与科学委员会主席米勒的办公室里举行的私人会议上，当时颇受人们信任的弗兰克·博尔曼说："我一直在考虑这件事的来龙去脉。在了解了诸多信息后，今天的我仍然会选择迈入飞船，因为我认为那场火灾是偶然事件。"蒂格请他在公开会议上重复这一说法，他照做了，众议院的风向因此发生了变化，但在参议院没起到同样的效果。

1967 年 4 月 13 日，西曼斯、穆勒、菲利普斯和查尔斯·贝里再次前往参议院太空委员会。西曼斯称，"北美航空公司在工程设计或工艺方面并不总是尽心尽力"，但是在 NASA 指出了他们的不足之后，他们已经有所改善，工作上有了很大改进。穆勒提醒委员会，汤普森调查委员会已经研究了 Block Ⅰ 飞船的缺陷，甚至早在火灾发生前 NASA 就已经打算替换为 Block Ⅱ 飞船，以整合"我们在该计划中学到的所有知识，它的设计将便于飞行试验及其他任何必要的更改"。他称"作为计划基础的基本设计和基本组织架构……是健全的"。NASA 载人航天办公室已经针对汤普森的报告展开了研究，并承诺根据报告所做的任何变动都将汇报给委员会。然而，一些委员会成员仍然呼吁引入独立调查，并希望削减 NASA 的预算。他们在执行会议上讨论了是否取消阿波罗计划，但该提议最终没有通过。

火灾后的这段日子紧张又忙碌，穆勒需要花大量时间说服政府和国会，使他们继续相信登月可行。记者们认为在 20 世纪 60 年代登月已经不可能了。因此"我们必须让人们相信如期登月是可能的，这很难，我们真的押上了所有筹码来维持计划运转"。蒂格的坚定支持成了"救命稻草"，压倒了众议院的反对者们。但穆勒也承认，在火灾发生后，"我们没有把握能够完成该计划。毕竟火灾是生死攸关的大事"。

国会委员会的成员们询问了带有政治动机的问题，希望能得到简明的回答，但 NASA 每次都予以详细回答，并解释了背后的原因。作为 NASA 的首席技术专家，穆勒试图弄明白"问题出在哪儿"。虽然汤普森调查委员会能够部分回答这个问题，但穆勒认为，现在对于 NASA 的政策、惯例和流程是否完善仍然存有疑问，他还在调查中。除了之前的证词中提到的行动外，NASA 还打算根据调查报告制订进一步的纠正措施。而且穆勒告诉委员会，水星计划和双子星计划的成功在很大程度上归功于现在阿波罗计划使用的相同原则。他解释说，从一开始，"我们已经尽了最大的努力来保证系统的安全性和可靠性"，并且 NASA 进行了大量测试以确保宇航员的安全。他提到了不同的测试方法和验证过程，并强调，只有在所有的异常情况都已得到解释和解决之后，NASA 才会推动计划。他坚持认为尽管时间很紧张，但是 NASA 有一项"坚定的原则"，即只有在"技术上和程序上都准备好执行一项安全和成功的任务"时，才允许宇航员进入太空。正如他在公开讲话中经常提到的，阿波罗计划是一个有序计划而不是速成计划。他还回顾了飞船的设计过程，解释了 NASA 在舱内使用纯氧的原因——当时 NASA 兼顾负荷和可靠性，以及机组人员的生理需求，主要关注的是防止氮麻醉（即减压病），还有避免设备出现故障。双子星计划已经证明了人类可以承受单一气体环境，而在工程师们评估了水星计划的经验和双子星飞船的设计后，他们决定在阿波罗飞船上使用同样的气体环境。他说，自水星计划启动以来，工程师们已经使用纯氧进行了超过 20000 小时的飞船和宇航服试验，其中包括在标准大气压或更高压力下的 914 小时，这让他们得出结论：NASA 可以在地面上安全地使用纯氧环境。在关于火灾风险和紧急出口的讨论中，他解释了舱门的设计原理，以及向内打开的理由。新的更重的一体式舱门可以在几秒内打开，并配有一个手动装置允许在任一侧开门，还制订了防止意外打开的保护措施。

穆勒告诉委员会成员们："重点是，我们应该意识到，试验本身就是各种风险测试的集合，对于以寻求技术进步或探索科学前沿为目的的项目，不确定性和由此带来的风险是无法被彻底消除的。所有的太空计划都是在没有完全充分的知识储备的情况下制订的。""从计划开始到结束的每个管理决策"都需要承担风险。他坚持认为，阿波罗计划对产品的质量要求比水星计划和双子星计划更为严格，并且谈到了从承包商到 NASA 总部这个范围内质量控制在项目管理中的地位。阿波罗飞船有 150 万个部件，比双子星飞船和水星飞船更为复杂。虽然阿波罗飞船在首次飞行前的测试中有约 20000 个零件不合格，但与水星飞船的首次飞行相比，质量几乎提高了 4 倍。尽管如此，在汤普森调查报告的指导下，NASA 还是重新检查了各个级别的质量控制程序。他列举了设备检查步骤，并描述了对阿波罗计划中的安全计划做出的改进。作为总结，他承诺，载人航天办公室会遵循调查委员会提出的全部建议。然后他指出：

"在每一个研发项目中，人员和组织都遵循学习曲线……在阿波罗计划启动后的6年里，我们获益良多。宇航员格里索姆、怀特和查菲用他们的生命让我们从这次事故和调查中学到了更多的东西。我们现在所处的阶段与水星和双子星计划首次载人飞行前是类似的，我们的人员和组织都有动力能够完成这一学习过程。"

NASA 和北美罗克韦尔公司高层已沦为载人航天批评者的攻击对象，他们借阿波罗1号火灾事故质疑登月目标，宣扬3名宇航员的丧生与进度压力脱不开关系。面对来自国会的批评，韦布、西曼斯和穆勒首当其冲。他们成功捍卫了阿波罗计划，但火灾也永久性地损害了 NASA 在国会中的地位，使其失去了一贯正确的声誉。国会听证会表明 NASA 并非疏忽和无能，只是没有发现项目管理中的漏洞。从这场火灾中吸取的主要教训是：要保证在使用条件下对所有子系统进行测试。然而，穆勒也指出，必须把阿波罗计划放在当前的历史背景下考虑。载人航天工程是在第二次世界大战结束15年后，由经历过战争洗礼的人们策划的。在20世纪60年代，人们注定要承担更多风险。"如果将其比作一场战争，现在你是在前线，你在承担风险，人们愿意接受这一点。"他们冒险是因为知道必须完成安全范围之外的事情，而他们接受了这一挑战。

　　火灾后的骚动仍未平息，这时穆勒收到了当选美国国家工程院（National Academy of Engineering，NAE）院士的消息。公告最后的总结说："因此，国家工程院认可并表彰你在工程领域的重要贡献和领导能力。"由此穆勒跻身工程领域的顶尖行列，当时曾获此殊荣的总共不到200人，包括施里弗、冯·布劳恩、NASA 的第一任局长基思·格伦南、麻省理工学院前校长及第一任总统科学顾问小詹姆斯·基利安（James R. Killian, Jr.）。

　　1967年4月中旬，休斯敦载人航天飞行器中心根据汤普森调查委员会的调查结果和建议确定了 Block Ⅱ飞船的变动需求。乔治·洛准备了包含将近60项重大变更的清单，计划在第二艘 Block Ⅱ飞船的生产中完成。总的来说，NASA 对指令服务舱进行了约5000次修改，解决了许多可能干扰飞行的问题。穆勒说他们"无从知道 Block Ⅱ飞船能否因此保证成功，但确定的是一旦改造完成，特别是对太空舱进行改造后，安全性会增加。当然，全面检查是必须进行的，以确保没有遗漏"。在这个"强烈反省"阶段，除了调查委员会发现的问题外，NASA 还解决了许多其他问题。

4月19日，穆勒在一次材料和工艺工程师会议上发表了火灾以来的第三次演讲。尽管水星计划和双子星计划都取得了成功，但这场火灾使人们认识到在飞行和地面试验中重新审查机组人员的安全很有必要。在唯一一次提到这场事故时，他解释说当前正在进行的研究、测试和设计工作将找到为预防火灾需要做出的其他改进。他着眼于后阿波罗时代，进一步拓展了前两次演讲中提到的观点。他说，阿波罗应用计划的初始阶段将降低将有效载荷送入轨道的单位成本，并将"天文学家和他的望远镜带到有光的地方——大气层上方"。后阿波罗计划将直接增加经济效益，扩大对月球的探索，挖掘新的科学知识，增强美国的国际地位，并"保持在过去10年中精心组建的太空团队的动力和能力"。

汤普森报告发布后，穆勒组织载人航天办公室做出回应，并安排了后续行动。他为每一项调查结果和建议都做了责任划分，明确了要采取的措施及完成日期。一旦改进完成，结果都将被记录下来，并由相关的技术委员会主席进行审查，以确保调查结果和建议都得到了正确贯彻。他希望NASA的回应符合调查委员会的"精神和意图"，并要求每个技术委员会主席在每次工作完成后都进行确认，还派人监督和跟踪结果。他不想看到调查委员会抱怨NASA不够积极主动。

4月晚些时候，穆勒向一群电力工程师发表了演讲，主题与他最近的几次讲话类似。他表示，太空计划会显著影响国家经济，而如果国会能在阿波罗计划之外提供资金，太空任务就还能继续。登月计划的该项支出在1966财年达到顶峰，而随着该项支出在1967财年的下降，从业者已经减少了约20%。尽管苏联在太空活动上的投入占国家经济的比例与美国相同，但他们的投资在持续增加，而我们的投资却在减少。穆勒专注于航天项目的实际应用，但已不如过去激进。他说，尽管存在越南战争和国内局势的动荡，美国仍需要持续探索太空，即便不为了别的，也是为了让我们保有选择权。但除非NASA能获得额外的资金，否则先前的投资成果将会被浪费。出乎穆勒的预料，《芝加哥太阳时报》报道了这一讲话，并援引他的话："我们可以在10年内实现载人登月和安全返回。"该报随后又表示："保守的穆勒在世界上最先进的工程师团队面前发表的声明无异于一份书面保证。"该报推测宇航员可能会在土星5号的第四次飞行中登陆月球，但它忽略了穆勒请求为阿波罗应用计划拨款的内容。

韦布和一些国会议员一直无法理解穆勒及其团队为何没有提前意识到火灾隐患。

毕竟，NASA 和承包商们曾盛赞过他们的项目管理系统，但这个系统肯定是失败的，不然就不会发生火灾。他们并不满意穆勒的解释，因此韦布对载人航天办公室提出了新的要求。国会收到了 NASA 的内部检查报告、管理调查报告和承包商文件的副本，并在阅读了汤普森调查委员会的说明后，进一步了解了该计划。然而，穆勒写道，他们虽然知道了更多的技术细节，却还是没有认识到"问题是进步的必要条件"这一事实。

韦布自认为是管理和组织方面的专家。火灾发生后，他调整了 NASA 的组织结构，重组了一些办公室，试图优化信息流通渠道。韦布任命哈罗德·芬格（Harold B. Finger）为负责组织和管理的助理局长，让他在预算管理中承担更多的责任，并将 NASA 员工之前向西曼斯汇报的一些工作改为向芬格汇报，试图压制西曼斯和穆勒。然而芬格并没有穆勒那样的政治敏感度，很快穆勒就把他扔在一边，并在后来声称这一重组对载人航天办公室影响不大，该部门仍承担 NASA 的大量业务。穆勒说韦布"没有提出任何具有新意或改进意义的措施"，这只是为了让他自己全方位了解计划的又一次尝试，因为韦布觉得自己应该清楚有哪些潜在事故，并相信如果有一个更好的报告系统，他就能发现、也许还可以阻止事故。"但除了要求员工再写一套新的报告外，并没有真正改变什么，"穆勒说，"韦布对我失去了信心，对管理团队也彻底失去了信心。"也就是在这个时候，韦布得出结论——是西曼斯没有让自己充分了解情况，也没有按照自己的思路管理 NASA。所以西曼斯成了韦布的首要批评对象。

据阿特伍德说，穆勒曾多次建议他换掉斯托姆斯，但直到火灾发生后才如愿，那时候穆勒明确告诉他斯托姆斯没有完成分内工作。穆勒表示，火灾后应专注于"把硬件造好"，"找对的人来做是一个挑战"，而斯托姆斯的存在妨碍了优秀人才发挥作用。但阿特伍德不觉得斯托姆斯有问题，反而认为他们的太空部门在开发指令服务舱方面已经取得了重大进展。来自 NASA 的压力最终迫使斯托姆斯卸任太空部门主管一职：4 月底韦布与阿特伍德见面，要求他做出改变，如果阿特伍德拒绝，韦布将取消双方的阿波罗飞船合同。为了展现决心，NASA 找了 5 家公司为阿波罗飞船合同投标。穆勒说这只是虚张声势，因为如果北美罗克韦尔公司现在退出，NASA 是不可能在 20 世纪 60 年代完成登月的。韦布只是希望斯托姆斯离开，并让阿特伍德在 5 月 1 日接替了斯托姆斯的职位，随后便不再威胁要更换承包商。处于弱势的阿特伍德最终同意满足 NASA 的所有要求。但他后来说："如果不是那场火灾，这些改变几乎没有任何必要。"

火灾发生后，韦布更多地参与到 NASA 的日常工作中，他认为管理 NASA 是他个人的责任。韦布开始直接给菲利普斯打电话，而菲利普斯也更频繁地与他会面，并参与他发起的活动。5 家受邀竞标以取代北美罗克韦尔公司的主承包商参与了韦布和菲利普斯的考察，韦布逐个询问他们拿到合同后会怎么做，整个过程并没有持续太长时间。询问结束后韦布与菲利普斯讨论，征求其意见。那时菲利普斯已经决定与波音公司签订一份独家合同，由后者提供技术整合和评估支持服务。和穆勒一样，菲利普斯认为 NASA 必须留下北美罗克韦尔公司，并且有必要加深双方合作，但这需要额外的支持。由于竞标的承包商达到 5 家，满足联邦的招标要求，因此菲利普斯向韦布建议，NASA 有正当理由与其中一家签订独家合同。于是韦布说："好的，去做吧。"其实，在向韦布建议前，菲利普斯就已经同穆勒、西曼斯和中心主任们讨论过了。

穆勒认为，与波音公司的合作"迈出了正确的一步"。波音公司能为 NASA 提供资源，以监督组织内部的沟通，确保所有人协同工作。他们派出一个系统工程小组，该小组会为了查看集体工作状态审查整个航天器项目。韦布需要证明自己在做一些不同于以往的事情，与波音公司的合作满足了他的心理。其实更直接的办法是换掉北美罗克韦尔公司，但 NASA 要确保在 10 年之期完成任务，所以只能罢手。波音公司的加入给了韦布机会来声称自己做了某些工作，穆勒认为这完全是"表面文章"。但是波音公司得到了菲利普斯的信任，因为该公司为他与北美罗克韦尔公司提供了独立的沟通渠道。穆勒的意见是"虽然不知道他们是否能产生积极的影响……但换个角度看，他们倒的确有一群能干的人"。

1967 年 5 月 9 日，韦布、西曼斯和穆勒再次在参议院太空委员会作证，第二天他们去见了蒂格的众议院小组委员会成员。韦布汇报了与波音公司签订的技术整合和评估合同，该合同把波音公司的责任范围从土星 5 号扩大到整个阿波罗 - 土星号。然而，波音公司从未成为韦布心目中的将取代中心和阿波罗计划管理办公室角色的整合承包商。相反，波音公司成了顾问，填补了这方面承包商的空白。韦布告诉国会，他将改变 NASA 对阿波罗计划的管理方式，并称和波音公司签署捆绑合同是一个合理的决定，因为波音公司已经在土星 5 号上做了同样的工作，也在民兵计划中承担了类似的任务。此外，波音公司能立即召集人员，可以从公司其他项目中调来大量有经验的员工。

穆勒在这两个国会委员会的证词包含许多技术细节。他提交了 3 份书面报告，这些报告成了官方记录的重要部分。他的口头证词总结了 NASA 已经采取的行动，并强调了在 Block Ⅱ 飞船首次载人飞行前还需要有哪些步骤。他说，NASA 完全接受汤普森调查委员会的建议，并在宣读了数页的详细证词后描述了其他待解决事宜。如果 NASA 在 1968 年 2 月执行首次阿波罗载人任务，这就意味着延迟了 12 个月，但是在延迟期间会安排无人飞行试验，所以 1969 年登月仍然是可能的。

火灾发生后，NASA 做出了许多改变，包括重新定义试验计划，以及重新设计阿波罗飞船。北美罗克韦尔公司为整个太空舱重新布线，这"需要时间、精力和努力，仅仅是让每个人在同一时间朝同一方向前进就是一个巨大的挑战"，穆勒说。由于一些国会成员仍然认为 NASA 在项目管理方面存在问题，所以穆勒尽了很大努力告诉国会 NASA 是如何管理的，他们做了哪些工作，又是如何试着预防火灾的。作为载人航天的关键人物，穆勒一再承认"发生这种情况是我的错"，并承诺他将尽一切努力确保悲剧不再重演。为了减轻德布斯、吉尔鲁思和冯·布劳恩的压力，让他们能做好本职工作，穆勒主动承担起了压力。他和菲利普斯两人为载人航天办公室做了大部分的证词，最大限度地减少了中心主任们的参与，使他们"很好地避开了总部的混乱"。他想要中心主任专注于解决问题，重新开启载人航天计划，而不是被这些"无关紧要的事情"分散精力。幸运的是，他说，阿波罗计划"有足够的连贯性，你可以在总部做一些表面文章"而不影响中心的工作。

尽管国会的担忧仍在，但《国家观察者》的一项公众调查显示，高达 77% 的被调查者支持阿波罗计划，反对者仅占 17%。20 世纪 60 年代的 Trendex 年度民意调查显示，大多数美国人都支持阿波罗计划。尽管人们担心新的社会计划带来的支出、越南战争日益加剧的经济和社会影响，以及由此导致的家庭暴力和社会动荡，公众仍然对登月前景激动不已。

在 1967 年 5 月中旬的一次美国航空航天学会会议上，穆勒谈到了 NASA 是如何"解决 1 月 27 日的悲剧引发的问题的"。火灾发生后仅 4 个半月，他就想继续推进载人航天事业。类似他在火灾后的其他演讲，他又提到了载人航天的收益和附带收益。但本次演讲想强调的主题是火灾后的恢复。他说，调查委员会的调查结果集中在 NASA 的飞船设计、质量控制、检验过程和安全性上。但是，他认为："每个重要的研发项目都可能有问题……解决问题是研发的根本任务……但是，这丝毫不会减少我们对于确保问题得到解决的重视。"

6 月 15 日，NASA 给波音公司提供了一份书面合同，捆绑合同的期限被延长至 1968 年 12 月 31 日。波音公司并非主承包商，它将提供系统工程、硬件评估、飞行硬件整合和工程评估服务来协助项目管理。该公司将为 NASA 提供技术援助而非指导，虽然韦布希望大家都觉得是后者。穆勒公开支持捆绑合同，并在 9 月初接受《休斯敦纪事报》采访时表示："由某一个单独的承包商负责阿波罗飞船整体及其火箭的理念，正在'达到或超出我们所有人的预期'。"该报写道，波音公司将"严密监视"北美罗克韦尔公司和格鲁曼公司，但不负有任何事务的最终责任。

据穆勒回忆，波音公司在工作范围内"完成得非常出色，特别是在大型项目重构方面。我们有一大堆新的进度安排，还需要建立新的界面"。他承认 NASA 在这方面需要支持。他还说捆绑合同"有利于对外关系"，从合同名字也能看出来波音公司要把所有部分"捆绑"（tie）在一起。与空间技术实验室在弹道导弹计划中的角色不同，波音公司不是 NASA 的整合承包商，他们只是应要求提供联络功能和专业知识，并不分担中心的任何责任。波音公司还承担了最初由贝尔通信公司负责的界面修改任务。但是，整合各个系统仍是 NASA 的责任。穆勒说，波音公司的工作包括"确保事情能够完成……在我看来他们像是一种通信工具，使整个系统中人与人之间沟通顺畅"。波音公司还参与了计划评审，并在许多评审中承担秘书工作，这使他们能够了解计划情况并准确地指出偏差。

NASA 在 1968 财年的预算请求（包括为阿波罗应用计划申请的 4.39 亿美元）比上一财年减少了约 5 亿美元。对此，总统予以批准，并提交至国会。阿波罗应用计划还是落脚于"以最低成本获得最大收益"上，将继续以每年 4 架的速度生产土星号火箭，并最早于 1968 年开始飞行。尽管如此，西曼斯指示穆勒，在实现登月前，所有资源应优先用于阿波罗计划，所有硬件应当配置在阿波罗计划主线任务中，如移作他用需得到西曼斯的批准。而且只有阿波罗计划能寻找额外的承包商支持。此外，北美罗克韦尔公司与登月没有直接关系的任务将被取消。下一阶段的阿波罗飞行试验要等成功完成上一阶段后才能开始，穆勒还被指示"不允许为了实现预定进度而损害任务和机组人员的安全"。西曼斯写道，NASA 正式定于 1968 年 3 月开展首次载人飞行试验，将由土星 1B 号搭载 Block II 飞船，同时将"在谨慎的基础上尽快"使土星 5 号的质量满足载人航天飞行条件。他为穆勒安排了阿波罗计划剩余部分的飞行进度，"可能会根据实际情况而改变"（见表 7-1）。此外，西曼斯警告说，阿波罗应用计划只能在"不干扰或损害阿波罗计划主线任务"的前提下实施。

表 7-1 西曼斯制订的阿波罗计划主线任务时间表（1967 年 5 月 8 日）

西曼斯的时间表				实际时间表	
年份	飞行次数	火箭	预计试验	发射时间以及任务编号	任务类型 *
1967	2	土星 5 号	指令服务舱开发（U）	1967-11-9，AS-501（阿波罗 4 号）	A
				1968-4-4，AS-502（阿波罗 6 号）	A
	1	土星 1B 号	登月舱开发（U）	1968-1-22，AS-204R（阿波罗 5 号）	B
1968	1	土星 1B 号	指令服务舱评估（M）	1968-11-11，AS-205（阿波罗 7 号）	C
	3	土星 5 号	飞行试验（M）	1968-12-21，AS-503（阿波罗 8 号）	C'
				1968-3-3，AS-504（阿波罗 9 号）	D
				1969-5-18，AS-505（阿波罗 10 号）	F**
1969	6	土星 5 号	登月任务（M）	1969-7-16，AS-506（阿波罗 11 号）	G
				1969-11-14，AS-507（阿波罗 12 号）	H
				1970-4-11，AS-508（阿波罗 13 号）	H
				1971-1-31，AS-509（阿波罗 14 号）	H
				1971-7-26，AS-510（阿波罗 15 号）	J
				1972-4-16，AS-511（阿波罗 16 号）	J

西曼斯的时间表				实际时间表	
年份	飞行次数	火箭	预计试验	发射时间以及任务编号	任务类型*
1970	4	土星 5 号	登月任务（M）	1972-12-7，AS-512（阿波罗 17 号）	J
				1972-5-14，AS-513（天空实验室 1 号）	—
				未定，AS-514 和 AS-515	

注: M= 载人（manned），U= 不载人（unmanned）;

* 任务类型描述详见第八章;

** 任务 E（高地球轨道飞行试验）被取消了，因为根据任务 C′ 的完成情况来看，它已经没有必要了。

穆勒开始在公开场合乐观地谈论起重启飞行任务，但韦布持悲观态度，他觉得应该制订一份立场文件，警告 NASA 的员工不要这么快就开始讨论下一次任务。阿波罗计划管理办公室起草了这份文件，将其展开为一项关于如何"评估载人航天项目能否完成既定里程碑事件"的总体政策，由韦布签署发布。这份文件包含了在公开场合发言的规范，警告"NASA 的工作人员应该避免从更乐观的角度讨论阿波罗计划"，还规定了谈及阿波罗计划进度时适用的术语。然而，大多数规范都是极其保守的，例如他们需要说 AS-503 任务"实现首次载人飞行的可能性很小"。但事实上这次任务不仅搭载了宇航员，还将宇航员送入了月球轨道。

在 1967 年 6 月初举行的另一次美国航空航天学会会议上，穆勒大谈阿波罗应用计划。"如果国会批准"，他告诉听众，这将是在后阿波罗时代"国家继续迎接挑战的承诺"。载人地球轨道飞行试验仍将于 1968 年初进行。根据汤普森调查委员会的调查结果，NASA 应集中精力在登月上，在阿波罗应用计划开始前尽量减少科学实验。麦道公司（麦克唐奈和道格拉斯公司已经合并）的道格拉斯部门得到了一份为轨道工作站提供两个 S-IVB 级的合同，由马歇尔航天中心开发子系统。冯·布劳恩正在制造一个中性浮力舱，以训练宇航员在失重状态下操作多重对接接合器。穆勒说，大部分长周期项目已经签订了合同，随着阿波罗应用计划的实施，"我们朝着低成本、高回报的太空投资迈出了一大步"。最后他说，"我们国家的伟大程度在很大程度上将由如何开发和利用太空来衡量"。

1967 年 6 月初发生的另一件事情是参议院太空委员会要求穆勒作证，评价格鲁曼公司的表现。穆勒称格鲁曼公司在登月舱项目早期的工作可作为 NASA 的典型案例：在初始阶段他们的进展缓慢，因此休斯敦载人航天飞行器中心在 1966 年 6 月对格鲁曼公司进行了一次老虎小组审查，并将结果口头通知该公司总裁，等到 1967 财年，虽然格鲁曼公司的支出还是超过原定成本，但他们已经采取了正确的措施，显著改善了成本问题。在 1967 年 4 月，NASA 还对其进行了一次质量审查，发现了约 2000 个缺陷，但只有 10 个会影响任务的成功，且无一有安全隐患。其实，不仅格鲁曼公司早期陷入过开发困境，其分包商也是。虽然还存在一些问题，但该公司已经表示将于 7 月 1 日交付配备自动操作设备的首个登月舱飞行件，比原定计划晚了大约 7 个月。穆勒告诉委员会："承包商的业绩不断提高并且已经克服了许多技术难题。"

　　在穆勒看来，阿波罗计划两大主要承包商高层的理念相去甚远，北美罗克韦尔公司不如格鲁曼公司能够充分注意到这一点。"这两家公司确实都存在问题，但解决方案非常不同"，北美罗克韦尔公司将不断变化的需求作为支出增加和进度延误的理由，而格鲁曼公司则将其视为解决问题的机会；态度上的差异则更甚，"格鲁曼公司承认自己不可能通晓所有的事情，但北美罗克韦尔公司觉得自己在所有方面都是专家，事实证明并非如此"；公司核心领导层的区别也很大，穆勒说，格鲁曼公司的总裁卢埃林·埃文斯（Llewellyn J. Evans）"亲自和人们交谈"，登月舱项目经理小约瑟夫·加文（Joseph G. Gavin, Jr.）"是首屈一指的……他们都在亲力亲为解决问题"。而相比之下，火灾发生后，北美罗克韦尔公司的"高层不想为此花太多时间，直到我们最终引起了他们的注意"。

　　在调查期间，因为火灾原因尚未查明，NASA 的预算请求被搁置。国会一直将其拖延到 1967 年 7 月。这时各委员会已不再无条件满足韦布的要求，肯尼迪登月挑战的魔力并没有延续到阿波罗应用计划中——国会削减了 NASA 的预算。穆勒称其"奇怪但符合人性，一旦你已经做了某件事，它就不再是一个挑战，也不再是能抓住人们想象力的东西。我们从来没能……找到肯尼迪说的历史性目标"。

　　到了 7 月底，西曼斯直接告诉穆勒"载人航天办公室的规划不够充分……不能满足局长办公室的要求"。他写道，载人航天办公室缺乏"能被一致认可的基础估计和假设"，而"对规划的集中指导阻碍了开诚布公的调查和分析"，并且 NASA 各中心的参与度不够。"最重要的是，载人航天办公室内部似乎缺乏坦诚的沟通，与其他组织之间也是如此。"西曼斯给出了详细的指示，并要求书面答复。

吉尔鲁思曾告诉一位采访者，必要时他会绕过穆勒，他直白地承认"我以前经常去韦布那儿讨论我遇到的问题……我发现，当与穆勒在一起时，我不能很好地进入思想交流状态……我俩有时候不在同一个频道上"。吉尔鲁思认为他们之间的矛盾与其说是因为技术背景不同，不如说是"性格冲突"。火灾发生后，吉尔鲁思经常与韦布交谈，抱怨穆勒（和谢伊）不及时告知最新情况。由于一直以来穆勒和西曼斯的沟通比较频繁、坦诚和开放，穆勒知道西曼斯对载人航天办公室的批评很可能源自韦布与吉尔鲁思的抱怨。西曼斯是在韦布的指导下准备的这份备忘录，这与韦布的间接管理风格一致——韦布不直接和穆勒讨论问题，而是利用西曼斯来挑他的错。

穆勒和下属讨论了西曼斯的这份备忘录，并于 7 月 25 日答复说将听从建议，与各中心进一步协调和沟通。然而，他又补充道："在你来信之前，我从未收到过任何正式的投诉，说我的下属或中心的工作人员没有充分响应局长办公室的要求。"他还为此附上了一些证明文件，并说："你对我们有疑虑，包括观点过于狭隘、没有尽最大努力保持开放状态以及响应你的要求，我相信，对我们的规划方式进行审查将消除你的所有疑虑。"此外，尽管他承认"高层沟通确实出现了问题"，但他指出工作层面上他们仍在高度合作。他在回复中措辞谨慎，在 8 月 2 日发出回复的时候，还附上了 1966 年 7 月 13 日成立的土星 / 阿波罗应用任务规划小组（Saturn/Apollo Applications Mission Planning Task Force）的相关信息及会议记录，以体现总部和中心在广泛合作。因为西曼斯指责穆勒没做协调工作，穆勒列出了所有表明自己做了相关工作的备忘录。他基本上是在说："是的，我正在协调，很抱歉让你认为我没有，但你一定是搞错了。"他没有争辩，但从字里行间可以很清楚地看出他的态度。穆勒利用了在 NASA 学到的官僚主义行事技巧，用大量表明立场的纸质复印件淹没了局长办公室（那时电子邮件还未普及）。

1967 年 8 月初，在北卡罗来纳州洛根湖举行的一次场外会议上，穆勒谈到了"NASA 预算状况中铁的事实"。他对载人航天办公室的高级职员说："我们要根据最低要求来完成工作，并利用我们的成果，去开发和实施良好的后续项目，这一点从未像现在这样重要。"他预测 1969 财年不会比 1968 财年轻松，"可能会更糟"，因为国会预计在 1968 财年向 NASA 拨款 48.7 亿美元，而 NASA 的要求是 51 亿美元，并且最终拨款可能会更低。他说："鉴于国内和国际上相当多的优先事项和不确定因素，不要寄希望于 1969 年会放松预算限制，紧缩期已经开始，那些充满诱惑但非必要的设想已经成了可望而不可及的奢侈品。因此，我们必须团结一致坚持下来，在极其有限的资金水平下实施一个健全的计划。"

8 月 21 日，国会削减了 1968 财年 NASA 的预算，比韦布要求的少了 5 亿多美元，最终拨款 45.9 亿美元。这一部分资金的牺牲是为了总统能通过税收法案。NASA 的预算比 1967 财年下降了约 10%，是自 1964 年以来的最大降幅。虽然这对阿波罗计划几乎没有影响，但削弱了后阿波罗计划。穆勒说，本质上"他们并不准备开展后阿波罗计划"。国会无法理解阿波罗应用计划，不想给予初步研究以外的支持，除非 NASA 能更好地定义它。但这次削减，穆勒认为，问题还是在于"讨价还价"，总统"把本该属于 NASA 的钱拨给了他想要的其他计划"。穆勒还确信这些削减表达了火灾发生后政府对 NASA 的不满。在一次 NASA 的管理委员会会议上，穆勒警告说，"1968 财年将是一个资金极度紧张的年份"，而确切的影响还有待评估。委员会同意阿波罗计划保持不变，并决定如果前两次土星 5 号发射成功，第三次发射将搭载宇航员。他们还希望腾出剩余的土星 1B 号用于阿波罗应用计划，但穆勒解释，任何节省下来的资源都不允许用于其他计划，这意味着他们将不得不寻找其他资金来源。委员会预计苏联在 1969 年会比较活跃，可能会安排某种"壮观"的飞行来抵消美国登月预期带来的影响。穆勒总结说，"为了国家声望和太空计划的未来，我们需要准备在 1969 年实施阿波罗应用计划"，尽管他不知道 NASA 将从哪儿获得资金。

第 八 章

全机试验

> "唯一的问题是美国能否在太空竞赛中获胜……我们会把未来拱手让人吗？"
> ——穆勒，1968 年 2 月 12 日

　　1967 年 8 月中旬，韦布召开了一系列以预算削减为主题的会议。韦布希望 NASA 的实力不被削弱，也担心可能不得不关闭土星 5 号生产线。NASA 研究了延长任务周期和对承包商进行支出控制，波音公司则评估了对土星计划可能的影响，韦布还任命了一个内部工作小组来评估对阿波罗应用计划的影响。尽管现在分配给后阿波罗计划的资金仍然很少，但穆勒仍在推动该计划，并主张对实验进行高度整合。按照马修斯的说法，"他并不太担心其想法的技术效能，而是强调这将是一个综合计划"。穆勒还想让阿波罗望远镜与轨道工作站对接，并研究了这项将持续 28 到 56 天的"世界上最出色的"任务。他在没有明确定义的基础上概述了这些任务。马修斯对穆勒的了解不亚于他本人，他说："他是认真的。"尽管这些想法的可行性仍存疑，但对穆勒来说，真正的问题是人类在长期失重环境下的生存能力，他想利用轨道工作站让宇航员处于零重力环境中，以观察他们能在太空中从事何种工作。他还发起了全面的航天飞机研究，因为他意识到，为了登上火星和其他行星，NASA 需要更经济地开展航天项目。

霍默·纽厄尔不甘示弱，不知怎的他说动了韦布，使自己得到了晋升。他甚至对 NASA 副局长的位子虎视眈眈。纽厄尔本人并不懂得如何管理大型项目，因为缺乏经验，他无法指挥穆勒和其他计划主管。为了制衡穆勒，韦布给了纽厄尔更大的空间，但从未授予他副局长的职责。韦布希望有更多的人"平起平坐"，以平衡穆勒的独断，特别是在涉及阿波罗应用计划以及太空科学研究时，从这个角度或许可以解释纽厄尔的晋升。但韦布没有给他指挥权，助理局长们仍然直接向局长办公室汇报，纽厄尔无法参与其中。穆勒后来称这一晋升体现了"韦布缺乏理解力"，纽厄尔则"作用相对有限，因为他似乎从未真正掌握全局"。

10 月 2 日，穆勒向华盛顿特区的得克萨斯州社区发表演讲。在向国会大厅里的得克萨斯州人民致敬后，他提到了 NASA 在得克萨斯州的投入，并赞扬该州与太空计划的密切关系。然后，他介绍了水星计划和双子星计划的成就。他说，对部分人而言"这些成就的意义是模糊而浮于表面的。这个时代的许多人对为什么要探索太空并不像伽利略时代的人那样清楚"。太空是国际合作机会、经济利益和新知识的来源，此外，他指出："当今世界，知识就像枪和黄油一样，都是衡量现代国家真实实力的标准。"这些知识带来了经济利益、新产业和新产品，还增加了对人体的了解，推动医学研究和教育事业发展。因此，他声称，太空计划"与消除贫困和改善人们的生活并不冲突"。恰恰相反，"它有助于从根本上解决这些问题"。而阿波罗应用计划是"一个适度的计划，它将以最低的额外成本为地球上的每一个人带来最大的利益"。它将在阿波罗计划之后继续载人飞行，将宇航员送往地月空间进行探险，并通过轨道工作站延长他们在太空的时间，以增加效益。但是，由于资源有限，现在他也无法确定阿波罗计划之后载人航天的未来。

虽然穆勒和韦布的相处已不再和谐，但总归还可以接受。西曼斯面临的情况则更严重一些，在与韦布的关系持续恶化后，他终于意识到"是时候离开了"，并于 1967 年 10 月 2 日递交了辞呈。韦布立即向约翰逊总统汇报，后者让韦布列一份候选人名单，并要求继任者需与火灾没有任何干系。韦布要求西曼斯留到年底，并宣布辞职将于 1968 年 1 月 5 日生效。听到这个消息后，穆勒感到了压力，因为西曼斯是他与韦布沟通的主要中间人。他回忆："寻寻觅觅后，韦布终于找到了罪魁祸首，一个替罪羊，那就是西曼斯。"穆勒没料到西曼斯会辞职，他认为尽管韦布需要替罪羊，"他也需要支持者。我惊讶于他就这么让鲍勃（指西曼斯）离开了。对韦布来说，鲍勃就是总部的飞轮[1]"。但韦布作为一名政治家，总归需要做点什么以使他看上去对火灾有所作为。

　　穆勒对西曼斯的评价很高，认为他能"真正理解现状并把控发展方向。他的主要优势还在于能通过深思熟虑把合适的人安排到合适的位置上，并予以支持"。现在，只要韦布还在 NASA，穆勒将一直处于和西曼斯离职前同样的压力之下。但既然西曼斯离开了，穆勒认为自己留下很重要。他后来说："如果西曼斯和我都离职，NASA的计划可能会失败。虽然听起来很自负，但我认为这是真的。"在穆勒看来，NASA必须"保持发展势头"，而考虑到韦布当时的精神状态，自己的留下就更重要了。然而韦布并不觉得非常需要穆勒，也从未请求穆勒留在NASA。"他可能希望我辞职吧，"穆勒猜测，"但他从未主动让我离开……对每一个他认为对这场火灾负有责任的人都是如此。"约翰逊总统和韦布希望从 NASA 外部找一位副局长，此人应有能力向韦布提供技术建议，并在必要时接任局长。韦布担心无法掌控穆勒，他认可穆勒的能力，但同时已不再信任穆勒，因此他想找一个值得信任的人做副手。有传言说穆勒想成为副局长，韦布对此表示怀疑。穆勒也坚称自己不想当副局长，因为这个职位需要与韦布密切互动，他则希望尽可能避免与这位反复无常的局长见面。当有人询问时，他强调说："不……韦布的副手？不，我根本没想过。"

　　经过漫长的寻找，韦布选择了托马斯·佩因（Thomas O. Paine），一位拥有斯坦福大学物理冶金博士学位的研发主管，也是通用电气公司高级研究中心的负责人。该任命于 1968 年 2 月 5 日获得参议院批准，3 月 25 日佩因宣誓就职。穆勒觉得这一选择"非常好"，已经是"我们能做出的最好决定"。佩因"在技术上非常在行，政治素养也相当不错，因为他和韦布的政治处境不太一样，所以也避开了韦布的那些缺陷"。佩因在通用电气公司的工作经历为他提供了领导太空计划所需的背景。穆勒喜欢佩因，他们配合得很好。也许是因为佩因喜欢"独立工作"，并"没有试图指挥我们"，穆勒曾打趣道。佩因作为副局长的任命期限刚刚好够韦布退休。在西曼斯离开后，穆勒觉得自己与韦布的关系也有所改善，因为韦布已经找到了要责备的那个

1　原文中的"飞轮"（flywheel），可能指罗伯特·西曼斯是使组织从静止到转动的人。

人，从这个意义上说，西曼斯成了"替罪羊……这太糟糕了，不论与谁相比，西曼斯都不应该为那场火灾蒙受任何耻辱"。

1967 年 10 月，上一任负责人约瑟夫·谢伊离开后，新任阿波罗飞船项目管理办公室经理的乔治·洛开始行使其权力，推行配置管理手段。他建立并领导了休斯敦载人航天飞行器中心的阿波罗高级配置管理委员会（Apollo Senior Configuration Management Board），冻结了没有获得该委员会批准的从第三艘飞船开始对 Block Ⅱ指令服务舱及登月舱所做的所有改动。乔治·洛宣布，自己将只批准强制性变更，并颁布了其他限制。自穆勒引入配置管理作为阿波罗计划管理体系的一部分后，4 年过去了，它终于在休斯敦载人航天飞行器中心落地。

　　　　　　　　　　　迎难而上：乔治·穆勒与 NASA 载人航天计划的管理

1967 年 11 月 9 日，NASA 进行了土星 5 号火箭的首次全机试验（见图 8-1）。之前在土星 1 号的试验过程中，冯·布劳恩对火箭第一级开展了 4 次飞行试验才加上可用的第二级，总体上将进度推迟了两年左右。然而现在，土星 5 号火箭的首次飞行试验将同时测试这 3 级火箭，以及仪器舱和修改后的 Block Ⅰ指令服务舱。除了登月舱，阿波罗 - 土星 5 号飞行试验的所有设备均处于可用状态。这次飞行标志着 NASA 将从 9 个月前的火灾中复苏。穆勒将本次任务命名为阿波罗 4 号任务，并将起火的飞船追溯为阿波罗 1 号（虽然该飞船从未真正飞行过），将 AS-201 和 AS-202 任务所用的飞船分别命名为阿波罗 2 号和阿波罗 3 号（这两次飞行其实发生在火灾前）。阿波罗 4 号任务的目的是测试航天器，以评估其结构完整性、各级间的兼容性和承受飞行载荷的能力，工程师会密切监控子系统的运行和各个级的分离。在绕地飞行两圈后，第三级发动机将再次点火，把飞船送入更高轨道。然后服务舱推进系统推动太空舱返回大气层，模拟从月球返回以评估防热层性能。在运抵肯尼迪航天中心前，火箭的每一级都经过了测试，之后技术人员会再次检查，以充分做好发射准备。

从穆勒做出全机试验的决定到土星 5 号首次飞行试验，4 年多的时间匆匆而过。当时在发射现场的查尔斯·默里和凯瑟琳·布莱·考克斯描述了当时的情景："在贵宾观众台上，冯·布劳恩大喊：'走啊，宝贝，走啊！'"据他们观察，虽然穆勒素来沉默寡言，即使看到自己最伟大的决定之一被证明正确的时候也是如此，但还是能看出"穆勒脸上流露出了高兴的神采"。虽然不时有小状况打断倒计时，但飞行器离开地面后即按计划运行。这次飞行试验除了测试全机概念外，还评估了发射装置以及支持设备的质量。航天器携带了大量的遥测工具，使 NASA 能够在飞行中进行 4000 多次观测。之后，第三级 J-2 发动机如期点火，阿波罗 4 号成功再入大气层，海军在夏威夷附近的海域回收了太空舱。正如西曼斯所写的，冯·布劳恩的火箭团队"太令人震惊了……并且乔治·穆勒的大胆规划和执行经受住了考验"。总统告诉记者：

"全世界都可以看到这枚有史以来最大的火箭首次发射的壮观景象。这次发射象征着这个国家具有和平探索太空的力量。"

图 8-1　1967 年 11 月 9 日，阿波罗 4 号发射（NASA 照片）

　　　　　　　　　迎难而上：乔治·穆勒与 NASA 载人航天计划的管理

在发射后的新闻发布会上，冯·布劳恩说："自 1960 年马歇尔航天中心成立以来，没有任何事件能与今天的发射相提并论……我认为今天是我的职业生涯中屈指可数的三四个亮点之一，只有载人登月才能超越它。"西曼斯告诉记者："这次任务最重要的是……清楚地表明了，我们的国家确实能够在太空领域，以及所有涉及科学和技术的人类行动中出类拔萃。"飞船的表现"很完美"。一贯保守的菲利普斯说："昨天的我会说，我认为我们有相当大的机会在 1969 年底前实现登月。而今天我要说这不仅仅是相当大的机会，可能还要再高一个等级。"《纽约时报》的标题是"1 月阿波罗飞船起火事件引发的登月疑云被一扫而空"。西曼斯后来回忆说："人们，尤其是马歇尔航天中心的人，被吓到了……他们曾抱怨'这永远不可能成功'。"在发射后他看到冯·布劳恩"一边摇着头一边说'我从来没有，从没想过这是可能的'"。冯·布劳恩在 1975 年发表的一篇文章中写道："很明显，如果没有全机试验，第一次载人登月就不可能在 1969 年实现。"

时间来到阿波罗 11 号发射前两个月，穆勒回忆说，阿波罗计划最激动人心的时刻发生在"执行 AS-501 任务的飞行器发射时……它的成功始终鼓舞着我。对我来说，那是整个计划中最让我激动的一刻了"。在登月成功 4 个月后，他曾告诉采访者："最让我欣慰的是 AS-501……它很关键。如果它没有成功，我们就有大麻烦了。"40多年后，忆及第一次全机飞行试验时，穆勒解释道："如果失败会造成大问题。"因为NASA"对它寄予了很大的希望"，而让这么多部件一起工作是"一项了不起的成就"。他补充道："全机试验的成功带来了新的信心。我们能感受到 NASA 正在复苏。"在AS-501 成功后，穆勒与韦布的矛盾有所缓和，NASA 与北美罗克韦尔公司的关系也更上一层楼。穆勒写信给阿特伍德，就阿波罗 4 号任务的成功向他的公司表示祝贺，阿特伍德在回信中说："这次飞行极大地鼓舞了所有人的士气。"穆勒也给其他阿波罗承包商写了类似的信，强调阿波罗 4 号任务"向前迈出了一大步。在我看来，这是阿波罗 - 土星项目最重要的里程碑"。在取得这一成就后，NASA 的注意力开始转向阿波罗 5 号任务中的登月舱试验（火箭是土星 1B 号），以及被命名为阿波罗 6 号的第二次土星 5 号飞行试验。

韦布一直对 NASA 缺乏合作精神耿耿于怀，即便是阿波罗 4 号任务的成功也没能打消他的念头。1967 年 12 月 4 日，他宣布了所谓 NASA"新管理理念"。在给助理局长们的信中，他写道："在这种运作模式下，4 名直接向局长报告的计划主管应参与 NASA 的整个管理过程，不应仅仅将精力投入他们拥有指挥权的项目和活动中。"这意味着穆勒等人在给韦布提建议时应该站在"NASA 的角度"，这是一种学院式管理方式。韦布还要求纽厄尔推行一项 NASA 全范围内的项目设计流程。然而，尽管纽厄尔花费了大量时间，制造出了海量的文件，也没能发挥实际作用。穆勒批评这是"巨大的浪费"，他坚称自己曾试图支持纽厄尔，但"支持并没有什么意义……这似乎将成为一场灾难"。在 12 月初的一系列管理会议后，韦布给穆勒发了一份备忘录，上面写道："不知何故，载人航天办公室和我的办公室之间存在沟通障碍，我希望你能想办法消除……同时确保我能理解你是如何处理交给你的 NASA 三分之二的业务的，而不必让我去审计，去费力气搜集信息，以了解正在发生的事情。"穆勒称这是韦布"瞎折腾"的又一个例子，但当时他非常认真地对待这份备忘录，并找到蒂格和其他亲近的顾问讨论。

从火灾中恢复与对后阿波罗时代的规划同时展开，据穆勒描述，NASA 在经历了一年的"与火对战"后，已经恢复了飞行状态并重拾发展动力。纽厄尔的项目规划流程在他看来是失败的，如果 NASA 想要获取政治支持，就必须有一套经过整合的长期规划。他利用各个中心和载人航天办公室的高级计划管理办公室开发对载人航天工程的长期规划，贝尔通信公司发挥了"黏合剂"的作用，将所有部分结合在一起，特别是与科学界保持密切联系。但火灾后，韦布反对研究长期的太空计划，尤其是探索火星。韦布说："首先我们必须能登月，然后才能进行长期规划。"穆勒承认这一点，他指出："每出现 1 个支持长期太空探索的人，就会出现 10 个人想把它推翻。"现在他无法就登月后的任何事情与周围人达成共识，因为首先"就没有人真的相信我们能登上月球"。韦布不想去制订阿波罗计划后的任何计划，他告诉穆勒要坚持"我们现有的计划"，不要去对未来做什么"宏伟的规划"。西曼斯支持长期规划，他鼓励穆勒这是必要的，因为唯有如此才能让 NASA 搞清楚发展方向，但他在年底就要离开了。

穆勒的公开演讲愈加频繁，在 1967 年 12 月初的一次学术讨论会上，他对物理学专业的学生们说："随着阿波罗－土星 5 号首次成功飞行，阿波罗计划的一个重要里程碑已于 11 月 9 日实现。"随后，他表达了对阿波罗计划成功的信心，NASA 已

迎难而上：乔治·穆勒与 NASA 载人航天计划的管理

经安排了一系列经过精心设计的步骤，计划具有灵活性，允许飞行途中的变动。他再次使用了火灾前常提的说法，把太空探索与哥伦布的新大陆之旅和林德伯格的跨大西洋飞行进行比较。在承认美国面临其他挑战的同时，他说，NASA 的目标仍与 1958 年成立时一样，并且就为什么要探索太空而言，NASA 仍保留着 1967 年刚刚步入太空时代时的初心。最后他把载人航天事业称为"对未来的投资……这为我们提供了一个巨大的挑战：为全人类的利益探索太空"。

12 月下旬，韦布寄给穆勒一篇发表在《哥伦比亚新闻评论》上的文章《阿波罗的故事——监管者们错过了什么》。这篇文章对 NASA 进行了严厉的批评，还引用了《华盛顿明星报》中海因斯的话：NASA 的全称应该是"Never A Straight Answer"（从不坦率回答）。这篇文章批评了 NASA 与媒体合谋创造出的"无敌神话"，并大量引用了新闻界对 NASA 的负面评论。自尊心被伤害的韦布深感痛苦，他指责穆勒逃避了火灾中的责任，命令他"要带头展现我们履行责任的方式，我们在阿波罗计划中的进展，以及我们在应用方面所做决定的性质和依据"。他要求穆勒出面解释情况，并回答火灾引发的问题，包括所谓"NASA 高层的失职……以及我们对北美航空公司采取的其他行动"。韦布希望穆勒在这类事情上花费更多的时间，"作为 NASA 高级管理者和载人航天办公室主任，你需要去回答我们已经做过和将要做的事情，以证明北美航空公司的失职……要么已经被克服，要么正在取得一些进展"。韦布自称是 NASA 的"首席政治官"，他说在过去的 10 个月里，他曾试图回应批评者，但没能让这些人满意。随着西曼斯的离开，韦布将不得不更多地依赖下一级管理层，他希望穆勒在其中发挥领导作用，因为"明年你将有机会以尽可能清晰的方式全面汇报你在计划中所做的管理工作。这需要你承认你的错误，并说明已经采取了哪些措施来最有效地保证未来会成功"。在与弗兰克·博加特会面讨论载人航天办公室的预算和合同事宜时，韦布说："我们最好形成这样一个共识，即乔治·穆勒不会帮我，但我会一如既往地支持他……我会挡在载人航天办公室前面来减轻他们的压力。现在对我来说重要的是让步，乔治·穆勒也要把他对工程项目的重视放在一边，在处理这类事情中更加投入。"

穆勒仍继续忽视霍默·纽厄尔的新身份，面对韦布的谴责和日益严重的官僚作风，他还是专注于阿波罗计划。下一个任务是阿波罗 5 号，它将使用 NASA 原本为阿波罗 1 号准备的土星 1B 号进行登月舱试验，此次任务被命名为 AS-204R，它将测试登月舱下降级发动机在太空中启动、减速、停止和重启的能力，以及下降级的抛弃和上升级发动机的启动；它还将测试登月舱的结构、仪器和控制系统，并进一步鉴定土星号 S-IVB 级的性能。尽管经历了火灾，还在发射台放置了几个月，土星 1B 号仍具备飞行能力，工作人员对其进行了翻修。由于土星 1B 号无法搭载整个阿波罗系统，因此登月舱将被安置在 S-IVB 级的顶部，锥形适配器则被一个鼻锥盖住。他们于 1967 年 11 月安装登月舱，在 12 月进行飞行准备测试。

1968 年 1 月 22 日，飞行试验开始。由于计算机故障，运行良好的发动机在几秒后被关闭了，但飞行控制人员按照备用计划成功地完成了所有必要的测试。休斯敦载人航天飞行器中心的小克里斯托弗·克拉夫特回忆："那天结束后，我们发现登月舱的表现并不好，在我们可以驾驶它前还需要做很多工作。但我们已经知道了它的设计和登月舱系统是可靠的。"美联社援引穆勒在飞行后的新闻发布会上所说，阿波罗5 号任务代表着"通往月球之路上非常良好的一步"。新闻社写道："穆勒和同事们非常高兴，他们几乎排除了在春末重复试验的必要性。"菲利普斯告诉记者："我非常乐观，我认为阿波罗计划状态良好，我们将重新开始飞行任务。今天的飞行……非常关键，当然其他飞行也是，但这次毕竟是对设备最后一个主要部分的测试……从此可以看出我们正在以良好的状态前进。"《纽约时报》的一篇社论称阿波罗 5 号任务是"美国将人类送上月球的重要一步"。该报称，NASA 已成功测试了所有登月设备，"几乎可以相信我们已经掌握了使人类登月并安全返回地球的能力"。

1968 年 1 月初，韦布再次告诫穆勒不要只站在载人航天办公室的角度考虑问题，他应该着眼的是 NASA 全局。韦布说穆勒的办公室"某种程度上是在单打独斗"。接着，韦布写道："我相信你能明白，当你在国会面前解释总统的预算时，不只是要宣传载人航天计划，还要以 NASA 高级官员的身份来为总统的提议辩护。"这或许是压垮穆勒的最后一根稻草，他开始考虑是否离开 NASA。他向朋友寻求建议，包括几家大型航空航天公司的 CEO，并思考如何最大程度减少离职的影响。他在给一位 CEO 的信中问道："我可能或者应该在计划进展到哪一步时离开？"有人鼓励穆勒留下来，他也决定在首次登月期间继续留在 NASA。穆勒回忆："那时韦布正在兜圈子，所以不是我在考虑离开，而是他在考虑是否让我离开。"他补充道："那段时间，和韦布在一起时我永远不知道自己身处何种境地。既然他已经摆脱西曼斯，那么下一个就是我了。"

1 月 23 日，穆勒告知韦布，阿波罗 5 号的飞行数据表明这次任务的所有主要目标均已完成。8 个 H-1 发动机的生产日期大约是 4 年前，"我们的判断被证实了，土星 1B 号在长时间存放后依然可以使用"。菲利普斯随后给中心主任们发了一条消息，告诉他们阿波罗 5 号任务的结果，以及"可能不需要"第二次登月舱飞行试验了。最终决定是在 2 月 6 日的管理委员会会议上做出的，经过设计认证评审后，NASA 对登月舱进行了评定。

1968 年 2 月 12 日，穆勒在底特律经济俱乐部（Economic Club of Detroit）发表了重要讲话，呼吁对 NASA 的预算支持。他指出，冯·布劳恩的团队在 1958 年使用红石弹道导弹的变体"丘比特 -C"火箭发射了第一颗美国人造卫星"探险者 1号"，从那以后的 10 年里，该项目已经取得了长足进展。可以预见的是，在成功飞行并测试了阿波罗 - 土星号全部部件后，NASA"有能力实现我们的国家目标，即在 20 世纪 60 年代把人送上月球并安全返回"。但是，美国现在面临着选择，要么继续投资载人航天事业，要么在真正的回报马上到来前封存这一"国家资源"。要知道，

NASA 在 1969 财年的预算请求已经低至 1963 财年以来的最低水平,比处于峰值的 1964 财年少了 13 亿多美元。他再次提到了如影随形的苏联,引用了大量的统计数据来支持他的观点,告诉俱乐部成员:"在我们严格限制 NASA 预算的同时,我们在太空中的主要竞争对手苏联正在稳步增加对航天事业的投资。"因此,苏联有可能在太空时代的第二个 10 年中领先。他认为,在承认国内还有某些"现实而紧迫的问题"的同时,"我们也应认识到,在这一关键时期,有必要在尽可能广泛的领域保持我们的技术领先地位,而太空计划是获得这一领先地位的关键因素"。当时提交给国会的预算只能勉强将 NASA 的实力维持在最低水平,而进一步削减预算"将使我们的太空计划在未来几年内陷入瘫痪"。

如果资金充裕,阿波罗应用计划将能提供必要的信息,帮助国家对下一步的太空探索做出正确的决定。而参考阿波罗计划,现在的预算限制必将造成该计划的缩减。由于新设备需要很长的交货周期,预算短缺甚至会给已通过的任务"带来不确定性"。此外,国家需求可以借助可重复使用的航天器来满足,它能以较低成本将有效载荷送入地球轨道,这在未来几年内就能产生可观的回报。穆勒说,在全世界人民的心目中,"太空成就就已成为衡量一个国家实力的首要标准……人类终将征服太空……唯一的问题是美国能否在太空竞赛中获胜……我们会把未来拱手让人吗"?

下一周,当穆勒在蒂格的载人航天小组委员会面前作证,为 1969 财年预算争取支持时,他表示这可能是资金连续第三年下降,并将其归因于双子星计划的完成,以及阿波罗计划已从设计和地面试验转向飞行和运营。此外,1968 年和 1969 年阿波罗应用计划的大幅度缩水也产生了影响。总统给载人航天办公室的预算将使太空计划以最低水平继续,但阿波罗 4 号和 5 号的成功飞行已经证明了美国能取得很好的成绩,阿波罗 4 号是"全世界最大、最复杂的航天器","在第一次飞行中毫无差错"。NASA 打算在 1968 年 3 月进行第二次土星 5 号飞行试验,并在年底前将宇航员送上由土星 1B 号搭载的阿波罗飞船。之后 NASA 才会安排携带完整飞船的土星 5 号飞行任务。1969 年,NASA 将开展 5 次土星 5 号飞行,"如果一切顺利",他说,将在该年实现首次登月。随后,他重申了后阿波罗计划的重要性,称"如果资金充足,它可以为我们提供所需的信息,让我们就下一步行动做出明智的决策"。他称轨道工作站是"最有希望的"领域,是建立空间站的第一步,也是"为了发展美国载人航天能力，在阿波罗计划后应实现的合乎逻辑的、可行的、必要的成就"。然而，"为了使计划以合理的速度，经济、有效地运行……必须现在就开始轨道工作站的初步工作"。

在参议院作证时，穆勒谈到了对阿波罗计划的管理，他的口头证词与几天前在众议院所说的大部分内容类似。他指出，所有支持要素，从任务控制系统到回收阿波罗太空舱所用的船只和飞机，都已经进行了全面测试。北美罗克韦尔公司已经在指令服务舱上取得了进展，但必须承认他们的改进仍比预计的要缓慢。他告诉参议员们，火灾后所做的一些改变增加了飞船的重量，他仍在思考是否需要减轻，不过他保证增加的重量一定在冗余范围内。他描述了导航软件存在的问题，从目前的技术水平来看，阿波罗计划中的计算机系统是 NASA 最难啃的一块骨头，有可能成为推迟登月的关键因素。而积极的一面是，对阿波罗 4 号飞行数据的分析显示问题比最初预想的要少。预定于 1968 年 3 月下旬执行的 AS-502 任务，即阿波罗 6 号，将用于验证火箭的设计合理性。阿波罗飞船首次载人飞行将在当年的最后一个季度进行，使用的是土星 1B 号。并且预计在当年年底前开展土星 5 号首次载人飞行，同时测试登月舱。随后，他说（按照韦布要求的谨慎性原则），NASA 在积累阿波罗 - 土星 5 号飞行经验，"有相当的可能性我们将在 1969 年底的 AS-509 任务中登月"。（但实际上实现首次登月的是 AS-506 任务，即土星 5 号的第六次飞行。）

参议员们从穆勒那里得知，由于预算削减，轨道工作站和阿波罗望远镜装置的预计发射时间将分别推迟至 1970 和 1971 年。而 1969 财年对阿波罗应用计划的投入将"为最终的空间站建设打下基础"。轨道工作站将满足美国"科学界、民间和军方的需求，并在若干年内充当科研前哨站"。然后，到 20 世纪 70 年代初，利用剩余的土星助推器，NASA 可以将需要的投资降至最低。现在，尽管资金被削减，他们仍在进行后阿波罗计划的早期研究和设计。但是穆勒指出，当前的预算还达不到充分利用阿波罗计划成果所需资金的一半。最后他对参议员们说："如果我们的目的还是占据领导地位，那么这些投入是必须要有的。"

1968 年 3 月初，在一次公开演讲中，穆勒再次解释为什么美国需要阿波罗应用计划。虽然国家还有其他问题待解决，但"我们相信在此关键期，必须保持我们在最广泛的范围内的技术领先地位——而太空实力是一个关键因素"。国会批准的预算只能将太空计划维持在最低水平，远不够保证在太空领域的领先地位，甚至"进一步削减预算将使我们的太空计划在未来几年内陷入瘫痪"。《落基山新闻》引用了穆勒的话："无论是我们还是苏联第一个登月，在科学上都没有什么区别。但如果不是我们，那么在其他所有国家的眼中，我们的领袖地位将受到重创。"这家丹佛当地报社还指出穆勒"强烈批判"了预算的削减。

冯·布劳恩试图说服穆勒 S-IVB 级湿工作站概念是行不通的。马歇尔航天中心制造了中性浮力装置，并且大到足以容纳一个 S-IVB 级，可以用来模拟太空组装。当他向穆勒展示时，穆勒想亲自学习如何组装，还为此学会了水肺潜水。他穿好潜水设备，"潜下去体验移动阀门有多难"，这让他确信在轨道上组装湿工作站极其困难，因为在水下作业已经让人捉襟见肘，"再穿上宇航服简直是难上加难"。穆勒后来说："在那之后我们开展了进一步设计，我放弃了用土星 1B 号运载湿工作站的想法，决定用土星 5 号来运载干工作站。"

韦布继续试图用促进共识的方式管理 NASA。虽然这在阿波罗计划中可行，但对于阿波罗应用计划，NASA 管理层的意见难以统一。穆勒和冯·布劳恩继续推行轨道工作站，但吉尔鲁思表示反对，他需要穆勒验证轨道空间站的想法是否可行。穆勒很快意识到轨道空间站的"真正价值"在于成为太空运输系统的"中转站"，而目前仅凭科学实验无法证明这一点。所以轨道空间站的主要目标被定为研究人类在太空中长期生存的能力，并作为太空运输系统的一个节点，以更有效地进入太空。这就需要同时开发一种用于轨道间转移的飞行器，以在近地轨道、月球乃至火星间移动。

霍默·纽厄尔协调了阿波罗应用计划中的载人和不载人任务，但穆勒并不认可，因此韦布要求汤普森进行评审，审查科学项目，并解决干湿工作站的争议。这位兰利研究中心主任在 NASA 内部成立了一个委员会，评审结果表明，阿波罗应用计划的目标"符合后阿波罗时代的需求"，但同时他们认为现在的目标太过宽泛，应该予以集中。尽管委员会一致认为湿工作站只是勉强够用，更倾向于干工作站，但又担心干工作站成本过高。此外，委员会还注意到休斯敦载人航天飞行器中心和马歇尔航天中心无法展开合作，因为前者不认可由后者承担主要开发责任。最后，鉴于预算限制，委员会建议继续考虑湿工作站。

初到 NASA 时，穆勒就在阿波罗计划管理办公室和双子星计划管理办公室进行了并行设计，打算以此为基础，找到最佳方案，以利用阿波罗计划的成果开展后续太空探索。如果没有预算限制，他说，凭借阿波罗－土星 5 号，他可以开发"一个一致且持续的项目"。然而，政治压力导致了预算被砍和阿波罗应用计划的大幅缩水，最终只能在继续生产土星 5 号和开发下一代太空设备之间做选择。穆勒没有放弃并行设计，而霍默·纽厄尔的项目规划陷入了自身官僚主义的怪圈，他后来抱怨"载人航天工程的问题……在于人们习惯了单打独斗，他们想单干，也只打算单干"。纽厄尔和穆勒在项目规划上的竞争仍在继续。

1968 年 4 月 4 日，阿波罗 6 号发射，在此次任务中，土星 5 号问题频发。发射大约一分半后，火箭的 S-IC 级产生了持续约 30 秒的剧烈纵向振动，这被称为"pogo效应"，因为它使火箭像 pogo stick（弹簧单高跷，一种儿童玩具）一样上下振动。在振动中，未来将用于放置登月舱的适配器的大块蜂窝结构脱落了。此外，含有 5 个J-2 发动机的 S-Ⅱ 级在点火几分钟后，其中一个发动机意外关闭，随后另一个发动机也出现了同样的问题。仪器舱试图转动常平架上剩余的发动机，以及延长燃烧时间来弥补推力的不足，但工程师在设计土星 5 号运行程序时只考虑过单个发动机失效，所以阿波罗 6 号还是偏离了方向。火箭 S-IVB 级的单个 J-2 发动机被启动，借此仪器舱成功转入一个椭圆轨道。当时的安排是滑行两圈后，使 J-2 发动机再次点火，飞船进入最高点与未来月球轨道高度相似的椭圆轨道。但当任务控制中心发出再次点火的命令后，发动机却没有动静。按照应急方案，飞船与 S-IVB 级分离，启动服务舱推进系统，使太空舱模拟从月球返回状态进入大气层，以测试防热层。尽管 3个 J-2 发动机失效引起了极大振动，但冯·布劳恩说："即使这次飞行携带了宇航员，他们仍然可以安全返回……后果仅仅是不能抵达月球。"

NASA 试图分析错误，因为发动机失效的原因并不明显，所以他们颇花了一些时间，这引发了许多担忧。但穆勒仍保持信心，他对阿波罗 6 号飞行结果的最初反应是"好奇"。他回忆道："看起来这不会成为一个大问题。"但他觉得 NASA 本应知道"可能会出现这种问题。如果我们事先进行了建设性的思考，说不定已经为此做好了准备"。那个时代计算机的性能还不足以分析造成"pogo 效应"的振动，工程师们都是使用经验主义方法先预测飞行器对外力的反应，然后对整个火箭建模，再计算可能发生的情况。对于 J-2 发动机，"除非你第一时间就想到了"，穆勒说，否则发现问题的唯一方法就是"让它飞起来"。

穆勒在新闻发布会上回答记者提问时说，他"不知道这是否是一场灾难"，但"我们可能已经学到了足够的经验，并对未来充满信心"。他后来说："我为这句话上的报纸头条比我曾说过的所有话都要多。"鉴于新闻界的反应，载人航天办公室新闻官艾尔弗雷德·阿利布兰多建议穆勒在评价阿波罗6号任务时"保持中庸之道——别太乐观也别太悲观"，"重要的是，我们不要试图逃避S-II级和S-IVB级的问题。当我们试图让每一个功能听起来都是'意料之外的好'时，就没有太多的说服力了……我认为应该明确告诉大家，我们还需要几天时间来完成评估阿波罗6号任务的工作，并估计其对计划的影响"。

美国合众国际社发表了一篇文章——《阿波罗6号发射正式宣告失败》。该文章引用穆勒的话说，"由于土星号火箭的发动机出现了问题，这次任务正式宣告失败"，并推测在土星5号能够安全搭载宇航员前还需要一次飞行试验。苏珊·巴特勒（Susan Butler）是佛罗里达州代托纳比奇一家当地报社的记者，她批评了穆勒对阿波罗6号"总的来说是一次特别成功的任务"的评语，认为这次飞行就是一场惨败，浪费了数百万美元，而这些钱本可以花在其他地方。她还说，穆勒仍可能"让宇航员乘坐下一个土星5号"的决定让人震惊，以及"对不起，乔治，我一点也不相信你说的话"。但穆勒坚持阿波罗6号并非完全失败，因为它"几乎完成了所有设定的工作"，并且工程师们还想出了确保火箭不再出现故障的办法。土星5号的首次发射是完美的，而基于本次飞行，工程师们对助推器进行了详细研究，充分了解了发射中的动力学。穆勒还说，阿波罗6号任务的失败"给了我们足够的信心"，因为"我们知道了会发生什么"。问题是有限的，而NASA早已通过阿波罗4号的成功树立了信心，他们清楚设备是可行的。

1968年4月20日，虽然调查还未结束，但波音公司建议"目前已能进行必要的改进并确保接下来的活动圆满完成"，而且阿波罗7号应该载人。因为阿波罗6号（火箭是土星5号）和随后的阿波罗7号任务（火箭是土星1B号）都使用了S-IVB级，所以，第二天在马歇尔航天中心进行了设计认证评审，以检查本次飞行对阿波罗7号任务的影响。评审委员会主席菲利普斯传达了继续准备阿波罗7号任务的决定，并表示AS-503应作为阿波罗8号任务的编号，且该次任务应搭载宇航员。

4月22日，参议院太空委员会召开了一场听证会，以讨论阿波罗6号的问题。韦布、穆勒、菲利普斯和阿波罗计划副主管乔治·哈格（George H. Hage）都出席了。由韦布做开场白后，菲利普斯和哈格陈述了情况，并提出了改进方案。安德森参议员和几名委员会成员感到满意，并在他们结束陈述后称赞了 NASA。然后委员会主席问穆勒是否需要补充，穆勒表达了 3 点：首先，他声称在这次飞行中从未出现可能将宇航员置于危险境地的情况；其次，"我们这次采用无人飞行试验就是想确保了解飞行器的工作方式"；最后，他还重申，与阿波罗 4 号的成功相比，NASA 从阿波罗 6 号中学到了更多，"我们了解到，事实上，即使 S-II 级有两个发动机坏了，任务仍然可以安全进行……我们在飞行中关闭发动机……成功了，即使它处于失效模式。因此，我们确实证明，当发动机在飞行中出现故障时，关闭它们是安全的"。NASA 还发现，因为故障可以在地面上进行修理和测试，所以无须再开展一次土星 5 号全机试验。听证会结束后，安德森希望对外公开他们的证词，韦布表示同意。因为只完成了 5 个主要目标中的 4 个，所以在答复委员会后续的书面问题时，NASA 正式宣告了阿波罗 6 号任务的失败。随后 NASA 开始准备阿波罗 8 号任务，并决定在阿波罗 6 号任务的所有异常情况最终解决前，对再安排一次无人飞行试验持保留态度。工程师们希望尽快消除纵向振动，但 3 个 J-2 发动机出现故障似乎预示着需要更多时间。穆勒从未认为阿波罗 6 号任务是失败的，虽然有很多问题，但作为土星 5 号第二次飞行，它成功完成了大部分试验，而 NASA 有能力借助大量的遥测工具诊断和解决问题。pogo 效应也并非首次出现，它曾出现在包括泰坦 2 号在内的其他火箭的开发中。穆勒称之为"一个比较微妙、无法很快显露出来的问题。因为你不可能在真空中测试发动机……或者把所有要进入太空的东西在真空中测试一遍。所以在某种程度上，最初的几次飞行试验目的就是去发现问题"。

NASA 成立了一个小组来调查发动机问题，他们很快确定了原因为发动机上部的点火器管路故障。为增强型火花点火器供给燃料的管路出现泄漏，造成了 S-II 级第一个发动机失效。遥测数据显示 S-IVB 级的发动机也出现了类似的问题，它完成了第一次点火，但刚一进入轨道管路就断裂了，因此没能执行再次点火的命令。S-II级第二个发动机失效是因为接线错误——仪器舱想关闭坏掉的发动机，但命令被传送到了另一个运行良好的发动机上。工程师们又进行了试验，发现点火管路破裂是由于为适应弯曲状态而设计的波纹管在振动中被破坏了，这属于金属疲劳现象，因此洛克达因公司提出了另一种设计，用一种可以弯曲的管子代替了波纹管。该小组还调查了 pogo 效应，发现振动造成了不规则的燃料流动，于是在液氧供给管路中安装了一个简单的氦缓冲器，以抑制压力波动，预防推力振荡。蜂窝结构失效则是由于水分渗透到蜂窝中，在气流的热作用下沸腾形成蒸汽，吹走了大块的材料，因此他们在蜂窝表面开孔，使蒸汽安全逸出。1968 年 8 月，NASA 在密西西比试验工厂成功地证明了发动机改进措施的有效性，这为阿波罗 8 号载人飞行任务扫清了障碍，当然此外还得看阿波罗 7 号载人飞行试验（由土星 1B 号搭载 Block Ⅱ 指令服务舱）是否顺利进行。

尽管吉尔鲁思和他在休斯敦载人航天飞行器中心的管理团队希望再开展一次土星 5 号无人飞行试验，但因为 J-2 发动机的问题已经解决了，穆勒、冯·布劳恩，加上最重要的佩因，一起说服了韦布按原计划发射阿波罗 7 号。与经历过火灾的韦布不同，佩因支持"永远乐观"的穆勒，即如果 NASA 能及时解决所有问题，那么应继续推进阿波罗 7 号任务，并规划阿波罗 8 号任务。冯·布劳恩对在阿波罗 8 号飞行任务中搭载宇航员充满信心，他在 1968 年 11 月的《大众科学》杂志上发表了《土星 5 号首次载人发射背后的侦探故事》一文，并在文章中写道："一连串的不幸……弥漫在 4 月的第二次飞行中。但对这些问题的判断极具说服力，并且补救措施也很成功，所以无须重复无人飞行试验。"

穆勒说，阿波罗 6 号任务带给我们"一次很好的学习经历"，阿波罗计划管理办公室和技术支持小组"在识别和解决问题方面非常出色"。他解释说："我们在地面上发现了问题，并做了必要的修正，然后我们从头到尾仔细地回顾了前两次飞行，以确保没有其他异常现象，并进行了我所见过的最深入的项目审查，在此基础上我们有足够的信心完成下面的飞行任务。"但是，在 5 月下旬，当穆勒公开称阿波罗 6 号任务"部分成功"了时，引发了一场不小的骚动。NASA 只有要么成功、要么失败的二元定义，一项任务不可能是"部分成功"的，NASA 最终将其定性为失败，但是穆勒始终认为这正是一次成功的飞行试验，因为它暴露了很多问题。

1968 年 5 月初，穆勒向航空 / 航天作家协会（Aviation/Space Writers Association）简要介绍了相关情况。他说在阿波罗 6 号发射前 NASA 就已经决定，如果它进入地球轨道，"将有可能对土星 5 号是否具备载人能力进行技术评估"。他承认飞行中存在"一些技术难题"，而一旦 NASA 发现了原因，这些问题将被"用最少的时间和资金"解决。然后，他讨论了登月计划的 7 个阶段，从任务 A 到任务 G，每个阶段都用于检验无法在地面上测试的某个设备或程序（参见表 7-1）。飞行任务不一定是分散的，而且为了完成试验计划，NASA 会根据需要安排飞行次数。他还谈到了开放式的任务概念，即把每一项任务视为单独的实验，其步骤可以根据实际情况在飞行中调整。然后，他讨论了首次登月任务（任务 G）中的决策节点或稳定期，并逐一详细介绍。他指出"几乎在每个稳定期，经过宇航员和地面指挥中心间的协商，都存在改变任务内容的可能"。而随着任务 G 的第一次飞行结束以及机组人员安全返回，"我们将迎接太空时代的重大挑战……但单一目标的实现并不意味着整体上的成功。为了更明智、更有效地利用我们购买和学到的东西，我们需要把这些有价值的东西都应用到对神奇的太空环境的持续探索和开发中"。

穆勒再次来到普渡大学，在格里索姆和查菲会堂的典礼上发言。在对同为普渡大学校友的阿波罗 1 号宇航员表达敬意后（见第六章），他谈到了各个时代的技术进步，以及消除贫困和增加人类福祉的途径。不久前，马丁·路德·金（Martin Luther King）在阿波罗 6 号发射同一天遇刺，每个人都在骚乱中思考着这些问题。穆勒则适时提醒大家，NASA"没有一美元是花在了月球上"。太空计划在地球上创造了更多的就业机会、产品和程序，以及新的公司和新的产业。但是随着国家财富越来越多地流向越南战争和新的社会计划，国会正在削减太空支出，因此穆勒将对太空计划的投资与美国发展经济、技术和教育联系起来。他再次提到，他坚信"太空计划与消除贫困、增加人类福祉的努力并不冲突。相反，它有助于从根本上解决这些问题"。在这次演讲后，《华盛顿明星报》一篇充满愤慨之情的文章写道："穆勒的乐观可以理解，甚至可以原谅（因为他的声誉已岌岌可危），但对于任何一个中立的观察者而言，如果他审慎地推理，会发现没有理由相信未来 18 个月内我们能够登月。"

在 1968 年 5 月底的连续演讲中，穆勒继续公开支持载人航天工程。他说阿波罗 6 号"暴露了一些技术上的困难，但是我们正在改善，并计划在短时间内解决"。阿波罗计划首次载人飞行预计在今年年底前进行，并且"我们相信明年年底前很可能完成首次登月"。然而他又补充说，"登月本身并不是目的……科技实力是国家力量的根本来源"。他谈到了阿波罗计划在国际关系中的重要性，以及为 NASA 提供适当资金的必要性，并再次强调"任何对预算的进一步削减都将使我们的太空计划在未来几年内陷入瘫痪"。除了把太空计划与经济增长、国际收支平衡和其他现实利益联系起来，他还提到了一系列附带收益。此外，与苏联的竞争"不仅仅是在某项特定领域'争第一'，这还是一场冲向世界新技术前沿的竞赛……在全世界人们的眼中，美国的太空计划……被看作是衡量我们与强大竞争对手之间实力强弱的载体"。然而，在苏联不断增加对载人航天工程投资的同时，美国却在勒紧腰带，而根据实际购买力计算苏联已经在太空中投入了更多。他警告说："因此我们必须面对这样一个事实，即在太空时代的第二个 10 年，苏联将再次超过我们。"

1968 年 6 月中旬，穆勒召集 NASA 的高级职员开会，这是这一年多来他第一次召开此类会议。在过去，这样的会议要频繁得多。自上次会议以来显然发生了很多事情，所以穆勒重述了主要事件，并称对阿波罗 6 号飞行数据的分析是"一个神奇的侦探故事"，这推动了当年晚些时候的第三次土星 5 号（阿波罗 8 号）载人飞行。而阿波罗飞船的首次载人飞行（阿波罗 7 号）将于 1968 年秋天进行，火箭是土星 1B 号。他还向直系下属介绍了新成员，首先是已在 5 月成为穆勒第一副手的查尔斯·马修斯，他对新团队并不陌生。进行人员变动是为了在登月前的最后一年壮大载人航天办公室，但马修斯后来接受采访时说，自己的升职不仅仅是为阿波罗计划扩充力量，而且韦布对自己另有期望——韦布想让马修斯盯着穆勒。在马修斯之前，韦布已经安排了霍默·纽厄尔的副手埃德加·科特赖特（Edgar M. Cortright）担任穆勒的副手。穆勒解释这一调动是为了帮助自己与空间科学研究的拥护者打交道，然而据马修斯说："穆勒不允许科特赖特参与到项目中，他给科特赖特安排的所有任务都是用来转移他的注意力的。"1968 年 2 月，韦布告诉马修斯："我希望你能接任载人航天办公室主任。但我不想让你把穆勒逼得太紧，你最好能低调行事。"韦布想让马修斯"取得管理权"的同时做自己的"间谍"，这让马修斯感到不适，所以，后来韦布派佩因来控制穆勒时他很高兴。

总统提交的 1969 财年预算足以保持阿波罗计划的完整性，但阿波罗应用计划就没这么幸运了。在艰难的情况下，穆勒仍保持乐观，他将困境描述为"延期"而不是"取消"，并告诉他的高级职员，后阿波罗计划仍有"可观的预算，允许我们在未来的一年做很多事"。同时他警告，国会还没有最终决定 NASA 的预算，在公布正式拨款数字前，NASA 可能会暂停招聘。进一步削减预算可能被认为是有必要的，也许还包括强制削减。但他坚持认为，人们应该"积极看待我们所有的计划，并通过聚焦载人飞行的根本价值，从消极思维转变为积极思维"。他还说，他们应该从火灾后的防守模式中走出来，意识到他们正在完成"人类有史以来最伟大的工程"。

参议院将 1969 财年对 NASA 的拨款砍掉了几乎 10 亿美元。1968 年 6 月，NASA 接到的授权法案显示资金只略超过 40 亿美元，且仅有 2.53 亿美元是用于阿波罗应用计划的。韦布预计，在国会做最终决定前资金可能还会流失一部分。他将 NASA 的支出限制在 38 亿美元，这意味着土星 5 号的生产线将被关闭。此外，韦布还把后阿波罗计划作为阿波罗计划的"缓冲罐"，只同意签订可以随时取消的每月书面合同。因此阿波罗应用计划不得不在紧缩的条件下运行，到 1968 年秋天，NASA 仅签订了 15 份涵盖不同项目的书面合同，这通常只够启动计划。最终的拨款略低于 40 亿美元，NASA 暂时保住了土星 5 号生产线，尽管给出的期限只有一年。

反对对太空计划进行投入的声音依然存在，NASA 在国会的反对者们还成立了一个众议院政府行动委员会（House Government Operations Committee）的特别小组委员会，并召开了一次听证会，以审查 NASA 的合同，尤其是 1968 年 6 月与波音公司签订的捆绑合同。弗兰克·博加特事先准备好了发言稿，他告诉特别小组委员会，从新的飞行硬件抵达肯尼迪航天中心开始，NASA 就在扩大火灾后波音公司的作用，以增强技术集成和技术评估能力。NASA"没有其他选择"，因为波音公司拥有高素质人才和丰富的经验，而且不属于 NASA 内部。NASA 也曾考虑过其他承包商，但发现只有波音公司最有资格做这项工作，并且对现有合同的干扰也最小。再加上波音公司曾为 NASA 和空军做过类似的工作，所以博加特称该公司是"唯一合格的"。在波音公司的帮助下，NASA 大约能够节省总成本的 7%。

由于调查发现捆绑合同成本已从 1968 财年的 2000 万美元升至 1969 财年的 7300 万美元，因此特别小组委员会于 7 月 15 日召开了第二次听证会。会上由 NASA 的哈罗德·芬格和弗兰克·博加特作证，穆勒一起出席并回答某些具体问题。在回答其中一个问题时，穆勒举了 pogo 效应的例子来说明波音公司是如何协助 NASA 的，他以技术专家的口吻深入分析了许多细节。一名委员会成员说，穆勒没必要这么做，只需要告诉我们"这很复杂"就行了，因为太空计划中的一切都很复杂。他们对工作内容不感兴趣，而是更关注 NASA 为了这份合同需要给多少人付钱。对此穆勒说："请允许我这样说，我们最终确定的人数是仔细评估工作量后得出的。"委员会主席小波特·哈迪（Porter Hardy, Jr.）反驳道："我没有看到任何东西……可以证明本合同的合理性……没有任何迹象表明 NASA 做出的判断是明智的。"穆勒再次试图解释，波音公司检查了系统中的所有界面，哈迪嘲笑"界面"是一个"值 14 美元"但"好用的单词"。委员会始终坚持 NASA 本可以自己完成这项工作，但不管国会如何反对，捆绑合同的效力仍持续到了 1969 年底。

1968 年 7 月 19 日和 20 日，在亚拉巴马州亨茨维尔和加利福尼亚州亨廷顿海滩，载人航天科技咨询委员会与总统科学顾问委员会的空间科学和技术小组（Space Science and Technology Panel）举行了联合会议。亨茨维尔的会议先开始，会议首先讨论了阿波罗应用计划的核心内容。在查尔斯·马修斯晋升后，负责该计划的哈罗德·卢斯金（Harold T. Luskin）想部分恢复被国会削减的资金，他建议适度扩大预算，并称如果 NASA 能够获得额外的资金，那么未来就可以建造干工作站，因为马歇尔航天中心的中性浮力测试已经表明，在零重力下组装湿工作站的难度很大。接着，他们搭乘空军飞机飞往亨廷顿海滩，两个委员会第二天在麦道公司再次集合，听取关于载人轨道实验室的汇报。一位空军将军将其描述为"各自持续 30 天的 7 个系列任务，并且任务不会重叠"。在空间站之争中，马歇尔航天中心、休斯敦载人航天飞行器中心和兰利研究中心交流了各自的研究结果，他们预计将花费 40 亿到 80 亿美元。在麦道公司的工程师们提出用一种扩大版的载人轨道实验室代替轨道工作站后，另一位将军对委员会说："在空军看来，载人轨道实验室的飞行时间永远不会超过 60 天，而使其延长到一年的研究量相当于研发一种新的飞行器。"

联合会议结束后，穆勒与载人航天科技咨询委员会讨论了因预算削减而导致的阿波罗应用计划的延迟。他说，必须尽快做出某些决定，否则轨道工作站的首次飞行将推迟至 1971 年，并且可能不得不取消阿波罗望远镜装置实验。载人航天科技咨询委员会对轨道工作站表示"强烈支持"，并对 NASA 的成就感到满意，称其是"前景光明的、合理的人类太空活动的例证"，并且"对了解人类的太空生存至关重要"。委员会也支持望远镜装置实验，但他们担心这会与 NASA 在探索月球和其他行星时安排的科研项目争夺资源。有人认为，NASA 载人航天办公室应拿出部分资金支持该实验，而不是完全依靠航天科学与应用办公室。马修斯回忆说，尽管阿波罗应用计划已陷于资金不足的困境之中，但穆勒仍在与科学界就"载人或无人"展开争论。科学家认为没必要在载人任务中携带太空望远镜，但他们必须依靠载人航天办公室获得相关研究经费。所以，为了吸引更多的支持，穆勒还是将这些科学项目与后阿波罗计划绑在一起。

1969 财年始于 1968 年 7 月，这对穆勒来说既是好消息也是坏消息。距离预计登月时间还有一年，NASA 已经成功完成了阿波罗 4 号和 5 号飞行，但是导致阿波罗 6 号任务"部分成功"的问题仍在，直到完成阿波罗 7 号和 8 号任务后，NASA 才能知道他们的航天器能否把宇航员送上月球。阿波罗计划的预算是合理的，但是阿波罗应用计划的预算正在缩减，因此可能不得不关闭土星 5 号生产线。此外穆勒仍继续面临来自韦布的压力，争取科学界的支持也一向艰难。在登月前，还有许许多多问题有待解决，但他从未丧失信心，因为他越来越期待拥有空间站和航天飞机的未来。

第 **九** 章 绕月飞行

> "那些老古板的胜利，我是说那些留着平头、拿着计算尺、读着《圣经》完成了工作的家伙。"
>
> ——《泰晤士报》引述一位不愿透露姓名的 NASA 官员对阿波罗 8 号任务的评论，1969 年 1 月 10 日

NASA 计划在 1968 年开展两次阿波罗 - 土星号飞行任务：AS-205（阿波罗 7 号），以证明 Block II 飞船已经做好登月准备；以及 AS-503（阿波罗 8 号），这是土星 5 号首次载人飞行，此外还会在近地轨道上测试登月舱。然而，由于开发滞后，NASA 最终决定阿波罗 8 号将在月球轨道上测试指令服务舱，这次任务让人记忆犹新的是拍摄到了地球从月球地平线上升起的壮美景象（见图 9-1）。穆勒称，让阿波罗 8 号绕月飞行"可能是我们做出的最关键的决策，尤其是在 AS-502 任务之后"。NASA 还计划在 1969 年上半年进行两次土星 5 号载人飞行试验——阿波罗 9 号和阿波罗 10 号，作为阿波罗计划的学习阶段，这两次飞行被安排在阿波罗 8 号首次外太空飞行之后，阿波罗 11 号登月之前。

1968 年 8 月，穆勒前往维也纳，与韦布一起参加联合国和平利用外层空间会议。途中他在伦敦停留，在英国星际航行协会（British Interplanetary Society）会议上发表了演讲，就以可重复使用的航天飞机取代土星 5 号进行了长谈。他之前就提过航天飞机的作用，但从未像这次这样深入细致。他说："因为将有效载荷送入轨道的成本

图 9-1 1968 年，阿波罗 8 号传回的地球从月球上空升起的图像（NASA 照片）

非常高，再加上发射后设备与我们相距甚远，限制了现在太空探索的概念和范围……所以我推测太空探索的下一个主要推力是开发一种经济型运载工具，用于在地球和太空设施（例如即将在太空中运行的轨道空间站）之间穿梭。"多年来，对太空规划者而言，这个想法颇具吸引力：使用空间站作为补给基地，从而使航天飞机能从近地轨道转移到更高的轨道，甚至飞向月球或其他行星。有了空间站和航天飞机，宇航员无

迎难而上：乔治·穆勒与 NASA 载人航天计划的管理

须返回地球补充物资就可以安装、检查以及维护卫星。当然，空间站必须定期得到补给，并更换机组人员，而用现在的航天器作为运输工具会非常昂贵。因此穆勒主张开发一种有效的工具——经济型航天飞机，以将进入太空的成本降低至少一个数量级。而这需要研究新的制造技术，开发新的测试程序，批量生产能够重复使用的部件，以及寻找更有效的维护方法。穆勒的想法是，在理想情况下航天飞机应该像大型商业航空运输机一样飞行，并具有类似喷气式飞机的驾驶舱，能垂直起飞，并使用自动导航系统降落到跑道上。

航天飞机的经济性仍有待研究。先锋号和探险者号火箭每将 1 千克有效载荷送入近地轨道就会耗费两百多万美元，而技术的进步使土星 5 号将这个单位成本减少了 3 个数量级。现在航天飞机需要再降低 1 到 2 个数量级，这就要求实现高重复利用性。尽管现在的航天飞机的概念设计已经考虑了重复使用所有的高成本部件，但是相对便宜的推进剂贮箱仍然被设计为一次性的。数十年来，人们一直在研究航天飞机，美国的技术也已经达到了最先进水平，如果相关项目能于 1968 年启动，那么航天飞机将在 20 世纪 70 年代末准备就绪，并通过与空间站结合，为新产业开辟广阔天地，带来更多的收益。最后，穆勒说："在可预见的范围内，如果将技术开发做到极致，可能促使本世纪末出现真正的商业太空运输。航天飞机是我们迈向命定目标的又一步，是我们把握未来的另一只手。我们将去往我们选择的地方……人类对此永远不会满足。"他的演讲引起了广泛的关注，穆勒后来感慨在海外发表讲话会"比较方便"，因为人们的注意力比较容易集中到载人航天本身。众所周知，新总统的上任[1]意味着 NASA 在白宫又少了一个支持者。随着阿波罗计划即将结束，NASA 迫切需要承接新的任务，因此穆勒希望将航天飞机的研发提上日程。

为了给航天飞机的研发争取政治资源，穆勒必须让空军和 NASA 各中心参与进来。但是除了空军，各中心和科学界对发射有效载荷的需求都比较少，几乎所有人都在反对，支持者寥寥无几。穆勒努力拉拢尽可能多的利益集团使他们能在结果中来分一杯羹，这也使规划更加困难，因为当参与方太多的时候会很难达成共识。他多年来一直从事幕后工作，并最终说服空军和各中心达成共识，同意研究可重复使用的运载

1　即将上任的是理查德 · 尼克松（Richard M.Nixon）总统。

工具代替现有的一次性发射装置，从长远来看，这可以节省大量的资金。面对巨大的反对声浪，穆勒用在 NASA 剩余的大部分时间说服怀疑者支持航天飞机。正如他回忆的那样："大家各司其职，谁会指望 NASA 生产出这种了不起的新机器呢？但最终人们只能如此，因为每个人都希望以低成本进入太空，而没人有更好的主意。"

NASA 联合了空军的代表——美国航空航天公司（the Aerospace Corporation）——展开研究，并将 3 个中心纳入规划。承包商们一直在推销各自的设计，直到穆勒"不得不就发展方向做出最终决定"。但是，"空军对货舱尺寸，以及由此产生的对起飞重量的限制都是非常现实的"，这引发了激烈的讨论，直到每个人都能理解现状并权衡利弊后才确定了配置。穆勒倾向于使用一个大型货舱来携带空间站舱段，因此他认为向空军妥协没什么坏处。

继伦敦之行后，穆勒以他一贯的演讲身份——NASA 技术专家——参加了在维也纳举行的联合国会议，并在会上谈到了载人航天事业对认识太空的贡献。他举了 3 个例子，分别对应人类如何在太空中生活、如何有效开展工作，以及开发新技术的能力。在 1958 年，人们还在怀疑人类能否在太空中生存，对于失重状态以及剧烈的加速和减速对人体的影响还知之甚少；人们质疑能否开发出某种技术维持宇航员的生命；人们还好奇，宇航员是否可以忍受长时间封闭在狭小的太空舱内，并且担心辐射的危害。回答这些问题成为当时的首要任务，相关人员立即开始实验。科学家们一直顾虑重重，直到 1961 年苏联让一位宇航员进入了太空（比美国早了不到一个月）。随后陆续有了更长时间的飞行，但在 1965 年，人们仍不知道人类在失重状态下能否生存超过 5 天或 6 天。NASA 在质疑声中推动了双子星计划，证明了宇航员在太空中生活的时间能够长达 14 天。在双子星计划持续的 20 个月里，NASA 实现了许多重要目标，并且 10 次双子星载人飞行任务的成功"毫无疑问"确认了人类具有在太空中有效开展工作的能力。此外，太空计划还促进了一批新技术新产品问世，它们具有巨大的潜在附带收益。最后，他说："太空探索的过程确实是一场发现之旅，它将带来比以往任何一次探险都更为丰厚的回报。"

随着接下来阿波罗 - 土星号任务的准备工作加快了步伐，韦布必须决定自己的去向。约翰逊已宣布不会竞选下一任总统，这意味着新总统将于 1969 年 1 月 20 日就职。韦布知道如果共和党候选人理查德·尼克松当选会希望自己下台，同时韦布也

　迎难而上：乔治·穆勒与 NASA 载人航天计划的管理

没有和代表民主党的现任副总统休伯特·汉弗莱保持良好关系，因此他决定在约翰逊卸任前离开 NASA。1968 年 9 月 16 日，韦布在白宫向总统透露了自己的想法。出于某些原因，约翰逊决定立即宣布韦布退休，并迅速把记者叫到总统办公室，告诉他们：韦布，也就是这位 NASA 局长，将于 10 月 7 日 62 岁生日的时候离开 NASA。韦布希望由副手佩因接替局长一职，因此约翰逊任命佩因为代理局长，但佩因能不能正式成为局长还未可知。罗伯特·谢罗德后来问蒂格当时最支持谁继任局长，蒂格说："两个人我都支持，如果选民主党人就是佩因，如果选共和党人就是穆勒。"但是他清楚约翰逊不会任命一个共和党人成为 NASA 局长。

穆勒对韦布的辞职时机十分惊讶，他说："我知道韦布很忧心，他害怕阿波罗 11 号可能失败，他不想再经历一次阿波罗 1 号火灾事件了。"但韦布"很可能是那个能在正确的时刻带领我们走出国会泥潭的正确的人"，他一直很认可韦布的政治直觉，以及韦布利用 NASA 的项目在"几乎每个关键州换来对 NASA 的支持"的能力。这扩大了 NASA 的知名度，也在国会积累了影响力，"因此从这个意义上说，韦布几乎是一个天才"。穆勒赞扬这位局长"完成了关键的任务"，推动太空计划不断前进，但火灾发生后他显然"迷失了方向"。此外，穆勒批评了韦布的官僚主义作风，称他的决策过程"软弱无力"，并指出韦布会"相当任性地"改变指示，使得穆勒"有时得绕过他工作"。

1968 年 10 月 8 日，韦布退休第二天，也是阿波罗 7 号发射前 3 天，穆勒在一次由报社记者和出版商参与的会议上发表了讲话。在几天前人们刚刚庆祝了 NASA 成立 10 周年，现在，登月前的最后一步已经准备就绪。为了报道阿波罗 7 号，记者们早早聚集在肯尼迪航天中心和休斯敦载人航天飞行器中心，圈子记者[1]们则登上了埃塞克斯号航空母舰来见证海上回收。会上，在列举了 1958 年以来的太空成就后，穆勒告诉听众："我们已经完成了很多目标，基于此，我们将迈入阿波罗计划载人阶段，我们有信心通过成千上万人的努力……使阿波罗/土星系统尽可能成功。"阿波罗 7 号将是首次使用开放式任务概念的阿波罗飞船飞行试验，它能统筹尽可能多的目标，并基于遥测数据评估飞船状态，以实时调整下一步行动。它预计完成的任务量堪

1　业内对跑白宫新闻的记者的称呼。

比最初 5 次双子星载人飞行任务的总和。在发射、进入轨道和检测完成后，阿波罗飞船将与 S-IVB 级（也就是土星 1B 号第二级）分离，掉头并进行登月舱对接模拟试验。随后它将使用自身服务舱推进系统进行移动并完成交会。穆勒说，此次飞行试验将对机组人员的活动、系统的性能和地面支持设施展开评估，"如果一切顺利"，那么大约在升空 11 天后机组人员将降落在百慕大群岛南部的大西洋中。最后他指出，只有在对阿波罗 7 号的飞行结果进行全面分析和评估之后，NASA 才会确定阿波罗 8 号飞行任务。

　　1968 年 10 月 11 日，阿波罗 7 号宇航员搭乘土星 1B 号火箭起飞。此次任务的遥测工具由阿波罗 5 号的 1225 个减少到了 720 个，Block II 飞船指令服务舱包含自火灾以来的全部改进—— 一个新的一体式舱门、防火材料，以及标准大气压下的氮氧环境。穆勒指出，太空舱的工艺也得到了改善，使宇航员们可以 "在不让自己爆炸的情况下" 四处走动。考虑到阿波罗 6 号 J-2 发动机失效的经历，技术人员在此次发射前一直密切关注第二级上的 J-2 发动机。当飞船起飞时，控制人员听到沃尔特·斯基拉说 "有点颠簸"，但过了一会儿他又喊道："她的飞行就像做梦一样。"这次 J-2 发动机运行良好并到达预定轨道。指令服务舱从火箭第二级中分离，随后掉头与假定的登月舱进行模拟对接。但由于火箭接合部 4 个面板中的一个无法完全打开，因此飞船无法靠近到预定的距离。《纽约时报》引用了菲利普斯在发射后新闻发布会上的话，称宇航员在操纵飞船时 "表现完美"（穆勒没有参加在肯尼迪航天中心的新闻发布会，他为了跟进休斯敦载人航天飞行器中心的进展，在发射后不久就离开了）。菲利普斯毫不吝啬地赞扬了波音公司的贡献，《泰晤士报》写道："NASA 和波音公司的发言人……从飞船进入太空的第一天起就略带谨慎地自豪起来。"该报纸的头版标题是 "NASA 大赞捆绑合同，与波音公司的合作已见成效"。报道夸大了波音公司的作用，但很可能是 NASA 发布这篇报道时的本意。

　　飞行过程中，阿波罗 7 号机组人员患上了感冒。斯基拉首当其冲，他感到不舒服、情绪低落，在被要求打开摄像机镜头时不愿意配合任务控制中心。经反复劝说他最终妥协了。机组人员履行了自身职责，多次成功启动服务舱推进系统，以火箭第二级为目标进行交会。任务结束后，由于担心头盔里的压力会使耳膜破裂，患有头伤风的宇航员拒绝在再入大气层时佩戴头盔，地面上的唐纳德·斯莱顿和查尔斯·贝里都无法说服他们。斯基拉在本次任务前就已经宣布退休，所以他免于行政处罚，但他的两位同事都被禁止再次进入太空。穆勒后来说："我想他们中的一些人退休后，休斯敦载人航天飞行器中心才会让这一事件传播开来。"在完成将近 11 天的在轨飞行后，阿波罗 7 号再入大气层并溅落在目标点附近，埃塞克斯号航空母舰停靠在那里，现场记者目睹了飞船回收。

　　1968 年 10 月 19 日，在总统科学顾问委员会面前，佩因介绍了当前的关键问题以及未来的前景，然后将话筒交给穆勒，后者向总统顾问们简要介绍了阿波罗计划的现状，包括剩余任务预计发射日期，以及各任务的主要目标。1969 年的第三次阿波罗飞行（任务 G）定于 7 月中旬，飞船被命名为阿波罗 11 号，并在当年 9 月和 11 月再安排两次登月。根据进度表，1970 年会登月 4 次，1971 年还有 3 次。首次登月期间宇航员会在月球上停留约 20 小时，但出舱时间只有几小时，他们将按照载人航天科技咨询委员会的建议进行一些基本的地质观测并收集样本。阿波罗 7 号是任务 C，如果一切顺利，那么阿波罗 8 号就是任务 D，它将通过土星 5 号发射，并在近地轨道上测试整个阿波罗飞船。然而，第一个可用于载人飞行的登月舱要到 1969 年初才能准备好，这就带来了难题：是在登月舱尚未准备好的情况下发射阿波罗 8 号，还是将其延迟？NASA 决定照原进度行事。穆勒说，虽然该任务名义上是在近地轨道测试指令服务舱，但可选的方案还包括高地球轨道飞行、绕月探测或月球轨道任务。此外，NASA 还为阿波罗 8 号安排了只用于测试指令服务舱的任务 C′，该任务将在阿波罗 7 号任务的基础上完成其他目标，并拓展飞船操作。

　　1968 年 10 月 22 日，阿波罗 7 号溅落，穆勒在新闻发布会上发表了事先准备好的演讲，他说："阿波罗 7 号任务的圆满成功，让我坚信我们很快会重现双子星计划中载人飞行阶段的势头。"他还谈到了开放式任务的概念，即利用实时遥测技术最大化每次飞行的费效比，并表示阿波罗 8 号的准备工作正在加速开展。任务 C′ 的第一个可选任务是数千千米高空飞行，以获得远距离导航和通信的经验；第二个可选任务是绕月飞行，将提供地月距离下的导航、通信和地面支持方面的经验；月球轨道飞行是第三个也是最冒险的选择，它将确认月球表面地标，测量月球重力并验证导航和控制系统。最终方案取决于对阿波罗 6 号问题解决方案的验证，阿波罗 7 号飞行数据分析，以及更多的地面试验。阿波罗 8 号还需经过 7 项重要审查，最后一项是设计认证和飞行准备审查，届时每个系统、子系统和程序均需通过审查，然后才能宣布飞船已做好发射准备。

1968 年 11 月 5 日，尼克松当选总统，人们对谁将成为 NASA 的新局长众说纷纭。《华盛顿明星报》认为施里弗是最有可能的人选，因为他曾为新总统助选，而且"是如今美国导弹库的负责人"。同时该报补充说，佩因"并未被视为局长候选人"。罗伯特·谢罗德后来报道，尼克松曾属意施里弗，但被后者婉拒，其他几位参与总统助选的人也一样。穆勒后来评价："那是一个相当动荡的时期，谁都觉得这份工作是一个烫手山芋。"正逢登月前夕，"没人愿意接手，都害怕登月会失败"，他认为这是一份具有很高的政治风险的工作。

穆勒在总统大选后不久发表了演讲，他引用了总统竞选时说过的话——"我想让大家明白：我认为阿波罗计划是国家的一项当务之急，必须确保它在一定程度上有效运行和稳定发展。"就像之前的多次公开演讲一样，他再次提到："我们相信，我们非常有可能完成肯尼迪总统的重托。"在首次登月之后，因为韦布已经离开 NASA，穆勒能够自由地说："我们希望重返月球表面以全面探索月球。利用已经开发的设备，可以建立永久性无人观测站，以持续地、最大限度地获取科研成果。"他指出，NASA 将请求新一届的国会继续维持"太空探索的前进步伐"，并且随着国会太空委员会成员集体连任，他感到前景一片光明。

1968 年 8 月，当穆勒和韦布还在维也纳时，格鲁曼公司正式告知他们登月舱交付会延迟 3 个月。穆勒每次去格鲁曼公司都会发现延误情况，这也成了他们经常开的玩笑。但这次并不好笑，因为 NASA 正打算让阿波罗 8 号在近地轨道与登月舱对接并进行测试。得知最新的延误消息后，穆勒很担心，居然在自己离开美国的"那一刻"计划进度就被推迟了几个月。这就是阿波罗 8 号为何会在 1968 年圣诞节前夜进入月球轨道故事的开端。

　　由于登月舱无法按时交付，NASA 的预算降到了数年来的最低点，再加上韦布即将卸任，NASA 的士气降到了谷底。看起来如期登月已经不太可能了。在 1968 年 8 月 7 日举行的 NASA 管理委员会会议上，乔治·洛曾提醒大家登月舱项目可能延期。过了几天，当收到正式的通知后，他决定提议在深空对指令服务舱进行测试，并认为有可能让飞船靠近月球。乔治·洛认为在登月之前安排一次绕月任务是可行的，可能还是必要的。他的另一个理由也很有说服力——苏联在 1969 年可能会有所动作，据情报显示，虽然还做不到登陆月球，但苏联可能通过绕月任务抢美国的风头。NASA 也有正当的技术理由绕月飞行，比如研究月球轨道飞行力学，因为当卫星进入月球背面后，常会出现在意想不到的地方，似乎月球的引力场是不规则的。通过绕月飞行 NASA 可以获得更多的轨道预测信息。乔治·洛将他的想法告诉了休斯敦载人航天飞行器中心的同事，并在 1968 年 8 月 9 日与吉尔鲁思、小克里斯托弗·克拉夫特和唐纳德·斯莱顿讨论，得到了他们的支持。但他必须说服冯·布劳恩和菲利普斯，然后是穆勒、佩因和韦布。就在同一天，吉尔鲁思打电话给冯·布劳恩，安排当天下午在亨茨维尔的见面。接下来，他给在卡纳维拉尔角的菲利普斯打电话，向菲利普斯解释这个提议，后者同意在亨茨维尔商谈。大约两小时后，休斯敦载人航天飞行器中心的一队人到达冯·布劳恩的办公室，菲利普斯、乔治·哈格、德布斯和佩特龙已经等在那里了。吉尔鲁思说，除非再等 3 个月，否则 NASA 将不得不在没有登月舱的情况下执行任务，那"我们不妨绕着月球转一圈"。随着土星 5 号已准备就绪，具体的任务细节对冯·布劳恩来说并不重要，他说："究竟土星 5 号是发射到地球轨道，还是从那里发射到月球，相对来说风险差别不大。"菲利普斯后来写道："3 小时的会议没有出现任何'搅局的人'。虽然有许多细节需要重新审查，但看起来我们确实能做到。之前项目审查中弥漫的阴郁情绪已经被兴奋取代了。"

因为韦布不在国内，所以菲利普斯给代理局长佩因打电话，佩因表示喜欢这个提议。菲利普斯说："佩因提醒我，阿波罗计划已经落后了，在上一次飞行试验中还出现了 pogo 振动以及 3 个发动机失效，我们至今还未能开展一次载人的阿波罗任务。但'现在你想加大赌注。你确定要这么做吗，塞缪尔？'我回答说：'是的，长官，这是一项灵活的任务，我们接下来会详细检查，只要不出现问题就可以。'佩因回应：'说服穆勒和韦布恐怕要花一番功夫。'"事实的确如此，菲利普斯回忆："我与在维也纳的穆勒通话，他的反应既怀疑又冷淡，而韦布显然对这一突然的提议以及可能的失败感到震惊。"1968 年 8 月 15 日，佩因通过美国大使馆向韦布发送了一封机密电报，强调最终决定需等到对阿波罗 7 号的分析结束。他请求把阿波罗 8 号的任务 D 换成任务 C′，并表示他已经获得了菲利普斯、中心主任和他们所有核心员工的同意。佩因告诉韦布："我们的建议是在这样的基础上推动它，即这并不是你的最终承诺或最终决定，而是一个以最低成本保留的选择——可能在今年 12 月执行这样一项绕月飞行任务。"然后，他（并不准确地）补充道："尽管曝露在太空中的时间更长，但是技术和运行专家都认为与原定的 AS-503 登月舱任务相比，这次任务中宇航员的风险总体上降低了。"穆勒回忆："我对休斯敦载人航天飞行器中心的这个想法感到惊讶，实际上我很高兴，尽管我没有表露出来……也没有告诉他（韦布）。我说我们应予以考虑，并进行一次彻底的审查。"而韦布说，他想要"非常、非常仔细地考虑一下"。

第二天，韦布、佩因、穆勒和菲利普斯继续讨论，菲利普斯又发了一封电报，进一步解释这个方案。在韦布的指示下，菲利普斯与穆勒、纽厄尔就更多细节进行了商议。在所有人都同意后，NASA 对外宣布将推迟任务 D，执行任务 C′，以测试指令服务舱。发给韦布的新闻草稿中称，修改后的任务将"在阿波罗 - 土星 5 号飞行器系统的地球轨道飞行日趋成熟的过程中，提供满足长时间飞行安全前提下的最大收益。此外还将研究并编制方案，以在阿波罗 7 号后，为完成最终的任务目标赋予合理的灵活性"。阿波罗 8 号的原机组人员被重新安排到阿波罗 9 号（任务 D）中，而任务 E 的机组人员则被提前到阿波罗 8 号任务中。韦布批准了这些变更，但他强调任务 C′ 必须在（"为了使最终的任务目标具有合理的灵活性，经过相关研究和策划"后做出的）3 个方案中选择一个。

1968 年 8 月 19 日，菲利普斯正式宣布将任务 D 推迟到阿波罗 9 号，并通知中心主任们，阿波罗 8 号将改为以任务 C′ 命名的载人指令服务舱任务。他接着写道："我们将开发 C′ 任务的目标和剖面，以提供满足长时间飞行安全前提下的最大收益。"他还附上了一份新闻稿，宣布阿波罗 8 号不会携带登月舱，但会执行另一项任务，任务剖面要等阿波罗 7 号飞行分析结果出来后才能确定。"绕月或月球轨道飞行是可能的选择"，他在宣布这些变化时说道，但同时一直在重复"最根本的任务还是在地球轨道上"，这让新闻界偏离了方向。如他之后所说，大多数媒体都"没有抓住这一重点"，只有《太空商业日报》明确提到 1968 年 12 月 16 日至 1969 年 1 月 15 日是绕月最佳时段。

穆勒仍不确定是否值得冒险让搭乘土星 5 号的第一艘阿波罗载人飞船飞向月球。他说，我们需要确保真的能做到，"但韦布认为'这没有任何意义'"。因为韦布没有明确否定这一提议，这使得穆勒有时间进行彻底、深入的审查。他后来回忆，"我不同意在审查完成前有所行动"，那是在任务开始前大约两个月，"我在努力确保我们真的明白自己在做什么"。

1968 年 9 月 15 日，苏联发射了一艘绕月飞船，并于 9 月 21 日返回地球。据《纽约时报》报道，这项任务"被 NASA 的许多人用来证明他们的情报是可靠的"。苏联是否正在计划载人绕月任务？穆勒回忆说，对苏联的关注可能"总会影响决策，但我坚信这不会成为我们采取任何行动的决定因素，决定因素只能是我们已经准备好了。我花了很多时间，尽我所能确保做足了飞行准备，并让每个人都进行了同样深刻的拷问"。他知道苏联有能力开展载人绕月任务，但他们还没有能力在月球上着陆，所以问题就变成了他们是否会到达月球再返回，以及他们的太空舱是否可靠。中央情报局告诉 NASA，苏联将用来执行载人绕月任务的同款火箭——质子号助推器——曾于 1968 年 7 月在发射台上发生过爆炸，造成 1 人死亡及火箭受损，苏联领导人已决定不去冒险，因为如果火箭在深空再次爆炸，他们的失败将人尽皆知。苏联权衡了成功或失败在宣传上的影响，并认为载人绕月过于冒险。穆勒说，"我怀疑他们也在怀疑我们能做到什么程度"，因为阿波罗 8 号确实震惊了他们，实际上该任务震惊了所有人。NASA 刚从火灾中恢复，"很难让人相信"NASA 会选择在现在执行月球任务，事实上穆勒自己"也很难相信"。他还说："我们并不真正了解苏联的实力，但我们知道载人绕月飞行对他们来说是可行的。我们当然会讨论苏联，但不会有意识地去做一个一定要超越苏联的决定。"穆勒曾在 1968 年 9 月 24 日告诉罗伯特·谢罗德，阿波罗 8 号执行月球轨道飞行任务的概率"只有十分之一"。

1968 年 10 月 12 日，根据 NASA 提交的 1970 财年预算，载人航天科技咨询委员会讨论了穆勒对后阿波罗时代扩大载人航天事业的规划。韦布已经退休了，现在佩因倾向于一个更激进的阿波罗应用计划，他在预算中纳入了 1975 年前对近地轨道上空间站的投资（尽管仍未达到 NASA 在设计阶段想要实现的规模，这使他们的选择受限）。穆勒说未来形势看起来很"严峻"，他告诉咨询委员会，为了更好地定义"人类在太空中"的角色，他们进行了额外的一些研究。某些委员会成员觉得穆勒不应该只关注载人航天项目，穆勒对此并不认可。

菲利普斯则向载人航天科技咨询委员会简要介绍了任务 C′，以及正在考虑的 3 个方案。他强烈支持绕月方案，但穆勒"指出第二次载人飞行就直奔月球会为整个计划带来巨大风险"。委员会成员们询问了 NASA 的决策过程、风险预测、任务 C′ 对登月目标的贡献，以及"失败的后果"，并就阿波罗 8 号在月球轨道飞行的可行性进行了辩论。权衡利弊后他们认为，主要风险在于地球到近地轨道只有 1 小时的飞行时间，而地球到月球要 3 天，因此中间出现问题的可能性变大了。在菲利普斯阐述了为什么支持绕月任务后，穆勒评价"菲利普斯将军在技术方面很乐观"，但不仅是阿波罗 8 号，整个计划都可能因为 Block Ⅱ 飞船第二次载人飞行就前往月球轨道而承担"巨大风险"，"我们必须面对这样一个事实——它可能会是一场非常危险的、结果很坏的冒险，而唯一的回报只在于宣传价值"。穆勒回忆说，"复杂且相对不成熟的飞船"使得绕月飞行成为一个艰难的决定，AS-501 和 AS-502 相互矛盾的飞行结果也印证了他的观点。但是，虽然到地球的距离由需飞行 1 小时变成 3 天确实增加了风险，但如果飞船大概率能在这期间可靠运行，那么 NASA 也不是不能接受。而基于阿波罗 7 号的飞行数据分析，"风险可能是合理和可接受的"。载人航天科技咨询委员会最终决定接受风险的增加，支持月球轨道飞行。但穆勒仍然警告说："如果失败了，人们的反应会是'傻瓜都知道不应该在这样的时刻做出这样的决定'。"

NASA 打算在 1968 年 11 月 10 日宣布阿波罗 8 号任务。穆勒列出了决策前的步骤，以及最终决策前预计执行哪些程序。11 月 2 日，他告诉罗伯特·谢罗德，执行月球轨道任务的可能性已经增加到了 50%。NASA 发布了一篇新闻稿，指出 3 个方案仍在考虑中，并引用了穆勒的话："我们对任务的规划会基于仔细的评估，不仅仅针对每个任务的内在风险，更是为了把登月所需全部任务的总风险降至最低。"新闻稿还列出了剩下的审查，并以 NASA 的管理审查结尾。新闻稿最后指出："只有非常仔细地评估了实现载人登月过程中涉及的全部风险后，才会对阿波罗 8 号任务做出最终决定。"穆勒要求贝尔通信公司对任务软件进行最终研究，并计算紧急情况下的备选轨道和中止选项。随后他给佩因发送了一份决策进度表，其中包含了 3 页甘特图，显示了剩余的审查、简报和决策节点。

穆勒继续审查这些方案，直到他确信航天器已经准备就绪，飞船有能力执行任务并确保安全后，他才会做出决定。他最终认为，飞往月球是安全的，后来甚至声称他愿意与菲利普斯和指令长弗兰克·博尔曼一起乘坐阿波罗 8 号。在他看来，他和菲利普斯不需要接受宇航员训练，因为任务剖面中没有对此做出要求，而且他们对飞船的了解不比哪个宇航员差，甚至还了解得更多。此外，如果连自己都觉得不安全，他也不会要求别人去飞。他笑着说，韦布还有佩因是不会愿意听这些话的。但是，虽然韦布对此次月球冒险保持沉默，"他还是有可能允许我去"。我们永远也不会知道这个故事是否是杜撰的，40 多年后，所有关于这个不寻常请求的书面记录都消失了，它只存在于穆勒的个人回忆里。

1968 年 11 月 11 日，佩因听取了穆勒、菲利普斯和中心主任们关于任务 C′ 的一系列汇报。菲利普斯在他的笔记中写道："穆勒博士表示自己已经与载人航天科技咨询委员会、总统科学顾问委员会、国防部和阿波罗执行小组讨论了当前的情况。他指出，载人航天科技咨询委员会成员对这次飞行进行了深入的审查并清楚其中的风险，他们对此持积极态度。"菲利普斯还写道，"总统科学顾问委员会倾向于同意"，"国防部也普遍赞成"。然而，贝尔通信公司的建议是不要贸然行事，他们在给穆勒的一份备忘录中写道，关于阿波罗 8 号绕月飞行，"与可能增加的收益相比，我们在风险上发现了更多明确的证据"，而且同样的收益也可以通过风险更低的地球轨道飞行获得。佩因召开了第二次会议，这次与会人员数量更少。然后是第三次会议，只有他和穆勒、纽厄尔3个人参加。最后一次会议后，他批准了月球轨道任务并将发射日期定于1968年12月21日，这预示着阿波罗8号将于圣诞前夜绕月飞行。穆勒后来承认，让阿波罗8号执行月球轨道任务的真正原因"是为了重振团队士气，让每个人能把精力集中到工作上，从而完成任务，并从上次的火灾事件中走出来，这才是真正的动力……我对此很热切……正是出于这个原因。任务本身对登月意义不大，但是从提升团队士气和干劲来说确实有利于登月目标实现……从心理学角度来说意义重大。但如果失败了，那将是一场灾难"，因此这也让它成为"一个有趣的决定"。

在任务最终获批前，菲利普斯向26名NASA高管发放了一份风险评估问卷，要求他们基于多种任务剖面评估失去宇航员的风险（吉尔鲁思是唯一没有返回问卷的人），并进行数据归一化，以比较各任务剖面的相对风险。结果显示，在月球轨道执行任务C′的风险是在近地轨道执行同类任务的3倍。穆勒对风险的预计低于平均统计结果，在他看来，月球轨道任务的风险比任务D还要小约20%。他后来说，人为判断"如果运用得当应该比统计数字更准确"。他解释道，即使任务换成往返于近地轨道，那么也必须"一切正常运转"，而出现问题的概率取决于在太空中时间的长短。如果在近地轨道上执行任务的时间与往返月球相似，那么出现问题的概率也相似。唯一的额外风险是，理论上绕月飞行需要服务舱推进系统点火两次以进入和离开月球轨道，而近地轨道飞行只需在返回地球时点火一次。但是，NASA打算在执行任务D时对服务舱推进系统进行几次测试，而在任务C′中前往月球的途中也会测试（以在进入月球轨道前验证和校准），因此两个任务的风险相差无几。不过他补充说，"失败的后果还是不一样的"，并且飞到月球再返回地球"增加了某种复杂性"。

　　　　　　　　　　　迎难而上：乔治·穆勒与NASA载人航天计划的管理

总统大选几天后，穆勒在旧金山发表讲话，称阿波罗 8 号任务预计安排 3 名宇航员飞行 63 小时，"靠近月球，并可能在月球轨道飞行 20 小时"。飞往月球的决定"是在全面评估了总风险和总收益"后做出的。飞船的地面试验令人满意，并且前几次飞行结果说明土星 5 号已经做好了深空载人飞行的准备。同时，他提醒道，太空飞行都存在风险，但"我们认为在此次深空飞行中可以获取相关的工程和操作信息，最终将有助于降低明年载人登月的整体风险"。经过全面系统的检查后，NASA 将决定是仅绕月球飞行还是进入月球轨道。阿波罗 8 号任务将检验阿波罗飞船的实力，验证通信网络的有效性，提供能够解释月球重力异常现象的数据，并探查可能的着陆点。除了任务本身的收益外，"历史会铭记，这将是人类第一次真正摆脱地球母亲引力的飞行"。登月"本身并不是目的，但当两名美国宇航员从月球返回时，将标志着我们国家在和平时期最伟大目标的实现"。因为太空计划，美国拥有了"我们在非战时拥有的最新、最大、最先进的国家工厂、设备和技术……美国工业已经展示了自己的智慧和实力，实际上，它创造了自己的文艺复兴"。他乐观地总结说，在首次登月后，"我们希望能重返月球表面以展开全面探索"。

　　当月晚些时候，穆勒在国家航天俱乐部发表讲话。他描述了阿波罗 8 号任务开放式的特点，在任务中，"稳定期"后将进入"决策节点"，旨在"尽可能保证机组人员安全的同时最大程度地推进任务"。任务轨迹允许飞船环绕月球后自动返回地球（这被称作"自由返回"）。他说："如果阿波罗 8 号到达月球附近时所有系统都能'动'，它将在月球轨道飞行 10 圈。"虽然绕月飞行已经足以加快阿波罗计划的进程，但"更有价值的还是月球轨道飞行"。NASA 会把测试和预演持续到起飞前一刻，只有经过充分准备才会发射。他一如既往地宣传阿波罗应用计划，并告诉俱乐部的听众，现在"必须制定新的目标，否则我们将失去迄今为止形成的势头"。他又补充，资金投入的一再拖延已经造成了很大的损失，而且"在阿波罗计划之后，我们的载人航天项目缺乏坚定的、一往无前的政策"。虽然国家还有其他问题要解决，但是"在不到两百年的时间里，正是对新技术的积极研究和应用产生了巨大的推动力，使美国成为世界上最强大的国家"。而一个"一往无前的国家太空计划"的唯一障碍仍然是资金的匮乏。

为避免阿波罗6号的问题重演，工程师和技术人员仔细检查了阿波罗8号任务的火箭，经过两天的质量和可靠性审查后，他们判断火箭已经准备就绪。随后马歇尔航天中心进行了最后的质量审查，在纠正了一些小问题后准予飞行。火箭在1968年12月初进行了模拟倒计时，12月18日进行了pogo效应抑制试验，并在发射前3天进行了最终地面试验。12月21日，阿波罗8号从肯尼迪航天中心升空（见图9-2）。pogo效应抑制系统减弱了纵向振动，火箭进行了正常的级间分离，S-Ⅱ级的表现堪称完美，S-ⅣB级也顺利进入初始轨道。运行到第二圈，J-2发动机再次点火，使阿波罗8号转向月球飞行。途中指令长弗兰克·博尔曼患上了"太空病"，但持续时间很短。《纽约时报》评论此次发射"完美无瑕"，预计阿波罗8号将于平安夜进入月球轨道。

图9-2 1968年12月21日，阿波罗8号发射期间，在肯尼迪航天中心的
塞缪尔·菲利普斯（NASA照片）

在两天后，即 1968 年 12 月 23 日，飞船到达太空中月球引力与地球引力的平衡点，3 位宇航员成为最先摆脱地球引力的人。圣诞前夜，阿波罗 8 号进入月球背面，这是任务中最令人紧张的时刻，因为他们与地面会有 33 分钟的通信中断。终于，悬念揭晓，指挥中心听到小詹姆斯·洛弗尔含糊不清的声音，说他们已经进入了月球轨道。穆勒一直在"屏息以待"，不过他说自己知道"这不是终点，阿波罗 11 号才是"。之后，阿波罗 8 号从月球背面出现，敲响了启动阿波罗计划最后一步的钟声。宇航员们从月球上传回了生动的地球图片，以及月球表面的详细照片。因为正值圣诞假期，这次任务被某些人赋予了宗教意义，而宇航员也出人意料地朗读了《创世记》中的句子。穆勒后来称这"令人印象非常深刻。事实上，我认为它给全世界都留下了深刻的印象……非常精彩的阅读，内容也很合适，这为计划赢得了更多的支持"。

1968 年 12 月 25 日，休斯敦时间的午夜过后不久，借助服务舱推进系统，飞船离开月球轨道，返回地球。两天后，太空舱安全降落在太平洋海域约克城号航空母舰的可见范围内。约翰逊总统在"得克萨斯白宫"[1]向宇航员致电，而刚刚赢得竞选的尼克松则在佛罗里达州比斯坎的度假屋里通过电视观看。穆勒后来观察到，公众"对我们这次的成功有点惊讶"。

1969 年 1 月 10 日，伦敦《泰晤士报》上刊登了一则对穆勒的采访，他被形容为"身材清瘦、戴着眼镜、精力充沛的 50 岁男子"。在采访中穆勒说："无人飞行无法完成阿波罗 8 号任务中宇航员所做的工作……现在没有哪一种机器可以媲美人的大脑。"由于对飞行结果的分析尚未结束，他不想评论飞行中的少数几次异常状况，只称其为轻微异常。《泰晤士报》援引了一位不愿透露姓名的 NASA 官员的话，他称阿波罗 8 号是"那些老古板的胜利，我是说那些留着平头、拿着计算尺、读着《圣经》完成了工作的家伙"攻克了这项艰巨的任务。然而该报话锋一转，认为"苏联将'不可避免地'超过美国"，因为 NASA 的预算在过去 3 年以每年 10% 的速度持续下降。他们引用了穆勒的话："按照目前的趋势……我们将不可避免地退出载人航天领域。"

穆勒后来称将阿波罗 8 号送入月球轨道的决定非常重要，虽然不是最重要的，但

1　即 Texas White House，实际上是约翰逊总统位于得克萨斯州山区的小农场，该名称的由来是约翰逊总统在任期间经常在这里办公，而不是在众所周知的华盛顿特区白宫。

显然是一个转折点。"其实你所做的每一个决定都是最重要的决定……但在我看来，阿波罗 8 号是我们执行过的最艰巨的任务，也许阿波罗 11 号只能排得上第二。最初的那些试验、首次阿波罗飞船飞行、土星号全机试验都是最重要的。这些关键事件中的任何一个失败都会让我们倒退很长一段时间，就像阿波罗 1 号火灾事件使我们倒退了一年。"

1969 年 1 月底，在花了纳税人约 200 亿美元后，穆勒向纽约证券分析师协会（New York Society of Securities Analysts）解释了金钱的流向及预期的回报。他回顾了 1957 年苏联发射第一颗人造地球卫星时美国面临的挑战，当时人们曾质疑美国是否还具有技术上的领先地位，认为国家安全受到了威胁。美国的应对措施是加强教育体系建设，投资工业界，开发新的管理模式和理念，制造复杂的航天设备并检验其可靠性，最终在全国范围内培训了数十万人。他说，在启动了"人类历史上最雄心勃勃的科学和工程项目"后，还有很多工作有待完成，而阿波罗 8 号"使人们对我们作为技术引领者的力量和活力重新唤起了信心"。人们对这次飞行的反应"是十分强烈的"，全世界的新闻媒体都盛赞它"是对美国的技术实力、组织能力和科学实力的证明"。阿波罗 8 号的飞行达到了"99.9999% 的可靠度，这是一个惊人的水平"，由 500 万个部分组成的系统只有 5 个非关键部分没有正常工作。对于速度达到每秒11000 米的飞行器来说，在飞往月球的过程中只需要进行一次每秒 1.2 米的中途修正，飞船的制导和控制系统达到了"惊人的精准度"，展现了"另一层面的完美"。然而，他指出，"我们必须意识到航天工程仍处于萌芽阶段"。1969 年是实现美国在 1961年提出的目标的最后期限，需要"在当时估计的较低成本范围内"使宇航员登陆月球，携带第一批月球样本安全返回地球。而未来，空间站将成为科学研究和设备制造的平台，并具有巨大的商业潜力。尽管直到 1975 年第一个空间站才能投入运营，但它可以使用很多年。将物体送入近地轨道的成本仍然很高，为了"最终使太空活动普遍化，我们将不得不把运输成本降低几个数量级"，这就要求开发各种类型的可重复使用的航天飞机。他还指出，NASA 已经授予了研究合同，以搜集业界关于在近地轨道运行的航天飞机的最佳想法。然后，他预测了可重复使用航天飞机的商业市场，并补充说："我们今天所开发的东西……将会创造出人们在 10 年后要制造、销售和使用的产品。"

几天后，在佛罗里达州可可海滩举行的国防承包商会议上，穆勒进一步阐述了上述想法。他称阿波罗 8 号通过"迄今为止最前沿的、极其成功的太空任务"展现了 NASA 的"第三代航天实力"。他描述了太空时代的第一个 10 年，将其比作莱特兄弟发明第一架飞机后航空事业的早期阶段。他说，现在是时候考虑下一代低成本太空运输工具——航天飞机了，这些航天飞机可以在地球表面和轨道空间站之间移动，并往返于近地轨道和月球轨道；在太空时代的第二个 10 年里，"我们需要进一步加强 NASA 与工业界、学术界富有成效的合作"。并且他指出，NASA 90% 以上的钱都花在了给工业界的合同上。但是，这时与太空计划相关的就业人数与其峰值水平相比已经减少了近一半，而苏联还在持续投入，"明显表露出想在太空取得卓越地位的意图"。NASA 的最大困难在于保存它在太空时代的第一个 10 年里获得的知识。穆勒告诫人们，绝不能让人员、基础设施、技术和知识成果流失，否则将很难再次整合在一起，并且一定会耗费高昂的成本。现在国家的其他优先事项迫使 NASA 总是在其运行的极限的边缘，以每年约 40 亿美元的拨款苦苦支撑，而如果再低于这个水平，将无法"把我们来之不易的成果凝聚在一起，并在关键项目中有效地利用"。现在 NASA 获得的预算只允许"做一些旨在降低未来航天成本的小型投资"。但是，穆勒认为，NASA 现在必须"通过花钱来省钱……是时候开始规划下一个 NASA 中心了，不是在地球上，而是在太空中，我们应建立一个国家大型平台，可以在上面开展极有价值的工作"。

　　穆勒还指出，国家应该为了减少贫困而去创造更多的财富，"NASA 的太空计划……创造了新的岗位和新的就业机会，这不但能减少贫困，还有助于从根本上解决问题"。他把城市中的贫困现象视为国家的耻辱，但又补充说，"在我们解决这些社会弊病的同时，还必须在其他领域保持前进"。"在太空时代这令人震惊的第一个 10 年结束时，如果美国从一往无前中转身抽离，简直是一个国际悲剧。"所以，美国应该设法将"太空时代中在管理领域的发现"用于解决国家的其他问题。他再次警告称苏联可能重新夺回太空主导地位，并请求"在整个国家见证了我们的阿波罗计划戏剧性地走向结局的时候，增进公众对未来太空前景的了解和支持"。

　　1969 年 2 月，尼克松总统成立了一个新的太空任务小组，由副总统斯皮罗·阿格纽（Spiro T. Aguew）坐镇，意在为未来的载人航天目标提供建议，并预计于第二年 9 月提交报告。小组成员包括佩因，曾任 NASA 副局长、现任空军部长的西曼斯，以及兼任载人航天科技咨询委员会成员和总统科学顾问的杜布里奇（DuBridge），还有其他几名担任官方观察员的政府官员。该小组在 3 月份举行了首次会议，会上佩因支持了穆勒提出的扩展的后阿波罗太空计划，杜布里奇则担心这会影响减少联邦支出的计划，西曼斯则主张达成妥协。阿格纽是扩展的后阿波罗太空计划的热切支持者，他赞同火星探索，但遗憾的是他在新政府中没什么影响力。

就在 1969 年 3 月初阿波罗 9 号发射前，穆勒宣称可能由阿波罗 10 号登陆月球。作为一个依照效用最大化原则来设计每次任务的人，他说，如果近地轨道上的任务 D 进展顺利，那么下一次飞行可能是在月球轨道上测试登月舱的任务 F，或者登月任务 G。但无论 NASA 做何选择，1969 年 7 月前登月的目标都不会改变。菲利普斯回忆，计划在 1969 年 5 月开展的任务 F "引发了激烈的辩论……我们已经下到离月球表面 15 千米的地方，而且已经准备好接受月球着陆的内在风险，完成剩余那一小段路程的诱惑实在是太大了"。而罗伯特·谢罗德写道："穆勒最初认为不能登月的第二次月球任务没什么意义。然而，这次的登月舱并不是很适用，它太重了，它的上升级不足以使之从月球上起飞再与指令舱交会，这意味着它无法着陆。并且阿波罗计划的管理层认为他们还没准备好迈出这么大一步。"

阿波罗 9 号将首次携带登月舱，由参与过双子星计划的詹姆斯·麦克迪维特和戴维·斯科特分别担任指令长和指令舱驾驶员，新人罗素·施韦卡特（Russell L. Schweickart）担任登月舱驾驶员。1969 年 3 月 3 日上午，阿波罗 9 号起飞，开始了为期 10 天的近地轨道任务 D。火箭正常运行，指令服务舱与 S-IVB 级分离后，掉头与登月舱会合。穆勒形容登月舱为 "第一个真正的航天器"，因为它完全是为了太空中的飞行而设计的。工程师将登月舱着陆支架折叠后放进火箭顶部的适配器中，他们一直担心适配器能否应对土星 5 号发射时的动载，登月舱是否会因振动损坏，以及支架是否会由于飞行载荷而卡住无法伸开。在发射升空后，一切似乎都很顺利。当施韦卡特说他得了 "太空病" 时，飞行外科医生查尔斯·贝里指导他服用了飞船里的药物。尽管如此，原定于 3 月 4 日进行并持续两小时的舱外活动还是不得不推迟了一天。第二天，尽管身体还没有恢复，但施韦卡特坚持执行任务。他和麦克迪维特一起进入登月舱，在敞开的舱门外进行了站立式舱外活动，并演示了将在月球表面使用的阿波罗便携式生命保障系统。然而，舱外活动时间还是被缩短了，剩下的内容——演示紧急情况下从外部转移到指令舱——也被取消。

1969 年 3 月 4 日，尼克松任命佩因为 NASA 局长。据《纽约时报》报道，佩因成为"从约翰逊政府留任的最高级别官员之一"。报道称："佩因博士的永久任命正值太空计划取得巨大成就并且预算问题尤为严重之际。他有望在延续前者和改善后者方面发挥积极作用。"穆勒倒觉得之所以选择佩因是因为"他们找不到其他合适的人"。他对当局长没有兴趣，而且"根本没想过"。他从未为此四处游说，也从没找人商量。"我正忙得不可开交，"他说，"而且那时我对 NASA 之外的新挑战更感兴趣。"他计划在登月成功后离开 NASA，除非真的有人请求他担任局长，否则他不会去争取。蒂格告诉他，阿波罗计划后分配给 NASA 的资金将很难再增加，并且如果没有总统的大力支持，太空计划将走向失败。所以他称"这里没有我真正想做的事了，尤其是他们已经决定阿波罗计划后不会再有强有力的太空计划"。

在佩因被任命为局长的当天，穆勒再次来到众议院太空委员会作证，为 NASA 争取预算。随着阿波罗计划步入尾声，他提醒委员会，根据最初的计划目标，我们需要"发展包括载人登月和安全返回在内的，在地月之间开展载人航天活动的能力"。而首次登月将是"探索月球的历史性开端"，也是国家实力的证明。然而，对下一步太空活动的必要拨款在减少，NASA 的 1970 财年预算为 37 亿美元，比 1969 财年还下降了 7.5%，这是太空计划的预算连续第四年下降。他说："由于国家其他的需求持续带来压力，美国载人航天的实力仍在下降。"而该预算会使阿波罗计划和阿波罗应用计划在 1972 年终止。他强调了"在太空中取得进步的必要性"，并再次提醒听众，阿波罗计划始于与苏联的竞争，并且促进了国家的发展，带来了巨大的利益。尽管"太空计划对国家经济的直接影响已经非常显著，但以长远目光看，也许更重要的是该计划的根本贡献，即它把各行各业的人聚集到一起……使他们朝着人类在太空中长期生存这一共同目标一起努力"。他提到了 NASA 各中心的所在地周边的经济发展，表示"太空计划的经济效益正蔓延到整个社会。它在各个方面都开阔了我们的视野，它的活力渗透到了我们的经济生活中。它是发明的温床，是提高生产效率的动力，也是改善精确度和可靠性的监工……无论是国家发展还是个人在地球上的生活，太空探险都能影响、改善和丰富其中的方方面面"。

尽管 NASA 的 1970 财年预算仍允许增加登月次数，但穆勒说，这"对剩余阿波罗航天器的有效利用并没有帮助"。阿波罗应用计划的预算允许从 1971 年起开展 5 次地球轨道飞行，但会在 1972 年结束。载人航天计划的未来仍取决于发射成本能降低多少，幸运的是，当前的技术为开发可重复使用的航天器创造了机会，这将大大降低航天飞行的成本。随着进入太空的成本降低（可能会减少到现在的十分之一或更少），对外太空的探索会发展到这样一个程度——"使用宇航员比开发机器来取代他们要便宜得多"。在展望 20 世纪 70 年代中期及以后时，穆勒呼吁建立一个半永久空间站，这个空间站一开始规模很小，然后通过增添模块来扩建。NASA 可以在 1970

财年对其展开规划，但要想以合理成本进入太空，可重复使用且运行费用较低的航天飞机是必不可少的。预算减少也意味着人员流失，到 1970 年 6 月，相关就业人数将减少到其峰值的三分之一。《圣路易斯邮报》在报道穆勒的证词时说："由于国家其他方面的需求带来了持续的压力，对国家载人航天飞行能力的浪费仍在加剧。"

1969 年 3 月 10 日，阿波罗 9 号还在绕地球飞行，穆勒在国家科学研究委员会（National Research Council）的年度工程部晚宴上发表了讲话，他是首位受邀在此发言的美国国家工程院现任成员。一上来穆勒就宣布阿波罗 9 号的机组人员正在使用多光谱照相机拍摄地球表面，现在它可以直接用于收集地球数据。他谈到有研究表明，将有效载荷发射到近地轨道的成本有可能降低几个数量级，并反复强调宇航员在太空中比机器更有优势，因为他们本身具备"一套用于获取信息的宽带传感器……这是内置存储器和计算机无法比拟的"，并且宇航员还拥有"非常出色的行动能力"，在可行的情况下，这些因素会为航天工程带来极大的价值。穆勒还预测，太空旅行"将在下一个 10 年内实现……并会变得像今天乘坐飞机一样便宜和普遍"。然后他谈到宇航员对技术应用做出了贡献，因为他们可以很快应用，使人们不需要浪费数年时间开发某些自动设备。"对于一个载人的多功能空间站来说，如果设备齐全，那么循环周期可以缩短到几天。当然，如果必须等待下一次补给送来新设备，那么可能需要几个月。"半永久空间站将允许宇航员对在轨卫星进行维修，从而大大降低成本。宇航员能做的不仅仅是日常工作，他们还可以部署和校准大型系统，并且可以为科学与应用的目的使自身成为观察地球的"传感器"。总而言之，他们可以扮演技术人员、工程师或科学家的角色，并且"除了我们已经了解到的东西，我们还可以期待，宇航员基于他观察到的和接触到的一切做出的动态反应，通过他对未知的探索，继续发现我们不了解的事物"。最后，穆勒总结说，所有这些都可以通过建立一个低成本的太空运输系统来实现，该系统在获批 6 年后即可投入使用。

太空飞行 5 天后，麦克迪维特和施韦卡特操纵登月舱与指令舱分离，首次让登月舱作为独立的航天器飞行，在飞离阿波罗飞船约 182 千米的过程中测试了登月舱下降级发动机。随后，他们抛弃了下降级，成功启动上升级发动机，使登月舱与指令服务舱交会，二者在分离约 6 小时后实现了对接。在太空中飞行 10 多天后，阿波罗 9 号再入大气层，于 1969 年 3 月 13 日在大西洋溅落，成功完成了所有的任务目标。

　　随着首次登月日期的临近，穆勒逐渐把重心放在了对后阿波罗时代的规划以及载人航天的未来上。关于 NASA 后续行动的想法已经初具雏形，这构成了 NASA 长期综合计划的基础，佩因将于 7 月向总统的太空任务小组提交该计划。不日 NASA 将实现登月目标，而穆勒已经越来越多地谈到他将重返工业界。

第十章 太空铁路

　　阿波罗 9 号返回后不久，穆勒发表了一次演讲，他呼吁 NASA 必须保留太空计划创造的价值，包括基础科技的发展和管理能力的提升。在阿波罗计划后，真正的挑战将是下一代低成本航天系统的开发。外有越南战争，内有社会动荡，美国正处在十字路口。而如果 NASA 没有充裕的预算，那么未来大量载人航天活动将无钱可用。NASA 每年至少需要 40 亿美元，才能合理地利用现有成果，开展新的大型航天项目，况且适度的额外投资还能降低未来的航天任务成本。他解释道："当人们问我们为什么应该把钱花在太空计划而不是消除贫困上时，他们忽略了一个事实，即这是两个不同的、需要分开来解决的问题。"减少贫困需要更多的资源，因此国家需要创造更多的财富，而科技进步能提高生产力，创造新的岗位和就业机会，"这不仅能减少贫困，还有助于从根本上解决问题"。他还说，在"这令人震惊的第一个 10 年"结束后搁置太空探索将是一场悲剧。相反，"我们应该问问自己，如何才能找到新路径，将太空时代中我们在管理领域的发现用来解决国家的其他问题"。

　　1969 年 3 月下旬，当人们在载人航天科技咨询委员会会议上讨论 AS-504（阿波罗 10 号）飞行任务时，菲利普斯告诉委员会："看起来 NASA 已经做好了充分的准备，使阿波罗 10 号、阿波罗 11 号和后续所有必要的发射如期开展，从而确保在今年年底前实现登月。"随后，乔治·哈格说，虽然指令服务舱的表现一直"非常好"，但他们仍希望取得更多的登月舱飞行经验，因为它在载人的情况下只在太空中飞行过一次，这引发了对月球轨道任务和是否需要增加月球重力试验的广泛讨论。基于前 3 次阿波罗 - 土星号任务，NASA 中有人认为没必要再进行地球轨道飞行；另外，NASA 可以等到更轻的登月舱交付后直接登月，也不需要再安排月球轨道飞行。然而，为了确保"安全和成功"，菲利普斯提出了反对。载人航天科技咨询委员会随后也表示支持阿波罗 10 号月球轨道飞行任务（任务 F），不建议为了首次登月（任务 G）推迟任务 F。

载人航天科技咨询委员会主席查尔斯·汤斯同时也主持尼克松总统的太空小组，他说小组报告的意见是"应该保留 NASA，并使它的预算不至于有太大变动"。过渡小组支持在阿波罗应用计划后制造航天飞机，但建议推迟开发太空运输系统的其他部分。尽管如此，穆勒并没有放弃推行一个范围更广的后阿波罗计划，并重复了他最近在国会作证时说过的话：尽管"现在的我们可能与苏联处于同一水平"，但如果没有足够的资金，苏联终会领先美国。由于预算削减，火箭的使用率仍处于临界值以下，NASA 不得不考虑关闭土星 5 号生产线。穆勒称建造空间站是"国家太空计划中合理且必要的一步，它可以是通往月球的中转站或行星任务的一部分，并成为降低航天成本的良策"。当然，它也能促进空间科学的发展。然而，在穆勒试图解释这是"基于空间科学研究的载人计划"时，身兼空间科学委员会主席和载人航天科技咨询委员会成员的哈里·赫斯表示反对，他说："如果科学家有选择，可能更愿意把这些钱花在其他地方。"

穆勒又一次阐述了太空运输系统的经济效益，并敦促着手建造空间站和航天飞机。查尔斯·汤斯再次表示反对，他重申了总统的太空小组的建议，即支持制造航天飞机，但空间站项目必须推迟。佩因当时也参加了会议，他要求将后阿波罗时代的备选目标列一个大纲。由于留给决策的时间已经不多了，佩因仔细征求了载人航天科技咨询委员会对空间站的看法，这引发了对空间站任务目标的广泛讨论。穆勒也提倡确立新的核心太空目标，以帮助 NASA 避免预算的经常性波动。因此查尔斯·汤斯委托贝尔通信公司进行研究，"真正证明'载人航天'的合理性"。这项研究也成为后阿波罗时代长期计划的理论基础。但实际上早在 1967 年，NASA 就已经迈出了长期计划的第一步。

穆勒的终极目标是探索行星，实现这个目标需要以空间站作为起点。因此，他必须向所有人解释空间站的作用及长远意义。为了让空间站充分发挥效用，NASA 需要在不同轨道上建立多个空间站。此外，根据预计使用率，除非空间站能够成为一个大型太空运输系统中的运输节点，否则 NASA 无法证明投资的合理性。为了证明应该建造空间站，穆勒指出：飞行器在轨道间的移动需要消耗能量，空间站可作为燃料补给点；而为了实现太空运输商业化，NASA 必须降低成本，主要通过开发一种更便宜的进入近地轨道的方式实现。他最初考虑廉价一次性发射器，即所谓的"Big Dumb Booster"，但根据他的记录，"很快就清楚了……每千克材料都有明确的成本，而且是这个成本具体取决于所使用的结构部件"。他继续研究如何改变这个等式，使每千克材料的成本不会决定火箭的总成本，进而不会决定运输成本，这很自然地导致了一个结论：应制造可重复使用的火箭，重复使用的次数越多，平均每千克的成本就越低，如果达到完全可重复使用，运输成本会接近于燃料和支持设施的消耗费用。虽然开发需要大量资金，但分散到多次飞行中，仍然可以保证每次飞行的成本处于较低水平，这才是真正重要的。因此他说"一组简单的概念最终推导出一个完全可重复使用的系统"，以及少量的支持设施。

该系统的关键是使飞行器像飞机一样飞行。此外，空间站需要一种较为经济的补给方法，因此随着研究的深入，对更长远目标的需求出现了，即建立一个带节点的系统，"就像太空中的铁路一样"，穆勒说，这样就不需要一次性将所有物品由地球送入太空了。近地轨道上的空间站将成为第一个节点；环绕月球的第二个节点由轨道间转移飞行器和登月飞行器充当；第三个节点是火星节点，使飞行器能够从地球轨道转移至火星轨道，并且与从近地轨道转移到月球轨道相比不需要消耗更多的能量。显然，该系统仍在强调想要降低成本必须有完全可重复使用的航天器这一结论。

韦布将制订 NASA 长期计划的责任交给了霍默·纽厄尔，后者成立了一个计划指导小组，由 12 个工作小组和来自各个计划管理办公室的代表组成。每个小组会选择某种方式处理载人飞行事宜。但最终，纽厄尔并没有制订出在整个 NASA 范围内的长期计划，穆勒评价："我们观察了一段时间"，没看到任何成果，"主要是因为想达成一致就必须有所妥协"。佩因后来意识到纽厄尔无法拿出可行的计划，穆勒也说，不久之后"能明显看出来纽厄尔的计划根本不能算是计划"，他实际上只列出了七八个不同的、无法被整合的独立项目。"他们为每个人规划，但不是很一致。"就在这个时候，穆勒开始制订一个综合计划，以解决"每个人的问题，并以模块化的方式进行设计，以方便后续调整"。穆勒根据纽厄尔的工作小组列出的需求清单，委托贝尔通信公司和 NASA 各中心的高级计划小组进行规划，准备以最经济的方式满足这些需求。他说，载人航天科技咨询委员会"向我提出了挑战，要我设法找到一种做计划的方式，能满足全部不载人的太空目标"。他先定义目标，然后"寻找一种经济的、能实现每个人愿望的方式"。最后，他制订了"涵盖所有基本内容"的"一个尽可能完整的计划"。

1969 年 4 月中旬，在肯尼迪航天中心，穆勒召集载人航天办公室的主管们召开了一次场外会议。会上他估计，要实现他的长期综合计划，需要在接下来的 6 年每年投入约 50 亿美元。尽管他将土星 5 号的飞行次数限制在了每年 3 次，还提出翻新和重复使用阿波罗飞船，这一数字还是超出了 NASA 的预算安排。但穆勒认为花更多钱是"合理的"，他还建议成立一个 NASA- 空军联合计划管理办公室，这样在NASA 自己的预算之外，还可以从别的渠道争取更多资金用于开发航天飞机。穆勒希望由马歇尔航天中心领导设计工作，这是他又一次表达了比起休斯敦载人航天飞行器中心对马歇尔航天中心的偏爱。然而，查尔斯·马修斯主张由多个中心共同参与，因为航天飞机项目中的空气动力学部分涉及多种技术，并且他提醒穆勒，纽厄尔对载人航天办公室制订的计划非常不满，抱怨它没有包含足够的空间科学研究。因此，穆勒决定让这个长期综合计划涉及更多空间科学方面的选择，他说，"这是我们唯一没有尝试过的事情"，并且"我们应该先谈论科学，硬件是次要的"。NASA 需要在计划中把所有事情绑在一起，这正是穆勒所做的——把其他所有项目都整合到某一个项目中。"换句话说，明智的做法是审查已有的项目，以了解我们的长期综合计划对其能有多少支持……并把我们的计划和 NASA 原有的计划结合起来。"

贝尔通信公司将研究报告初稿交由马修斯和穆勒审查，并提交了一份关于如何利用月球任务成果的草案，提出应基于现有技术开发两个新项目：空间站和低成本的物

迎难而上：乔治·穆勒与 NASA 载人航天计划的管理

流运输工具（以使空间站在经济上可行）。贝尔通信公司在提议中强调，新的太空运输系统要做到完全可重复使用，以尽可能降低成本，并在地球表面和近地轨道之间、近地轨道和月球轨道之间、月球轨道和月球表面之间使用几种不同的飞行器。他们设想在近地轨道、地球同步轨道、月球轨道和月球表面运行 4 个空间站。阿波罗应用计划中的轨道工作站将于 20 世纪 70 年代中期被一个半永久空间站取代，该空间站初期可容纳 6 名宇航员，可自主运行两年或更长时间，还能通过模块组合进行扩建。航天飞机最多可携带 12 名机组人员，将由一个核动力级搭载一个太空拖船作为乘载室。系统使用的还是土星 5 号，它有能力把空间站模块和核动力航天飞机送入近地轨道。该计划经多次修改后，最终由载人航天办公室于 1969 年 7 月 10 日公布，命名为《太空利用和探索综合计划 1970—1980》。

与此同时，NASA 一直在为为期 8 天的阿波罗 10 号任务做准备，NASA 希望在月球轨道上测试登月舱。任务开始后，登月舱与指令服务舱分离，进入近月点高度为 15 千米的椭圆轨道。由于登月舱还不具备着陆能力，因此它直接抛弃下降级，由上升级携带 63% 的最大燃料负载以模拟从月球表面起飞后在该高度的重量，然后执行登月舱和指令舱交会。机组成员都是参与过双子星计划的老手，托马斯·斯塔福德是指令长，尤金·塞尔南是登月舱驾驶员，约翰·扬是指令舱驾驶员。与阿波罗 9 号一样，这次任务实现了所有的目标，又一次并且彻底证明了月球轨道交会的可行性（幸运的是这次没人患"太空病"）。1969 年 5 月 26 日，阿波罗 10 号在太平洋溅落，为 7 月的阿波罗 11 号（任务 G）扫清了障碍。

关于阿波罗 9 号和 10 号，穆勒写道："幸运的是，两次任务几乎都没遇到什么问题。运气好的 3 个原因是每个子系统都经过了大量地面试验，模拟演习为机组人员营造了飞行各个阶段的高保真训练环境，再加上关键的设计评审……这在试验和模拟中是绝对必要的。"不过，飞行软件方面的问题仍在威胁关键路径，这推动了现有软件的进一步开发。鉴于其关键性，穆勒亲自领导了一个软件审查小组，该小组用 9 个月的时间开发了相关技术，解决了可能推迟登月的软件问题。

载人航天科技咨询委员会和总统科学顾问委员会空间科学和技术小组的成员前往肯尼迪航天中心见证了阿波罗 10 号发射。这两个咨询委员会举行了联合会议，穆勒在会议上介绍了他的长期综合计划以及航天飞机联合任务小组的工作。他强调，

NASA 已经直接与国防部合作来管理航天飞机项目，并且空军会参与全部的项目策划和审查。国防部对航天飞机感兴趣，但对空间站兴味索然（事实上，空军的载人轨道实验室项目正在被取消的边缘，因为卫星技术已经发展到可以实现当初对载人轨道实验室的设想，使该项目没什么存在的必要了）。穆勒说长期综合计划旨在实现地月空间内的低成本运输，地球和月球轨道上的空间站将作为低成本且可重复使用的航天飞机的转运站，以支持科学、技术和应用。它们将成为"载人行星任务的基石"，并且之后寿命较短的轨道工作站将被寿命长达 10 年、可容纳 6 至 12 名宇航员的空间站所取代。但不幸的是由于预算削减，阿波罗应用计划中轨道工作站相关工作的开始时间被推迟了至少一年。

　　1969 年 5 月 27 日，在对后阿波罗计划的内部审查中，穆勒发现 1970 财年的资金限制加剧了一系列困难。此外，土星 1B 号湿工作站的设计遇到了严重的问题，比如因为自身过重而限制了装载空间，若将其替换为干工作站可以解决大多数问题。在研究了替代方案后，穆勒同意更换，但他设定了一些基本要求，即必须与湿工作站能做的实验相同，并且资金、进度、地面支持要求以及土星 5 号的生产成本必须保持不变。6 月初，获得佩因同意后，穆勒提议使用一个名义上分配给阿波罗计划的土星 5 号助推器来发射干工作站，并在阿波罗应用计划的第二次飞行中发射阿波罗望远镜装置，这样就取消了一次土星 1B 号发射，一定程度上解决了问题。正如 NASA 官员威廉·施奈德（William C. Schneider）对该计划的回顾："1969 年 7 月，在花了一段时间深入权衡利弊后，他们决定转为干工作站配置。"因此，当穆勒离开 NASA 时，阿波罗应用计划拥有了"一个坚实的技术基础，并在实现成本及进度目标方面前景良好"。

1969 年 5 月 30 日，穆勒又一次来到伦敦，在英国星际航行协会的一场会议上发表了讲话。此时距阿波罗 11 号发射还有 6 个星期，穆勒表示："这将是人类在历史长河中第一次踏足太阳系中的另一颗星球，旅行的里程数已无法衡量其意义，3 天后他们会到达目的地，人类将在那儿开启最伟大的冒险之旅。"他把几百名科学家、几千名发明家以及成千上万技术人员和工人取得的成绩，归功于"所有年龄段、所有国家的人"，"最后的胜利"属于人类。这能为人类的未来奠定基础，之后，人们将在月球建造基地，在近地轨道建造空间站，以及生产出将乘客、机组人员和货物运送到空间站和月球的航天飞机。他说，新的太空运输系统已经取得了很大进展，"远远超出了我的预期"。预计在年底前到期的研究合同将带来新的航天器，并使其以比现在低至少一个数量级的成本往返地球轨道。虽然航天飞机的全面运行仍需要开发新技术，但是已经出现了一些关于可重复使用设备的有趣设计。"如果我们坚持不懈，我相信第一架航天飞机可以在 7 年内投入运营，并且在这 7 年中，世界上将会有比现在多得多的国家渴望开展他们自己的航天事业……所有这些因素协同作用的结果已经超出了我们的预测能力。"

1969 年 6 月中旬，回到洛杉矶的穆勒同一群电气工程师谈到了太空计划中计算机的作用，这是他目前特别感兴趣的一个领域。他以此为主题写了几篇文章，称计算机是"整个太空计划的少数几个基本要素之一"。在水星计划期间，计算机机群能以每分钟一百万次的速度运算；而到了阿波罗计划期间，计算机系统的工作能力暴涨了约 50 倍——达到每秒百万条指令的速度。他说，计算机会做"越来越多的工作，帮助我们解决这个时代的一些重大问题……提高计算机运算速度是另一种显著提高效率的方式"。随后他指出，NASA 即将在一个月内尝试首次登月，随着登月完成，"载人航天工程将步入新的发展阶段……进入一个运营更加成熟的时期"。到 20 世纪 80年代，土星 5 号仍将作为太空计划的主要组成部分，但为了使其更具成本效益，必须进行简化，降低复杂性，从而降低成本。这意味着要减少航天器的地面工作，并增强内部系统可靠性，增强自检能力。而利用近地轨道空间站可以减少试验发射次数，同样能够降低载人航天成本。太空运营的主要成本还包括物流成本，这可以通过开发地球和近地轨道间的低成本运输工具来优化。未来，地球和太空节点之间的常规运输将成为长期需求，所以人们应保证这些运输工具完全可重复使用，并建造一个低成本的可重复使用的运输系统。现有技术已足以建成这类系统，但需要开发能优化发射过程的新技术——当前土星5号的检查和发射需要两万人为其服务，穆勒希望航天飞机能够大大简化。此外，电子技术的重大突破将成为帮手，而为了"从电子技术的进步中获取经济效益，需要为每个子系统和'黑匣子'设计自检功能"。

1969年6月24日，穆勒与佩因一起审查了他的长期综合计划。该计划确保了载人航天工程将在阿波罗计划完成后继续展开，并通过消除所谓"载人与不载人之间的界限"，综合实现科学、应用和工程方面的目标。计划的第一个策略包括尽量不安排新的开发工作，限制成本，并依靠紧缩的预算生存数年。第二个策略要求实现完全可重复使用，尽管这会增加短期支出，但长期来看能起到节约的作用。可重复使用性不仅体现在人类由地球前往近地轨道这一过程中，还体现在轨道间的转移以及从地球轨道飞往月球的过程。宇航员可以进驻在月球极地轨道（距月球表面100千米）上运行的空间站，然后乘坐着陆器登陆月球，进行广泛探索，在长达14天的月昼结束后安全返回空间站。此外，穆勒指出："我们并不想淘汰无人卫星"，因为考虑到经济和其他因素，还有很多用得着它们的地方。虽然穆勒的计划没有涵盖人类直接探索太阳系的内容，但在计划中获得的能力将"直接适用于载人行星探索"，这意味着一旦初步投资就绪，他们就可以研究出方法，能有助于在未来开展低成本的行星际飞行任务。

在该长期综合计划的实施过程中，只有在上一阶段完成后，才会确定实施下一阶段，这为计划赋予了弹性。计划第一阶段是阿波罗计划的延伸，人们将在月球轨道上建造基地；基地建成后，到了第二阶段，他们预测会有一些有趣的发现；第三阶段则强调月球表面探索。紧随其后的是行星探索，不过穆勒指出，应该先使用无人卫星（20世纪70年代），再开展载人任务（预计要到20世纪80年代），在众多行星中他尤为关注火星。穆勒还称，阿波罗计划之后，他们将着手在近地轨道开展空间科学和应用任务，首先从阿波罗应用计划开始，随后通过航天飞机和空间站这两项重大工程继续推进。他的这份长期综合计划要求每年有 60 亿美元的经费，然而现在的问题是，NASA 申请的 1971 财年预算却只有不到 40 亿美元。因此穆勒与佩因讨论：
"考虑到层出不穷的美国社会问题，我们是否应该推进这项每年需要 60 亿美元的太空计划……还是在向总统提议的时候压缩到 45 亿或 35 亿美元，然后我们自己节衣缩食？"当佩因问他是否只考虑长期计划而忽视了近在眼前的预算短缺问题时，穆勒回答："我的意思是……我们应该非常努力地争取 60 亿美元的资金水平。太空计划已经深深根植于美国梦之中……从长远角度看，总统不应该去支持其他领域靠不住的活动。"

1969 年 7 月 3 日，穆勒在卡纳维拉尔角新闻俱乐部发表讲话，他宣布 NASA 刚刚"非常成功"地完成了阿波罗 11 号的点火倒计时模拟试验，预计于 7 月 16 日正式发射。接着他话锋一转，说他真正担心的是阿波罗计划完成后载人航天的未来。因为根据现有的进度表，阿波罗计划将于 1972 年结束。总统的太空任务小组研究了阿波罗计划后的安排，这让穆勒"和许多朋友一起……在过去的几个月里，花了大量时间研究为了制订明智的长期计划而要解决的基础问题"。他提到了可重复使用的航天飞机和空间站（可重复设备的开发费用将与整个阿波罗计划相当），并对记者们说："我对此充满热情。"记者提问的范围很广，从后续计划对 NASA 人力资源的影响到所需新设备的特性，而穆勒回避了有关行星探索的问题，并解释说"我们没有为宇航员探索行星专门安排项目"，但 NASA 会继续开展研究，"航天飞机的一个非常吸引人的地方在于，一旦你造成了，它将同样适用于后续的行星际旅行"。但是，他拒绝声明 NASA 有将宇航员送往火星这一目标。

按照几个月前就制订好的方案，阿波罗 11 号在 1969 年 7 月 16 日上午 9：30 左右起飞，宇航员为尼尔·阿姆斯特朗、小埃德温·奥尔德林和迈克尔·科林斯（都是来自双子星计划的老手）。宇航员们一直观察着飞船内部的设备和显示器，发现噪声比预想的要小，而且飞行过程也比双子星 – 泰坦号更平稳。随后，经过级间分离，土星 5 号第三级进入了预定轨道；待月地转移入射工作准备就绪，S-IVB 上的 J-2 发动机二次点火，将阿波罗 11 号送入月球轨道。穆勒一直保持着站立姿势（见图 10-1），他不住地想："它能成功吗？有成千上万个地方可能出错，会是哪一个？"当然我们现在都知道，整个登月过程是比较顺利的。但后来在人们讨论阿波罗 13 号时，穆勒曾回忆阿波罗 11 号任务，他强调道："当时哪怕是一个简单的小错误也有可能引发灾难。"随后，他露出笑容，缓解了现场的紧张气氛（见图 10-2）。

图 10-1　1969 年 7 月 16 日，阿波罗 11 号发射期间的乔治·穆勒（NASA 照片）

　　　　　　　　迎难而上：乔治·穆勒与 NASA 载人航天计划的管理

图 10-2　1969 年 7 月 16 日，阿波罗 11 号成功发射后的乔治·穆勒（NASA 照片）

全球有数百万人观看了发射，宇航员从太空传来彩色电视的画面，画面上显示地球正在远去。副总统在卡纳维拉尔角举办了新闻发布会，并告诉记者，他支持在本世纪末让人类登陆火星这一新的国家目标。然而，据《纽约时报》报道，参议院多数党领袖迈克尔·曼斯菲尔德（Michael J. Mansfield）"立即排除了在地球上的问题得到解决前进一步探索太空的可能性"。在阿波罗 11 号发射后，穆勒得到了公众的广泛关注。当各大报纸盛赞阿波罗 11 号背后的人物时，经常提到穆勒、菲利普斯以及中心主任们。《圣路易斯环球民主报》和《圣路易斯邮报》发表了长篇文章，并在文章中引用了这位圣路易斯之子[1]的话，《华盛顿邮报》《芝加哥论坛报》、伦敦《泰晤士报》及其他许多报纸和杂志也是如此。

1　穆勒是圣路易斯人。

伴随着阿波罗 11 号的发射，穆勒也迎来了自己的 51 岁生日。同事们为他举办了一个惊喜派对，这被他称为在 NASA 最大的收获。"很多人赞赏了我的工作，"穆勒说，"那时团队充满了友情。所有人都团结在一起，那是一个真正的共同奋斗的队伍。"那天，回到酒店后，穆勒听到人们说着"生日快乐"！"萨姆·菲利普斯和空军人员一起组织了这一切，"他回忆说，"毫无疑问，这是一个高潮。你知道我完全没想到。我当然也想过发射时间正好是我的生日。而且我一直怀疑菲利普斯故意把它推迟了一天，以至于正好是在我生日当天，但我事前并不知道……这太棒了。"

任务开始 3 小时后，迈克尔·科林斯将指令服务舱与 S-IVB 级分离，并完成了取回登月舱所必需的机动操作。飞船进入预定月球轨道的过程也很顺利。机组人员将指令服务舱命名为哥伦比亚号，登月舱为老鹰号。美国东部时间 7 月 20 日下午 4 点左右，老鹰号在月球表面着陆。当老鹰号开始降落时，阿姆斯特朗的心率由平常的每分钟 70 到 75 次飙升至每分钟 110 次，在着陆时则达到了每分钟 156 次。45 分钟后，他的心率仍保持在每分钟 90 次。穆勒说，阿姆斯特朗有充分的理由出现心跳加速，因为"阿波罗 11 号的着陆'把所有人都要吓死了'"。它差点演变成一场灾难，"所以任务控制中心并没有多少欢呼声。我们确实离失败只有一线之隔，虽然形式上不是人们通常想象的那种灾难"。

穆勒称这次着陆是"令人着迷的时刻"。他坐在任务控制中心旁的一个小房间里，"倾听，倾听，再倾听，思考他们能不能着陆"。着陆实际上用时很短，但他说："他们着陆时我脑海里已经设想了所有让我担心的事情。那是一个令人痛苦的时刻。"着陆的最后阶段非常棘手，宇航员当时位于一个被称作"dead man's box"的地方，在那里登月舱因为位置太低而无法中途返回，很可能会在完成级间分离前撞到月面。不过总的来说，穆勒觉得最紧张的时刻还是在发射阶段，因为"所有设备都在那儿，但凡出任何问题都会带来大麻烦……甚至可能炸毁半个卡纳维拉尔角"。着陆后，机组成员走出登月舱，花了大约两个半小时收集土壤和岩石，插上美国国旗，放好纪念牌，接听总统来电。之后他们返回登月舱，在起飞前睡了一会儿。宇航员在月球表面总共停留了约 21 小时，然后他们驾驶老鹰号升空，与独自绕月飞行了一天的迈克尔·科林斯会合。

登月成功后，《纽约时报》刊登了一篇穆勒撰写的关于长期综合计划的长篇文章。文章中写道："阿波罗计划的胜利……仅仅是一个开始，它带给我们去做遥不可及的美梦的信心，以及让梦想成真的知识。"他用几乎整整一页的新闻纸，描述了使用新的太空运输系统来探索月球和行星的计划。在文章最后，他总结道："我们将利用目前人类对未来载人航天工程的两个重大进展，一是长期载人空间站，二是穿梭于地球与太空之间可重复使用的运输工具。"当时他接受了大量采访，除了阿波罗 11 号，他还谈及载人航天的未来。他希望人们专注于未来而不是现在，因为"有一种普遍的倾向认为阿波罗 11 号或 12 号会是载人航天的终点，我想尝试扭转这种想法，让大家知道这只是太空活动的开始"。

　　老鹰号与哥伦比亚号成功对接后，经过休整，机组人员启动了服务舱推进系统，开始返回地球。他们于 1969 年 7 月 24 日携带约 22 千克重的月球物质在太平洋海域大黄蜂号航空母舰附近溅落。穆勒出席了休斯敦载人航天飞行器中心的庆祝活动。正在环球旅行的尼克松总统在大黄蜂号上欢迎了宇航员，并在后来说阿波罗 11 号是"我当选总统的第一年里发生的最激动人心的事件"，他还自称为阿波罗计划因缺乏广泛支持而落幕感到遗憾。但穆勒不觉得这位新总统看好载人航天工程，他会利用它实现个人目的，但不会支持它，因为"它不是现在启动的，或者说不是在他的任期内启动的"。

　　佩因想向为成功登月做出直接贡献的"十二佳"人物致贺，他要穆勒和菲利普斯都列一份名单。穆勒提供了 13 个人选（见表 10-1），大多数是众望所归，只有个别名字有些出人意料。他亲手写下了这份名单（排序不代表贡献大小）。在 40 年后重新看到这份名单的复印件时，穆勒称赞他们"是一群非常有能力的人，我想我们很幸运能在正确的时间拥有这些正确的人"。

表 10-1　阿波罗计划的"十二佳"杰出贡献者人选（1969 年 8 月 8 日）

人名	评价
菲利普斯	"我们拥有过的最好的经理"
乔治·洛	"伟大的组织者和管理者"
谢伊	"在工程领域近乎是天才，也是真正的领导者之一"
埃伯哈德·里斯	"一个伟大的人，也是打造土星 5 号的关键人物之一"
冯·布劳恩	"杰出的工程师……不仅是管理者，还是一个领导者"
吉尔鲁思	"他的父亲形象非常重要……否则我们就解雇他了"
德布斯	"为火箭事业而生的人"
威廉·伯根	"他来到北美航空公司并拯救了"指令服务舱
乔治·斯托纳	"可能是波音公司最富有才华的工程师之一"
鲁迪·理查德	"我们在马歇尔航天中心非常出色的工程师之一"
鲁道夫	"他是……一个主要的贡献者"
克拉夫特	"他在组织保障方面做了大量工作"
佩特龙	"他是切实推动卡纳维拉尔角建设的人，和库尔特是罕见的组合"

但是，"还有 100 个我想说的名字……罗伯特·弗赖塔格是我们和国会的中间人，他非常重要。鲍勃·西曼斯也没有得到应有的赞誉，尽管他确实做出了一些贡献……12 个名额实在是太少了"。载人航天办公室的全体员工都值得被肯定，其中贝里是"一个关键参与者"，贝尔通信公司的总裁约翰·霍恩贝克（John A. Hornbeck）同样是"一个重要角色"。尽管"北美航空公司还有其他非常重要的成员……但拉尔夫·鲁德应该榜上有名"，格鲁曼公司的约瑟夫·加文也是如此。"正如我所说，这份名单太短了。这种时候你总是容易犯错误。但我不会收回我写的任何名字。"随后穆勒还补充道："我本应该把本尼·施里弗加上的。"

1969 年 8 月 6 日，穆勒再次在国家航天俱乐部发表讲话，参会的还有坐在上首处的 3 位中心主任。穆勒首先对整个团队的工作表示赞赏，然后说，NASA 正打算再安排 9 次阿波罗飞船飞行，希望能够在"前进的过程中发现新奇的、令人激动的事物，以促使我们继续开发阿波罗计划的价值，对月球表面的更多地方进行探索"。他预测空间站将发挥实验室功能，并且航天飞机可以在地球和月球轨道上的空间站之间穿梭，把空间站作为终点站或燃料补给站。他还希望土星 5 号当前的有效载荷发射成本（每千克 2000 美元）能再降低一到两个数量级。在描述了长期综合计划的这些要素后，他还说，通过太空任务小组，尼克松总统已经"认识到有必要针对人类在太空中的未来做出决定"，但"最终仍然是民众……决定了人类能否'大跨越'到行星探索"。

1969 年 9 月初，在洛杉矶举行的一场电气电子工程师学会会议上，在向登月贡献者表示感谢后，穆勒很快将话题转向了未来航天的"两个关键概念"：可重复使用性和通用性。NASA 的长期计划将消除载人和无人航天的分歧，因为"它们实际上已经合成了一个旨在进行月球探索、地球轨道应用，以及行星探索的统一计划"。人类在月球任务中很有可能发现许多"新奇的、令人激动的事物"，因此 NASA 将需要制造更多的探月设备，宇航员则可以乘坐可重复使用的登月飞行器，从轨道空间站降落到月球上任一点。为了在地月空间为地球上的人创造收益，NASA 可以在近地轨道上建立一个搭配可重复使用航天飞机的空间站，以用更经济的方式往返于地球表面。有了这样一个系统，NASA 就可以发展探索行星的能力，包括火星探索。穆勒根据阿波罗计划的经验预测：1979—1989 年，将会有超过 100 人居住在空间站和月球基地，并由一支航天飞机舰队进行补给并且维护卫星。如果 NASA 的行动足够迅速，第一批宇航员将在 1981 年出发前往火星。到 1989 年，"我预计人类已经在月球上建立了第一个'殖民地'，在火星上建立了第一个永久基地，并且开始飞往更遥远的行星"。

总统的太空任务小组在 1969 年春夏召开研讨会，以 NASA 的 1971 财年预算为基准研究下一步计划，穆勒也在 1969 年 5 月向其简要介绍了他的长期综合计划。然而，穆勒后来称，尼克松总统在遏制 NASA，因为他不希望副总统或太空任务小组"在政治上脱离他的掌控并发展自己的势头"。如穆勒描述，弥漫在整个美国的动荡氛围使得"开启一个美妙的新太空计划"显得不合时宜。NASA 缺乏国会的支持，并且战争耗尽了国家资源，大学校园和主要城市也发生了暴乱，规划未来的太空活动并不是新政府议程的"首要主题"，尽管"这可能是他们本可以做的最好的事情"。蒂格告诉穆勒"现实情况是我不能给你更多钱了"，虽然穆勒自称"跟国会的关系足够融洽"，但预算局一如既往是绊脚石，他们只关注明年的预算，从不做长远打算，并且除了计算要花多少钱外，他们对航天也不感兴趣。

NASA 在 1969 年 9 月向太空任务小组提交的正式报告以长期综合计划为基础，佩因将其命名为《后阿波罗太空计划：未来发展方向——美国在太空领域的下一个十年》，该报告包含了穆勒规划的一切，甚至更多。报告希望持续增加 NASA 预算，使其在 1976 财年达到峰值，届时预算将超过 100 亿美元，随后在 20 世纪 90 年代下降至 80 亿美元以下。1969 年 9 月 15 日，太空任务小组发布了自己的报告，称"我们得出结论，关乎国家未来的前瞻性太空计划应包括继续开展载人航天工程，太空会不断提供新的挑战，不断满足人类与生俱来的探索极限的欲望"。他们不希望制订一个速成计划，但还是在总结中说："通过阿波罗计划的成功和其他方面的成就，NASA 已经证明了其组织能力和技术实力，为了在未来 15 年内登陆火星……载人火星任务应当被视为太空计划的长期目标。"该报告列出了一系列强调通用性、可重复使用性和经济性的计划目标，并推荐了 3 个计划方案，每个方案的预算不尽相同。尼克松总统的决定是在穆勒离开 NASA 后不久宣布的。与太空任务小组的提议背道而驰，从总统收到报告的那一刻起，NASA 的预算随时都面临着可能被削减的困境。

1969 年 9 月底，穆勒向肯尼迪航天中心的高级职员们描述了 NASA 的长期综合计划。他认为，降低载人航天成本需要制造以快速周转和高可用性为特点的发射设备。"实际上，我们正试图让太空运输系统实现与航空公司类似的运营模式。"太空运输系统将允许人类在 20 世纪末开始行星探索，"我们的目标之一是太阳系"。计划要求在 20 世纪 80 年代前制造 4 个新的航天器，随后再制造 1 台星际旅行车。计划的第一步仍然是轨道空间站，而当航天飞机能够全面运行之际，一次性火箭将被淘汰。到 20 世纪 80 年代，将有多达 300 人在太空生活和工作。穆勒坚持认为这可以在现有的预算范围内完成，只需要增加资金的回报率即可。并且如果政府采纳了该计划，那么预测"在未来 20 年内，地球上需要的工作人数可以大致保持不变"，而投资回报将增加"至少 100 倍"。NASA 内部已经通过了这个跨越未来两个 10 年的计划，太空任务小组也表示可以在计划部分修改（包括删除某些活动和将部分项目推迟一年）后接受。不过，修改后的计划还是包含了 NASA 看重的所有要素，这为"国家和所有 NASA 成员描绘了美好的未来"。

穆勒曾经解释过，组织是计划成功的秘密。他重组了载人航天办公室，以对管理界面进行限制和明确定义；整个 NASA 都采用了在总部设立计划管理办公室、在中心设立项目管理办公室的方法，这也使得长期综合计划的贯彻更加容易。穆勒的长期综合计划第一批听众并不是太空任务小组，他为制订计划所做的努力"与之相反，其开始时间要远远早于 NASA 决定规划之时"。穆勒的动机是巩固和开发阿波罗计划创造的价值，提供一个有意义的后续计划；而设计初衷则是把 NASA 的所有人都集中到一个统一的长期综合计划中。

　　穆勒考虑离开 NASA 已经有一段时间了，在 1969 年 8 月，他更公开地表露了自己的意愿。他写信给熟悉的各大公司 CEO，提到他想找一个运营职位。他从没有申请工作，相反，他邀请别人为其提供"建议"，但几家公司立即表达了兴趣并发出工作邀请。很快穆勒与他们进行了几次讨论。到 10 月中旬，他已经收到了一些具体的工作邀约，其中一份来自通用动力（General Dynamics，GD）公司的 CEO 罗杰·刘易斯（Roger Lewis）。为此穆勒开始权衡利弊，找朋友讨论。当信息收集工作完成时，他已经积攒了几本厚厚的笔记和信件。穆勒最终选择了通用动力公司。10月 13 日，他向佩因递交了手写的辞职信，信中写道："由于个人的迫切需求，我想在近期离开 NASA。"一旦做出了决定，他希望能尽快开启新事业，并要求在 11 月 10日卸任，在 12 月 10 日终止聘用关系。他在最后写道："我很遗憾将要离开 NASA 和许多朋友，相信我，我仍将尽我所能在未来支持太空计划。"佩因询问他是否愿意留下来当副局长，但穆勒"告诉他我不认为这是一个好主意"。

穆勒在 NASA 期间一直活跃于多个技术协会，他经常参加会议，发表讲话，并为杂志撰写文章。不过他没有为政府委员会工作过，也没在其中担任官方职位。他与在 20 世纪 40 年代初次加入的电气电子工程师学会和在 20 世纪 50 年代就成为其中一员的美国航空航天学会关系最为密切。在 1969 年，穆勒成为美国航空航天学会国际合作委员会成员，该委员会与国际宇航联合会（International Astronautical Federation，IAF）和国际宇航学会都保持着密切合作，后两个团体每年都会组织国际宇航大会，穆勒自 20 世纪 50 年代末就一直参加。1969 年，美国航空航天学会选择穆勒作为代表出席在阿根廷马德普拉塔举行的国际宇航大会，因此他在 10 月份递交辞呈后不久就动身前往南美洲，那时他辞职的消息还未公之于众。穆勒在此次大会上做了主题演讲，描述了阿波罗计划和 NASA 的长期综合计划。在全体会议上，代表们选举他为国际宇航联合会的 4 名副主席之一，另外 3 名副主席分别来自比利时、苏联和阿根廷。穆勒后来回忆，这些会议是与苏联代表"交换信息的场所之一"，他们"可能比在其他任何地方更能自由交谈……所以从这个意义上讲，参加会议是有价值的"。他回忆起与苏联科学院（Soviet Academy of Sciences）副院长弗拉基米尔·科捷尼科夫（Vladimir A. Koteloikoff）的谈话，科捷尼科夫向穆勒提到了苏联的航天飞机，并说："我们的项目至少不比你们的差。"这对冷战时期的对手后来都加入了国际宇航学会，并结为好友。

结束阿根廷之行后，穆勒开始了欧洲巡回演讲。1969 年 10 月的最后一周，他在阿姆斯特丹的国际航空运输协会（International Air Transport Association）发表了作为 NASA 官员的最后几次演讲之一，演讲内容是他这一整年都在传达的信息——"人类之前从未有这样的机会，能有意识地决定前进的道路，能够改变全人类的未来。"他还问道："我们是要选择这样一条道路，即把整个太阳系变成地球人的'殖民地'，还是转身离开？"如果选择前进，那么国际合作是必需的。穆勒还将如期登月和低于最初预估值的最终成本归功于全机试验，除此之外，正是全机试验使土星

5 号火箭能在第三次飞行中搭载宇航员并执行首次月球轨道飞行任务。他还谈到了对完全可重复使用航天飞机设计方案的研究，虽然某些技术领域还存在问题，但他预计六七年后人们就可以使航天飞机飞行。他不清楚航天飞机项目需要花多少钱，但估计仅研发一架原型机就需要 60 亿美元。随后，他介绍了 NASA 长期综合计划中的太空运输系统，说"它需要的资源类型与阿波罗计划类似"，并且是"计划的关键……是人类打开太阳系的钥匙"。

1969 年 11 月，穆勒为《航天与航空》杂志撰写了一篇文章，并简单起名为《综合太空计划 1970—1990》，这是穆勒在离职前最后几次为载人航天争取支持的行动之一。他写道，"在我看来，摆在我们面前的是人类历史长河中最伟大的决策点之一"，这一决策能够"改变全人类的未来"。随着登月目标的实现，"可以决定是否利用其潜力造福全人类，以及是否应扩大人类的活动范围，使地球人真正成为太阳系的公民"。他还谈到了实际收益、科学进步和对月球资源的利用。"我们要做的决定关乎下一步行动——建立一个低成本的运输系统"，以允许人类探索太阳系，并持续研究能利用太空资源促进科学、技术和经济发展的方式。实现这一目标的主要障碍仍然是高昂的航天成本，但"幸运的是我们从阿波罗计划中学到的足够多，可以使我们在资金紧张时期设计出一种成本大大降低的系统，从而增加每一美元带来的航天收益"。他写道："该长期综合计划反映了一个新的战略，即通过大幅降低成本显著提高费效比，并且更加重视科学实验、科技应用和对太阳系的探索。"他在最后总结道："该计划在 20世纪 70 年代的花费应该与 20 世纪 60 年代对 NASA 太空计划的投资相当。"

《华盛顿邮报》在 1969 年 11 月 1 日爆料了穆勒辞职的消息，称他将于从欧洲回国后辞职，并说这在华盛顿已经是公开的秘密了。该报称，穆勒除了负责载人航天飞行，还是 NASA 在国会的首席说客，在佩因来 NASA 前，其实穆勒有望成为副局长。美联社也传播了这一消息。《国际先驱论坛报》在欧洲发表了报道，称穆勒"曾两次与副局长之位失之交臂"，并且"这几个月来一直说要离职"。也许是因为穆勒当时正好在欧洲，从芬兰到西班牙的报纸都刊登了他要离开 NASA 的报道。

回国后穆勒递交了第二封辞职信，11 月 10 日，NASA 公开了消息，宣布聘用的终止将于 12 月 10 日生效。随后穆勒接受了通用动力公司负责企业发展的副总裁一职，并利用在 NASA 的最后几天时间写信婉拒了其他工作邀请。关于为什么选择通用动力公司，穆勒说："我一直对通用动力公司的工作印象深刻……我曾参与他们的弹道导弹计划，所以我认识那里的很多工程师。而且在我看来，它是一家更有前瞻性的公司。"罗杰·刘易斯"花了很多时间与我交谈，说服我相信通用动力公司的未来。如果其他一些公司也有同样的说服力，可能最后结果就不同了"。

在穆勒宣布辞职后不久，他私下告诉罗伯特·谢罗德："我已经履行了政府赋予我的职责。"他承认，在 NASA 的工作比在工业界有趣，尽管他面临的是"需要耗费我全部精力的任务"。40 多年后，穆勒坦率地描述了自己为什么要离开 NASA："我们已经在月球上着陆，我也完成了一开始我想要做的事，并且……NASA 的未来看上去并不那么光明，已经做出了政治上的决定，要……停止阿波罗计划。那就是为什么他们正在关闭 NASA 的大部分业务。"他还挖苦道："你几乎做不了什么能超越阿波罗计划的事。"当初，一系列因素巧妙地组合在一起，为阿波罗计划创造了必要的支持环境，现在它们已经不复存在了。肯尼迪总统如果还活着，都不一定会坚持登月，没准儿会因为其他优先事项宣布放弃，或选择只飞往月球而不登陆，这都是有可能的。即使他曾承诺要登陆月球，并让美国民众接受了这一想法。然而，一名枪手暗杀了他，出于纪念的目的下一任总统约翰逊决定继续执行阿波罗计划。"从这个意义上讲，阿波罗计划被赋予了强大的力量，因为这一目标从欢呼中诞生，中途总统的去世又在'欢呼者'的记忆中刻下了烙印。"从某种角度说，对肯尼迪的纪念成为了动力，这对阿波罗计划是"幸运的"。"在华盛顿，最重要的……就是有一套包含里程碑事件的明确目标，以及你正在实现这些目标的证据，这样你就可以在逆境中前进。而如果没有一致的、压倒一切的需求，你就很容易分心，乃至最后一事无成。"

1969 年 11 月 14 日，穆勒最后一次以 NASA 官员的身份前往肯尼迪航天中心观看土星 5 号发射。NASA 把阿波罗 12 号定为任务 H，用约瑟夫·谢伊的话说，这是一次"极简的"着陆任务，目的只是证明阿波罗 11 号并不是"偶然的成功"。指令长小查尔斯·康拉德和指令舱驾驶员小戈登·库珀都是来自双子星计划的老手，登月舱驾驶员是新人艾伦·比恩（Alan L. Bean）。穆勒在操作管理室观看了起飞过程，而在与发射台一河之隔的贵宾看台上，本书的作者正拿着美国航空航天学会的新闻通行证，与 NASA 的客人和其他媒体同人应酬。黎明时分，白色的泛光灯照亮了土星 5 号，呈现出一幅戏剧性的画面。如今已被人们熟悉的大型数字时钟就坐落在观看区前，上面显示发射倒计时。发射前约一小时，一架大型海军陆战队直升机降落，尼克松总统走出来，沿着观众的队伍走进去，并与每个人握手。天阴沉沉的，下着阵雨，时钟在嘀嗒作响，当数字变成 0 时，短暂的延迟过后，第一级 5 个 F-1 发动机成功点火。在一片跳跃的火光和色彩中，土星 5 号缓缓从发射台升起。大约 15 秒后，发动机巨大的轰鸣声传来。火箭驶入了乌云密布的天空，进入 250 米高的低云层，发动机的光芒甚至穿透了云层。然后，看起来像是闪电击中了火箭，这在后来得到了证实（见图 10-3）。

图 10-3　1969 年 11 月 14 日，阿波罗 12 号遭遇雷击瞬间（NASA 照片）

　　由于附近并没有雷暴发生，因此发射总指挥沃尔特·卡普良（Walter J. Kapryan）决定任务继续，但是当火箭在厚厚的云层中从 2000 米上升到 4000 米时，还是发生了放电现象。闪电击中火箭，灼热的废气流被排向地面，机组人员看到了一道强光。飞船内部警报声响起，警示灯熄灭，电子设备失效。NASA 很快进行了调查，发现为此类放电事故设计的结构联结仍在可承受范围内，但同样受影响的电气系统"在地面试验时就已经表现出对瞬态电压的敏感性"。穆勒在自己的位置上看不到闪电，但听到了雷声。他回忆：飞行器"从地面到它所在的位置运行出了一条传导路径"，这实际上让它变成了一根避雷针。虽然只持续了 1 秒，但"那是很长的 1 秒"，现场气氛"相当紧张"。然而，"康拉德不仅是一名非常优秀的工程师，还是一位相当出色的飞行员。他并没有惊慌，这很不错，换作别人可能会按下逃生按钮"。这是 NASA 发射历史上为数不多的几次宇航员可以选择触发逃生系统中的一次，但正如穆勒所说，"实际上，选择等待更安全"。穆勒将阿波罗 12 号视为"在阿波罗 13 号的氧气罐在太空中发现爆炸前最危险的一次发射……那道闪电可能真的会毁了这次任务。可能是因为我们在火灾后做了很多工作，重新布置了所有的线路，才使它免于失败。令我惊讶的是，虽然遭到了直接雷击，但随后一切都恢复了正常，并且宇航员成功往返了月球"。虽然出现了断电和惯性平台翻滚，但土星 5 号拥有自己的制导和控制系统，火箭仍继续前行，这证明了冗余的成功。

在穆勒的辞职生效前，罗伯特·谢罗德又一次采访了他。1969 年 11 月 19 日，在休斯敦载人航天飞行器中心，他们在等待宇航员执行第二次舱外活动时碰面。在谢罗德看来，既然已经宣布了辞职，现在的穆勒可以"放轻松了"，但他随后记录了自己的失望。"穆勒是我在 NASA 遇到的最令人费解的人之一……没人能否认他很聪明，甚至是他最严厉的批评者小克里斯托弗·克拉夫特也不得不承认这一点。但他从来不主动博取别人的喜爱。"谢罗德写道，有"可靠的报告"称是佩因"罢免了他"。谢罗德的第一个问题涉及了科学家和工程师的争论，这是"现在每个人都在谈论的话题"。穆勒回应说，科学家们感到不安是因为在过去几年里大学的研究经费一直在减少，"科学家很天真。他们习惯向学校而不是政府寻求拨款。他们只想着'我们能否把 NASA 的这个项目去掉'，却没意识到但凡一个项目被削减，之后所有项目都会被削减"。他谈到了工程与科学之争的内部政治因素，并说，"此外，登月后也出现了一些令人失望的情况。很多人难以适应"，这导致一些科学家认为 NASA 缺乏对科学研究的支持而"大发雷霆"。穆勒还表示，中心主任之间的关系在过去 6 年已经得到了改善，他刚来的时候中心主任们还有领地意识，很难在一起共事，不过现在已经大有改观，而且阿波罗 1 号火灾事件把所有人凝聚在了一起。他说："我对现在载人航天办公室和这些中心的关系相当满意。"穆勒将阿波罗计划的成功归功于 NASA 的项目管理体系，以及对全机试验的使用，这降低了成本且加快了进度。他还指出："控制进度的唯一方法就是控制资金。"此外，他称赞了阿波罗执行小组，但据谢罗德说穆勒一离开 NASA 佩因就将其解散了。由于没有其他工作要做，穆勒登上了大黄蜂号航空母舰，在 11 月 24 日见证了阿波罗 12 号在太平洋溅落。

1969 年 12 月 4 日，穆勒在华盛顿召集了手下的高级职员。在还有不到一周离任的时候，他说："我认为，很明显，我们在过去的一年，乃至过去的 6 年里取得了很多成绩。"如果结果是失败的，"这将是一个完全不同的时代（现场响起了笑声）……但从许多方面来看，这些成果本可以更简单、更直接"。穆勒对要离开 NASA 非常不舍，但仍认为现在是"相当好的辞职时机，因为我们已经完成了阿波罗计划……也拟定了未来的计划"。"很难有比现在更好的机会做出离别的决定了。"新计划的实施需要 7 到 8 年的时间，"是时候让其他人有机会从事这项令人兴奋的、充满挑战的工作了"。穆勒已经明白，当一项计划成形之时，与之相伴的就是极大的变动概率，但他仍认为该计划具有"可行的框架和实施方法……捕捉了人们足够多的想象力，它应该能开展下去"。现在计划进展顺利，特别是在"第一个也是最重要的环节——航天飞机"上。有了航天飞机，空间站就会变得至关重要，接下来太空运输系统各部分将各就其位。"因此，从真正意义上说，我们最好让第一个部分启动并实施，其余的部分就会像黑夜后的白天一样随之而来。"此外，正如他在同一周于马歇尔航天中心一次类似的谈话中提到的那样，他发现该计划除了获得美国国家航空航天委员会、总统科学顾问委员会、空军和国防部的支持外，"挺让人意外的是"预算局也表示"原则上"予以支持。

长期综合计划的一个基本假设是同时制造航天飞机和空间站。阿波罗应用计划将一直持续到长期综合计划的下一个阶段（20 世纪 70 年代中期开始），穆勒说："这样做至关重要……所以我敦促明年要为空间站和航天飞机项目留出充裕的资金，以尽早进行各项研究和取舍，从而确保在确定的一段时间后我们能够执行该计划。"他提醒道，计划的成功取决于通用性和可重复使用性。尽管工程师们总是能针对某一特定目标设计出完美的硬件，但计划的成功并不依赖于对单任务的次优化，而是取决于构建能实现多个任务的系统。航天飞机应为灵活性而设计，"像一架货机"（足以将 20 吨的货物送到近地轨道）。同样，对太空拖船和核动力航天飞机的设计应考虑多种后续用途，不能让它们每使用一次就被抛弃。此外，"关于系统和子系统的通用性还有很多方面值得一提"。穆勒在马歇尔航天中心的最后一次演讲中说："我希望土星号轨道工作站能够带领我们……更好地了解如何设计空间站模块。"通过这些努力，我们的后人或许将在其他行星上发现生命，寻找其他行星上的本土高等生物并不是目的，目的是在这些星球上殖民。"我预计，在未来几年，公众的想象力会被人类应该前往火星的想法占据……想象一下人类在火星上迈出的第一步吧。但是，令人难以置信的是，即使技术上可行，我们可能也不会迈出这一步。"

穆勒的工作得到了大量认可，史密斯参议员在参议院的一次发言中赞扬了他，她说穆勒的离开标志着"取得了惊人成功的人类登月计划开端即终结"。史密斯表示："对于该计划取得的巨大成就，穆勒做出了首要贡献。"国家欠他一笔"沉重的债务"。"穆勒博士有一种罕见的本领，可以将高科技的太空计划变成单词、短语和演示，甚至可以让参议院航空航天科学委员会（Aeronautical and Space Sciences Committee）中的非技术人员和非科学家也能理解……他甚至能让我也听懂。"最后她说："我真的认为没人能取代穆勒博士的位置。"

事实证明副总统斯皮罗·阿格纽在白宫的能量有限，他的支持不足以使 NASA 的载人航天计划步入正轨。1970 年 3 月，尼克松政府缩减了太空任务小组的预算提议，推迟了空间站建设，选择制造航天飞机。正如穆勒回忆："当时全国各地都发生了骚乱，如果把钱花在太空上，人们会觉得这是从地球上需要这些钱的穷人手里夺走的。如果你能把一个人送上月球，为什么不能解决纽约的骚乱，或者没有为饥饿的无业游民提供食物呢？"尽管太空计划带来了很多回报，但人们直接看到的、切实发生在太空中的活动都纯粹是花钱的。与反对战争或支持社会福利计划的人相比，太空计划的支持者虽然不少，但缺乏足够的影响力。穆勒说："这是一个令人既兴奋又害怕的时刻。"总统想利用太空计划，但不给予实际的支持。"尼克松已经决定了，他不打算因为航天事业而青史留名……他不准备留下这方面的政绩。"然而穆勒还补充："这肯定会比他现在所拥有的政绩更好……我们从中得到的经验是，没有哪个总统打算让前总统留下的政绩超过自己。尼克松必须打造自己的成绩单，他不打算花钱维护……约翰逊的成绩。"1970 年 3 月，总统正式回应太空任务小组的报告时说："在国家优先事项体系中，航天支出必须被放在一个适当的位置。从现在起，我们在太空中所做的一切必须成为我们国家日常生活中的一部分，因此必须同其他一切重要的事情结合起来加以规划。"穆勒回忆说，"我知道国会能继续予以支持"，尽管是在"一般水平"的基础上。这将不是一次奔向火星的冲刺，而是一场持续时间更长的马拉松。而最终，战争、国内问题、高通货膨胀率以及总统对航天工程的不感兴趣注定了 NASA 的长期综合计划会惨淡收场。

穆勒继续呼吁建造完全可重复使用的太空运输系统，然而美国在 1969 年错失了这一闪而过的机会。载人航天计划不会是尼克松的计划，他不会花费政治资本来支持它。穆勒总结道：颇具讽刺意味的是，正是阿波罗计划的大获成功造成了后阿波罗计划后继乏力，因为国会和总统都认为"我们已经做完了所有的事情"，直到几年后他们才意识到后阿波罗计划的必要性。虽然航天飞机的概念已经深入人心，但政府仍不愿推进相关项目。最后，他们在内部达成了妥协，同意制造航天飞机，但需要降低成本。国会在航天飞机项目开始前就削减了预算，穆勒认为："每次削减预算，尤其是在项目开始前就削减，最终都会使项目陷入无法完成的境地。"NASA 同意以被削减的预算继续工作，这迫使它转而制造部分可重复使用的航天飞机，不幸的是，NASA 没有意识到其中的经济问题。穆勒告诉 1971 年接替佩因担任 NASA 局长的詹姆斯·弗莱彻（James C. Fletcher，他是穆勒在空间技术实验室的第一位上司），这将会是"一场灾难，他不应该这么做"，但弗莱彻"一意孤行"。穆勒认为接受资金的削减是一个错误的决定，这将从根本上降低飞行器的运输能力，提高运营成本，弗莱彻"仅仅是拒绝这样做就会导致更好的结果"。那时候，坚持原本的一次性发射装置和土星 5 号"从长远来看"是一个更好的解决方案。最终，当尼克松总统通过太空计划获得了所能得到的全部宣传效果后，他立即放弃了它，转而关注其他事项。

结语

> "人类需要开拓边疆。"
>
> ——穆勒，1969 年 7 月 17 日

　　1969 年 12 月，穆勒加入通用动力公司。当时该公司正值财务危机，几个飞机合同都出现了严重问题。随着联邦政府在国防和太空研发上的投入减少，公司收入锐减，预计将在 1970 年出现亏损。通用动力公司的罗杰·刘易斯是一位信奉放手式管理的 CEO，他聘请穆勒帮助解决公司的一些技术问题。12 月 11 日，这位负责企业发展的副总裁在位于纽约的通用动力公司总部走马上任。这份工作并没有持续很长时间，其间穆勒曾与蒂格见过几面，并于 1970 年 4 月中旬与蒂格分享了对政府载人航天计划的看法。在撰写一篇为支持航天飞机项目拨款的文章时，他对蒂格说："该项目是我们未来所有太空活动的关键，无论是载人的还是不载人的……可重复使用性都是首要因素。能往返太空超过 100 次的运输设备将取代现在所有的单程一次性设备。"航天飞机也是巩固国防，以及控制和利用太空的关键。此外，穆勒主张："航天飞机将节省数十亿美元……它将带来技术突破，并成为维护国家安全的有效屏障。"

　　离开 NASA 后，穆勒仍然会去卡纳维拉尔角观看土星号火箭发射。由于他已不再是 NASA 的官员，所以得坐在与发射台隔河相望的贵宾 / 记者看台——这个被他

称为"布恩码头"的地方。阿波罗13号发射前,在附近的可可海滩举行了一次航天大会,穆勒在会上发表讲话,批评了制造部分可重复使用航天飞机的计划,他说:"NASA最初的想法是要开发一种可重复使用的航天器,以大大降低人员和物资往返空间站的成本……如果造一列火车,火车上的发动机可以重复使用,但每次到终点后都要扔掉车厢,那还有什么意义?"生产"每次发射完都会落到海里的火箭将使NASA的所有努力付诸东流"。

也许有时穆勒会为离开NASA感到遗憾,但估计在阿波罗13号于登月途中遇到麻烦的时候他一定不会这么想。但穆勒认为,阿波罗13号的问题与飞船的设计或制造无关,而应归咎于人为错误:"在阿波罗11号之前,我们已经考虑过所有的突发事件,所以我的第一反应是宇航员们可以采取很多措施返回地面。"他解释说:"有些人没关加热器,它本应该是关着的……这随后引发了爆炸。"在4月28日穆勒给母亲的信中,他写道:"您可以猜想,我一度非常紧张,还经历了几个不眠之夜,但现在他们回来了,我们知道了发生这一切的原因。我当时就在卡纳维拉尔角观看发射……第一次完全以观众的身份去到现场真是一种非常奇妙的感觉!"从信中的语气来看,他似乎已经适应了离开NASA的生活,至少他希望母亲相信这一点。

时间来到1970年秋,罗杰·刘易斯重组了通用动力公司。他任命穆勒为高级副总裁,将6个部门划归穆勒领导,并宣布重组将于1970年12月生效。随着担子加重,穆勒又回到了连轴转的状态。他参观工厂,重组部门,会见客户和管理团队,并建立了新的汇报机制。为了更好地开展工作,穆勒把詹姆斯·斯卡格斯从NASA带到了纽约,担任自己的管理和运营总监。他召集了一个10人小队,管理公司80%的业务。然而,就在穆勒正准备大展拳脚时,通用动力公司的大股东,同时也是董事会实际控制人亨利·克朗(Henry Crown)主导了高层变动。1970年10月22日,麦道公司前总裁戴维·刘易斯(David S. Lewis)接替罗杰·刘易斯(二者没有亲属关系)成为CEO,在完全不知情的情况下,穆勒换了新老板。而且新的刘易斯是一个"不放手"的管理者,不喜欢任何人挡在自己和公司业务之间。穆勒回忆:"这显然会演变成一个真正的问题,戴维·刘易斯没花多长时间就决定让我消失。"

后来,大概是在戴维·刘易斯和穆勒说"你真的应该考虑换个工作"的时候,系统开发公司的一名董事会成员拜访了穆勒,询问他是否有兴趣领导他们的公司。穆勒知道系统开发公司曾为北美航空公司的防空系统开发过软件，并对他们的工作非常认可，但除此之外他对这家公司也了解不多。与从 NASA 跳槽时不同，这次穆勒没有大张旗鼓地评估职业选择，他甚至不太清楚系统开发公司的业务或财务状况，不过他知道自己喜欢这家公司，对方也欣赏自己。在 1971 年 2 月初与系统开发公司的董事会碰面后，公司邀请穆勒出任董事长、总裁和 CEO。这是一个诱人的机会，尽管系统开发公司比通用动力公司规模小得多，但在经历过后者后，穆勒更想当自己的老板。据他回忆，这份工作既是一个"挑战"，也是"相当大的机遇"。

1971 年 1 月 27 日，穆勒收获了一个惊喜，白宫宣布授予他国家科学奖章，他成为第 15 位获此殊荣的工程师。负责颁奖的国家科学基金会主任威廉·麦克尔罗伊（William D. McElroy）称其当之无愧："国家科学奖章是国家对杰出科学成就的最高认可，你的工作足以配得上这一荣誉。"穆勒后来得知，他之所以获奖是因为贝尔实验室的两位前同事——小爱德华·戴维（Edward E. David, Jr.，尼克松总统的第二任科学顾问）和哈拉尔德·弗里斯（Harald T. Friis）——对他在 NASA 的工作非常赞赏。在 1971 年 5 月 21 日的白宫颁奖仪式上，总统为穆勒颁发了奖章，并宣读了嘉奖词："他在设计阿波罗系统过程中做出了诸多贡献，包括对一系列先进实验的规划和阐释，这对于确保在一个崭新、陌生的领域冒险成功是必不可少的。"

伴随着声誉的提升，穆勒来到加利福尼亚州圣塔莫尼卡，开始领导有 2000 名软件开发人员的系统开发公司。他的任务是让这家小型非营利公司在商业上取得成功。他后来解释，接管系统开发公司并将其转变为一家营利公司，"比促成休斯敦载人航天飞行器中心和马歇尔航天中心的合作更具有挑战性"。他的第一项任务是组建团队，因为在他看来，"没有比计算机科学家更容易沉浸在自己的世界中的人了"。然而，几天后他就忍不住问自己："我这是惹了什么麻烦？"

于是，穆勒迅速开始招募具有营销经验的管理人员，以扩充公司的非技术实力。正如他所说："我们有扎实的技术经验……现在，我们只需要懂赚钱的人。"他还从 NASA 和空军找来了一群关键助手，最早的一批包括斯卡格斯（他后来以实际行动在公司赢得了声誉）。穆勒还招募了一群精英，为董事会带来了新鲜血液。到 1972 年 3 月，他已经在系统开发公司会聚了一批具有计算机和航空航天背景的高管。他还考察并提拔了一些公司原有的管理人员，主要让他们充实技术和行政管理职位。老员工和新员工的结合形成了公司高层多元化的局面，据穆勒回忆，系统开发公司成了"一家相当兼收并蓄的公司"。

穆勒并没有彻底离开民用航天领域，他还是 NASA 的顾问，虽然等到他从系统开发公司退休后该公司才开始接到 NASA 的重要订单。1973 年，菲利普斯成为空军系统司令部司令，穆勒有两年时间是司令部的咨询委员会成员。穆勒还加入了空军研究委员会（Air Force Studies Board），这个身份一直持续到 1983 年（同年他从系统开发公司退休）。这些志愿工作需要投入大量的时间，但也能带来巨大的商业回报，因为空军是系统开发公司的主要客户。此外，穆勒还是美国国家安全局（National Security Agency，NSA）科学顾问委员会（Scientific Advisory Board）成员，也为中央情报局提供建议。他还加入了国防通信局（Defense Communications Agency，DCA）科学顾问小组（Scientific Advisory Group），并在国家科学研究委员会一项对空间太阳能的研究中做出了贡献。

20 世纪 70 年代，穆勒对解决能源危机产生了兴趣，他成了国会技术评估办公室（Office of Technology Assessment，OTA）能源咨询委员会（Energy Advisory Committee）成员，参与审查了卡特政府的能源计划，并就拟议中的国家能源法案，以及核扩散、太阳能应用、石油回收等能源问题向国会提议。20 世纪 70 年代末，他与国会技术评估办公室一起评估了多个项目方案，并在 20 世纪 80 年代初作为民用空间站顾问团（Civilian Space Station Advisory Panel）成员参与了国会对空间站的评估。

在整个 20 世纪 70 年代，穆勒每年都会出席国际宇航大会，并主持了 1976 年在加利福尼亚州阿纳海姆举行的会议。这次大会吸引了许多宇航员（包括阿波罗－联盟测试项目[1]的机组成员）、世界各国航天局的首脑，以及来自 43 个国家的近 1000 名空间科学家和工程师。由于会议效果非常好，穆勒在国际宇航联合会和它在美国的

---

1 阿波罗－联盟测试项目（Apollo-Soyuz Test Project，ASTP）是第一次由两个国家共同完成的载人航天任务，主要目标是验证美国阿波罗飞船和苏联联盟飞船的交会对接能力，为国际太空营救和之后的载人飞行创造先机，由 3 名美国宇航员与 2 名苏联宇航员参与。

成员机构——美国航空航天学会的影响得到加强，他也同意在接下来的大会中扮演领导角色。1978年，美国航空航天学会选举他为1979—1980年的主席。与对待其他工作一样，他很认真地完成这项志愿工作，在全国奔波，参加会议，发表演讲，并为他们的月刊《美国航空航天》撰稿。1979年7月，他在一篇社论中写道："10年前的这个月，人类首次登上月球。历史上最杰出、最持久的工程项目在那个激动人心的时刻到达了高潮。"他向当初的那批负责人表示祝贺，并提议利用阿波罗11号周年纪念活动"再一次激发人们对航天的兴趣"。大约在那个时候，他在《美国航空航天》杂志上发表了另一篇文章，认为"美国放弃了后阿波罗时代的制高点，现在正等待苏联另一项重大成就的冲击，来刺激公众重新支持重大太空任务"。

1979年7月17日，阿波罗11号发射10周年零一天后，穆勒在美国航空航天学会的会议上致辞。他说："阿波罗计划的成功为美国人民带来了丰厚的回报。"阿波罗11号宇航员回到地球后受到的欢迎可与1927年林德伯格凯旋时相媲美。然而，在登月后的10年里，美国"放弃了对太空的承诺"，这相当令人沮丧。但他相信，回落是暂时的，尽管国家在越南战争之后面对停滞的经济和创纪录的通货膨胀率始终萎靡不振，但一个新的太空计划可以"再次赋予我们所有人一种使命感……探索太空是人类的宿命。通过接受这一使命，我们重申了作为人的独特性，并打开了远超人类想象力的无尽潜力的大门"。当穆勒在马歇尔航天中心发表纪念冯·布劳恩（已于1977年去世）的演讲时，他进一步阐述了这一主题，并说冯·布劳恩可能会说"太空探索是我们的宿命"（他引用了这位前同事1949年一篇预测火星探索的文章中的句子）。他还谈到了弗雷德里克·杰克逊·特纳（Fredrick Jackson Turner）的边疆假说，并补充道："我不拘泥于历史学家在专业上的谨慎，我完全愿意多迈出一步，将特纳的论点推广至宇宙范围。人类需要开拓边疆……如果一种文明出于对未知的恐惧而从边疆退缩，它将不可避免地滑向衰落。"他称太空为"最伟大的边疆，为人类提供了无限的可能"。在这次演讲之后，《亨茨维尔时报》引用了穆勒的话："只有当我们在探索过程中学到什么时，才能一瞥这次探索的最终影响。因此，任何时候对真正探索的支持必定是一种信仰。"

穆勒在斯卡格斯的帮助下重建了系统开发公司，使其转型为一家营利公司。10年过去了，公司的收入和利润都在不断增长。与此同时，公司的最大股东——非营利性的系统开发基金会（System Development Foundation）——正急于转让股份。尽管几年来该基金会已经通过几次交易将少量股权转化为现金，但至今仍拥有公司三分之二的股份。在 1979 年谋求公开上市未果后，穆勒建议系统开发公司的高层寻找合并伙伴。

　　曾任 NASA 局长并于 1977 年卸任的詹姆斯·弗莱彻现在是宝来公司[1]（Burroughs Corporation）董事会成员。1980 年初，他与穆勒取得联系，建议由宝来收购系统开发公司。穆勒将此事转交系统开发基金会，后者开始与宝来就收购系统开发公司的全部股份进行商讨。1980 年 8 月 27 日，宝来提出了 9800 万美元的现金收购要约。交易于 1981 年 1 月 5 日完成，基金会按比例收到了 6600 万美元的现金，这是穆勒 1971 年刚到系统开发公司时股权价值的 9 倍。系统开发公司的营收已达到近 2 亿美元，是 1971 年的 4 倍多。在穆勒领导的 10 年间，公司发展壮大，实现了多元化，并开始赢利。因此，在 63 岁时，他出任已经变成宝来子公司的系统开发公司董事长兼 CEO，斯卡格斯任总裁兼首席运营官。

　　1981 年，麻省理工学院的查尔斯·斯塔克·德雷珀（Charles Stark Draper）在 80 岁高龄时辞去了国际宇航学会主席一职，他精心挑选了穆勒作为继任者，并在 12 月任命其为代理主席。1982 年，穆勒正式接替德雷珀，并像他一样担任主席多年，直到 1995 年 77 岁时卸任。当时该学会所做的不过是在一年一度的国际宇航大会上组织会议，以及出版学术期刊、为会员颁发证书等。穆勒希望为它注入新的活力，考虑到该组织资产有限且负债累累，这绝非易事。上任后，穆勒重振了该学会，吸纳了

1　宝来公司：创立于 1982 年，最初为亚默斯计量器公司，1905 年为纪念创始人威廉·宝来更名为宝来加法机器公司，后更名为宝来公司。

更多活跃成员，使它焕发了新的生机。穆勒挑选新人充实领导层，还招募了一些在航天领域举足轻重的人。国际宇航学会主席的职位也为他提供了新的演讲平台，接下来的 13 年里他游走世界各地，频频谈论太空探索的未来。此外，通过与美国国家科学院联合召开会议，他扩大了学会的影响力，改善了财务状况，并开始独家举办专业会议。学会重现生机，学会成员也更加年轻化。穆勒完成了当初给自己设定的大部分目标，当然，正如他的妻子达拉曾经告诉本书作者的那样，在国际宇航学会的经历只是穆勒卓越人生中的"冰山一角"。

1982 年，系统开发公司的收入超过了 2.63 亿美元，税前利润接近 2300 万美元。1983 年，公司的业绩持续增长，但就在这一年，穆勒决定从公司退休。当时他刚过 65 岁生日不久，到了人生的这个阶段，他不想再经营一家公司了。他已于 1978 年与达拉·施瓦茨曼（Darla J. Schwartzman）结婚，她有两个不到 13 岁的孩子。随后，穆勒一家搬到圣巴巴拉市一处可以俯瞰太平洋的住宅里。退休后，穆勒的精力主要放在新家庭上，但他没有停止外部活动——他与加州大学圣巴巴拉分校（University of California at Santa Barbara，UCSB）在人体系统研究项目上合作，该合作持续了数年。

1986 年，美国发生了挑战者号事故[1]，罗杰斯调查委员会进行了调查并发布报告。随后，詹姆斯·弗莱彻返回 NASA 再次出任局长，并与美国国家公共行政学院（National Academy of Public Administration）签订了一份研究 NASA 管理效率的合同。学院聘请菲利普斯领导一个研究小组，成员包括穆勒、马修斯、斯卡格斯、威廉·莉莉和一些参与过阿波罗计划的 NASA 或业界人士。在他们早期的一次会议上，穆勒提出了与他在阿波罗计划中使用过的项目管理方法一致的看法。他在 1986 年 9 月 23 日的笔记中写道："现在跟踪各中心的决策和更新情况纯粹只能靠巧合……NASA 必须明确定义界面，以及项目信息的传输和对接。"他担心 NASA 已经"忽视了角色和任务的概念"，正允许中心主任们随心所欲地选择工作。他认为，"NASA 应以机构和项目为基础，进行战略规划，并确保完成甚至超越下一年的目标"。他继续与国家公共行政学院一起研究 NASA 的组织和管理，他们于 1988 年初发表了

---

1 1986 年 1 月 28 日，在卡纳维拉尔角发射的挑战者号航天飞机在升空 73 秒后爆炸解体，机上 7 名宇航员全部罹难，堪称人类航天史上最严重的事故。

最终报告，提出 NASA 需要改进政策制定方法，并建议将新项目的开发与日常运营区分开来。这次的工作给了穆勒机会，使他得以重新近距离观察 NASA。他参观了 NASA 的主要设施，听取了关于组织和管理的汇报。与其他同类研究不同，这一次的研究确实产生了影响——NASA 将国际空间站计划管理办公室（International Space Station Program Office）从"领导中心"休斯敦迁到了位于弗吉尼亚州雷斯顿的一个集中计划管理办公室。穆勒的另一个想法是航天飞机商业化，"把这个重担从 NASA 身上卸下来，投入商业市场"。他在总部和休斯敦载人航天飞行器中心讨论了这个问题，并回忆说"他们支持这个主意，这让我很惊讶"。然而，这一想法最终还是无疾而终。

1994 年 7 月，在纪念阿波罗 11 号任务 25 周年之际，穆勒参加了一些纪念活动。报纸和杂志纷纷刊登文章，回顾首次登月历程并展望未来的行星探索，包括火星任务。虽然有许多文章强调了宇航员的成就，并提到了冯·布劳恩和其他一些贡献者，但鲜少提及穆勒，国家几乎已经忘记了这个在登月竞赛中成功管理载人航天计划的人。在穆勒当时的一封公开信中，他回忆了首次登月的情景，并称赞了 9 个人：菲利普斯、冯·布劳恩、埃伯哈德·里斯、德布斯、佩特龙、吉尔鲁思、乔治·洛、鲁道夫和谢伊（都在他 1969 年的 13 人名单中，见第十章第三节）。他还提到了阿波罗执行小组和载人航天科技咨询委员会，并总结道："这些只是直接参与阿波罗计划的 25 万人中的一小部分。他们中的每一个人都是英雄。"

在 20 世纪 70、80 和 90 年代，穆勒加入了许多初创公司。1995 年 2 月他开始接触基斯特勒航空航天公司，当时罗伯特·西特伦（Robert Citron）和沃尔特·基斯特勒（Walter Kistler）到圣巴巴拉市拜访他，邀请穆勒加入他们的董事会。出乎他们意料的是，穆勒说，除非能同时担任 CEO，否则他没兴趣加入董事会。在得知基斯特勒公司和他有同样的梦想，即制造一架完全可重复使用的火箭后，穆勒将公司的 K-1 新型火箭视为"第一个也是最重要的连接地球表面和近地轨道"的机会，但他不想在没有设计控制权的前提下参与 K-1 火箭项目。此外，虽然从系统开发公司退休后他一直很忙碌，但他觉得已经准备好再次回到全职工作状态。基斯特勒和西特伦经过仔细考虑后，同意穆勒担任 CEO。

1995 年 4 月，77 岁的穆勒成为基斯特勒航空航天公司的 CEO，最初的任期是

3 年，后来延长到 8 年。他的薪水算不上可观，但他将自己视为这家初创公司的负责人，并且搬到了华盛顿州的柯克兰。到公司后，他发现设计团队由"一群有趣的人"组成，但据穆勒说，没人能设计出可重复使用的火箭——研发的重要步骤在于新的发动机，但"直到我们开始测试发动机时，他们还不能精准地控制推力来使它飞行"，即使又尝试了一段时间，还是无法使发动机稳定。然后事情开始"变得更有趣了"。在最初的设计方案上花了一年时间后，穆勒换掉了设计团队。

新的设计团队囊括了穆勒认为"真正理解这项工作"的人。他最早引入的一批人包括约翰逊航天中心前主任阿龙·科恩（Aaron Cohen），科恩带来了在国际空间站总工程师任上退休的发动机设计专家亨利·波尔（Henry O. Pohl），他们两个还介绍了其他人加入。穆勒还聘用了戴尔·迈尔斯，他是穆勒离开 NASA 后的继任者，并于 1989 年作为 NASA 副局长退休。在他们的帮助下，穆勒说："我们开始真正理解了西特伦和基斯特勒的想法，但认为不太可能成功。于是我们放弃了，转而尝试一些可行的工作。"在重回太空领域后，穆勒着手去做他最初在 NASA 打算做的事——制造完全可重复使用的火箭，因为他相信通信卫星业务的发展最终证明了这一需求的合理性。

1996 年，基斯特勒航空航天公司与一些潜在的投资者、战略伙伴和承包商进行了洽谈，定于 1999 年完成 K-1 火箭的开发和试验。该公司从劳拉空间系统公司[1]（Space Systems/ Loral，SSL）得到了价值超过 1 亿美元、包含 10 次发射需求的首个商业订单，这是摩托罗拉铱星计划[2]的一部分，获得这笔订单有助于他们去募集更多的资金。据《洛杉矶时报》报道，随着首次发射日期的临近，诺格公司还投资了3000 万美元，并承诺"如果该公司证明其有财力开展首次发射试验"，就会在 2000年再次投入相当的金额。当基斯特勒航空航天公司的创始人四处寻找投资时，穆勒把

---

1 2012 年，劳拉空间系统公司被加拿大的麦克唐奈·德特威勒联营公司（MDA）收购；
   2017 年，MDA 与其他公司合并更名为麦克萨科技（Maxar Technologies）公司，劳拉
   空间系统公司现为后者子公司。
2 摩托罗拉铱星计划（Motorola Iidium Plan）：美国摩托罗拉公司的全球移动通信系统计
   划；该系统的天上部分为 77 颗近地卫星组成的星群，就像化学元素铱（Ir）原子核外有
   77 个电子一样，因此得名铱星计划；该计划最后以失败告终。

时间花在了设计和参加设计评审上。他的策略包括委托大型航空航天公司作为分包商，以向投资者和客户证明公司的实力，例如 1997 年请洛马公司生产了 K-1 火箭燃料箱。

K-1 火箭的筹资并非一帆风顺，但好的一面是同时进行的火箭设计工作没出现大的问题。穆勒在 1999 年曾说："我们遇到的真正问题不在设计上，因为我们有一个相当能干的设计团队……可能是全国最优秀的团队。"他们的挑战包括制造出可重复使用的、操作简单且运营成本较低的产品，因为"从长远来看，运营成本决定了所有项目的成败"。他预计火箭需要约 60 名地面人员，周转时间为 9 天。为了做到这些，他们必须检查火箭的每一部分，以确保它简单、便捷、可靠。一个复杂的 K-1 监测系统将在每次飞行后告诉他们需要做什么，以让火箭为下一次任务做准备。

正当公司筹集了 4 亿美元，雄心勃勃步入开发阶段时，却一头撞上了 1997 年爆发的亚洲金融危机。1999 年，摩托罗拉铱星计划破产，基斯特勒航空航天公司的许多外国投资者都退出了。由于它的大部分投资都来自海外，主要是亚洲和中东，这造成了大麻烦，一切都开始分崩离析。不仅 K-1 火箭项目没有钱完成，受美国军费支出的影响，他们剩余的资金也被缩减。虽然他们最终筹集了大约 7 亿美元，但其中大部分被浪费在让员工去寻找其他投资，或支付分包商管理费用上。如果不是因为这些问题，穆勒相信他们可能已经完成了 K-1 火箭项目。他们原计划在 1998 年开始飞行试验，并在次年进行首次商业发射，但事实证明，拿不到更多的钱，他们是无法实现进度的。穆勒评价，基斯特勒航空航天公司"总是处于成功的边缘"，"我们几乎就要成功了"。

由于无法走出财务困境，基斯特勒航空航天公司于 2003 年 7 月申请了破产保护。穆勒试图引导重组，并让开发人员继续工作。但最终，在 2004 年，他辞去了CEO 一职，不过仍担任董事长兼首席火箭设计师，他不想离开基斯特勒航空航天公司，直到后来因为健康问题不得不缺席。而尽管筹集了所有可能的资金，基斯特勒航空航天公司最终还是有 1 亿美元的资金缺口。

穆勒始终坚持"成功的发射系统的全部秘诀就在于重复使用"。到 2011 年，他仍然批评目前的一次性运输设备成本过于昂贵，而且商业航天运输至少要再经过一次航天器迭代后才能实现。

在引言中，本书作者曾提过两个目标：第一，描述穆勒对载人航天的贡献；第二，讲述他是如何同时管理双子星、阿波罗和后阿波罗计划的。穆勒自认为对阿波罗计划最大的贡献在于改进并实施了来自空军的系统项目管理方法，将系统工程理论引入了 NASA 载人航天计划的管理中。在他看来，系统工程是一门"面向所有工程活动的学科……且能够被应用于某个特定的系统中"，而系统管理能够"直观地显示所有相关因素并集成一个整体"。换句话说，系统管理就是系统工程理论在项目管理中的运用。此外，在菲利普斯的帮助下，穆勒采用了矩阵式管理方式，在总部设置计划管理办公室，在各中心设置项目管理办公室，并创建了双重报告模式。每个计划 / 项目管理办公室都由 5 个职能部分（系统工程、计划控制、测试、可靠性和质量保障、在轨飞行）组成，因此也被称作"5 个盒子"或"GEM 盒组织"。这样，中心原有的项目管理办公室得以保留，中心主任的机构职责（institutional responsibility）和计划主管的项目职责（program responsibility）也被分开。他还在高层重组了管理委员会，由计划主管向委员会汇报，以集中管理各个载人航天计划，形成统一领导的分布式管理系统。穆勒还把"外部事务"，即处理 NASA 外部的关系也作为管理范畴的一个分支，但独立于项目管理系统之外。自来到 NASA 后，年深日久，他对航天工程中的政治因素也熟稔起来。

双子星计划实现了所有的既定目标，并且 NASA 通过双子星 7 号为期 14 天的太空飞行，消除了人们对宇航员和设备能否从事长时间太空活动的质疑。在双子星计划期间，NASA 开发了航天器空间交会对接技术，这对阿波罗计划的成功至关重要。等到最后一次任务（双子星 12 号）时，奥尔德林证明了辅以工具和适当的训练，宇航员能够在太空行走的同时有效工作。穆勒对双子星计划的主要贡献包括施加管理压力使任务按时完成，并使最终成本低于他来之前的估算成本。他引入的主要变革之一是将双子星合同转换为基于成本和进度的奖励合同，这同样被他应用于阿波罗计划中。最后的核算表明，双子星计划的支出比穆勒在 1963 年 9 月加入 NASA 时估计的总成本减少了约 2 亿美元，而且当时进度已经比计划落后了两个季度，但最终还是按时完成了。由于他参与进来时双子星计划已经运行了较长时间，所以穆勒无法把应用于阿波罗计划的项目管理系统照搬到双子星计划中，尽管如此，他在该计划中开展的工作还是为计划的成功做出了贡献。此外，他从没忘记就双子星计划的成功给予马修斯充分的肯定。

1963 年 9 月，穆勒曾说："如果管理上得不到大幅度改善……我们将无法在 1972 年或 1975 年前以 350 亿美元或哪怕更多的成本登月。"他使用了来自空军弹道导弹计划的项目管理方式，强制"各中心之间建立正确的工作关系，并确保这种关系持续足够长的时间，以保证充分的交流"。除了引入系统管理，他还进行了其他管理上的创新。在看过迪舍－蒂施勒的联合报告后，他意识到必须改变传统的逐级飞行试验方法，因此他强制推行全机试验，后者是在民兵计划中开始使用的。类似穆勒的大多数想法，全机试验并非由穆勒发明，他只是高效地利用了这一概念，并以此加速了土星号火箭的进展，使该项目的用时缩短了数年。在灾难性的 AS-204（阿波罗 1 号）火灾事故造成了一年延迟后，穆勒在土星 5 号交付两个月后即宣布 1968 年在 AS-501（阿波罗 4 号）任务中开展土星 5 号的全机试验，这是第一次土星 5 号飞行试验，结果颇为成功。AS-502（阿波罗 6 号）任务则只实现了 5 个主要目标中的 4 个，因此官方将其定性为一次失败的任务，但它实际上正是一次成功的飞行试验，因为它暴露了助推器的严峻问题。在解决了推进器的缺陷后，NASA 又成功完成了 AS-503 任务，把阿波罗 8 号送入了月球轨道。

NASA 从空军弹道导弹计划引入的另一项管理创新是并发机制，包括系统的并行开发。在伯纳德·施里弗领导空军弹道导弹计划时，他并行制造了多枚导弹和主要的子系统，以保持选择的多样性。出于成本和进度限制，阿波罗计划不允许并行开发火箭，但穆勒并行开发了主要子系统来减少故障带来的阻碍。从空军借鉴的另一个思路促使他成立了 NASA-业界联合阿波罗执行小组，以改善 NASA 与主承包商之间的沟通。此外，穆勒通过每月简报向国会汇报情况，并在贝尔实验室前同事查尔斯·汤斯的建议下成立了载人航天科技咨询委员会，以改善与科学界的关系，同时由该委员会为他本人提供建议。载人航天科技咨询委员会由美国最杰出的一批空间科学家、医生和工程师组成，穆勒盛赞委员会做出的重大贡献（虽然在整个阿波罗计划期间他还是一直面临科学界的反对）。这些"经特殊考虑的"因素通过改善沟通，助力了阿波罗计划的成功。

1963 年 11 月，在穆勒重组载人航天办公室之初，他成立了一个高级任务办公室来研究后阿波罗计划。一开始，后阿波罗计划被称为阿波罗扩展系统，后来 NASA 又将其更名为阿波罗应用计划，再后来随着关注点的聚焦，又更名为天空实验室计划。从到 NASA 的那天起，穆勒就在为后阿波罗时代做规划，但直到 1967 年阿波罗 – 土星号开始飞行试验后，他才开始关注所谓太空运输系统。受 NASA 预算影响，穆勒曾不得不缩减后阿波罗计划的重点，但在韦布离开 NASA 后他开始重新规划，并且更广泛地谈论起航天事业的未来。1968 年 8 月，在伦敦的一次演讲中，他提出了制造可重复使用的、在地球和低轨道空间站之间穿梭的航天飞机的想法。进一步的规划是建立一个拥有多个空间站的系统，并配备多种类型的航天飞机，包括核动力行星际航天飞机。由于穆勒在推广航天飞机（同样，他也不是第一个提出航天飞机概念的人）上的贡献，他被称为"航天飞机之父"。他不认为航天飞机应该单独存在，而应该是复杂太空运输系统（类似太空"铁路"）的一部分。而为了实现成本效益，它必须完全可重复使用。

本书的第二个目标是记录穆勒在双子星、阿波罗和后阿波罗计划中的工作，就像我们正在他身边一样。这部分我想留给读者来验证。

多年来，穆勒遇到了许多朋友，他们不仅影响了他的工作选择，还在他的职业生涯中发挥了重要作用。穆勒说自己从没做过职业规划，"都是自然而然发生的"。他换过多份工作，从贝尔实验室到俄亥俄州立大学和拉莫 – 伍尔德里奇空间技术实验室，再到 NASA。离开 NASA 后，他领导系统开发公司直到退休。退休后他也没有松懈，而是发挥余热，把时间投入政府和业界的董事会、委员会中，并花费大量精力重建了国际宇航学会。77 岁的时候，他从国际宇航学会主席位置上卸任，又前往基斯特勒航空航天公司全职工作。这些都不是事先计划好的，"只是当时一系列因素造就的合理选择"。在 2011 年，穆勒回忆过去时说："尽管我在读本科时考虑过航天工程方向，但其实从来没想过会进入航空航天领域。"直到来到空间技术实验室他才开始涉足太空事业，最终太空事业主宰了他的生活。他称自己经历的职业都"非常有趣"。

2011 年 4 月，位于华盛顿的美国国家航空航天博物馆授予了穆勒终身成就奖，以表彰他对载人航天事业的贡献（见图 E-1）。93 岁高龄的穆勒说："今天看来，人类的某种基本驱动力正促使他们从小小的地球前往太阳系乃至银河系的其他部分，并进军整个宇宙。"他在领奖时说的话则更富有哲理，他说："我相信人类将在太空生活和工作，我们将探索和殖民月球，以月球作为在火星上建立前哨站和殖民地的敲门砖……我相信，当我们创建新的人类文明，并志在成为太阳系的公民时，会为全体人类带来更美好的生活，同时，培养人类踏足其他星球的能力。"

图 E-1　2011 年 4 月 1 日，史密森尼国家航空航天博物馆，乔治·穆勒获终身成就奖

迎难而上：乔治·穆勒与 NASA 载人航天计划的管理